原色 作物病害虫百科 第2版

イネ

1

社団法人
農山漁村文化協会

まえがき

　米麦や雑穀，豆類は日本人の食事の基本です。チャ，コンニャク，ホップなどは加工され，食事に変化と楽しみを与えてくれ，また飼料作物は家畜を通じて私たちの食卓を豊かにしてくれます。これらの基本食料を日本の大地で確保して自給率を高めるとともに豊かな食生活を築いていきたいものです。

　しかし，これらの作物は農家が適切に管理してやらなければ病気や害虫が蔓延し，健全な生育が妨げられて収量が激減するばかりでなく，品質が著しく低下してしまいます。そのようなとき本書が大きな力を発揮します。

　的確な防除の第一歩は，正確な診断です。畑の状態や作物の症状から，それがなんという病気によるものか，どんな害虫が加害したのかを正確に判断することが必要です。

　本書〔診断の部〕では被害の様子を初期症状，中期症状，典型的な症状などに分け，さらに葉，茎，根部，穂や莢，子実など，被害部位ごとにその症状を鮮明なカラー写真で示しました。害虫では，卵，幼虫，蛹，成虫というように各生態をカラー写真で示して，害虫名を的確に判断できるようにしました。病害虫の的確な診断は専門家でも難しいといわれるものですが，本書をかたわらにおけば初心者でも不可能ではありません。また，全く見当がつかない場合でも病害虫を特定できるように，被害の部位や症状を図解した絵目次をつけました。"敵"がなにものであるかが明らかになれば，的確な手を打つことができます。

　本書〔防除の部〕ではその病害虫の生態や生活史，発生しやすい条件，対策のポイントを解説し，さらに防除適期と薬剤，栽培管理を含めた防除上の注意にまで及んでおります。適用農薬は「改正農薬取締法」に合わせて最新のデータを精選して掲載いたしました。

　本シリーズは好評を得た『原色作物病害虫百科　第1版』を約20年ぶりに全面改訂したものです。初心者からベテラン農家までひろくご活用いただければ幸いです。

　　2005年6月　　　　　　　　　　　　　（社）農山漁村文化協会

============『原色 病害虫百科 第2版』全巻の構成案内============

原色　作物病害虫百科　第2版
1. イネ
2. ムギ・ダイズ・アズキ・飼料作物 他
   ムギ・ダイズ・アズキ・ラッカセイ・飼料作物
3. チャ・コンニャク・タバコ 他
   チャ・コンニャク・ホップ・タバコ・クワ

原色　野菜病害虫百科　第2版
1. トマト・ナス・ピーマン 他
   トマト・ナス・ピーマン・トウガラシ
2. キュウリ・スイカ・メロン 他
   キュウリ・スイカ・温室メロン・露地メロン・シロウリ・カボチャ・ウリ類
3. イチゴ・マメ類・スイートコーン 他
   イチゴ・エンドウ・インゲン・ソラマメ・マメ類・オクラ・スイートコーン
4. キャベツ・ハクサイ・シュンギク 他
   キャベツ・ハクサイ・コマツナ・カリフラワー・ブロッコリー・チンゲンサイ・タアサイ・アブラナ科・シュンギク
5. レタス・ホウレンソウ・セルリー 他
   レタス・ホウレンソウ・セルリー・セリ・パセリ・シソ・ショウガ・ミョウガ・ワサビ
6. ネギ類・アスパラガス・ミツバ 他
   ネギ・タマネギ・ニンニク・ニラ・ラッキョウ・ネギ類・アスパラガス・ウド・ミツバ・フキ
7. ダイコン・ニンジン・イモ類 他
   ダイコン・カブ・ニンジン・ゴボウ・ジャガイモ・サツマイモ・サトイモ・ヤマノイモ・レンコン

原色　果樹病害虫百科　第2版
1. カンキツ・キウイフルーツ
2. リンゴ・オウトウ・西洋ナシ・クルミ
3. ブドウ・カキ
4. モモ・ウメ・スモモ・アンズ・クリ
5. ナシ・ビワ・イチジク・マンゴー

　『原色　病害虫百科　第2版』は，好評をいただいている『加除式　農業総覧　原色　病害虫診断防除編』をより多くの方にご利用いただけるよう，最新の情報をもとに改稿したものです。とくに適用農薬については最新の情報を盛り込んでおります。単行本化に快くご同意していただくと同時に改稿の労をとっていただいた著者の方々に厚く御礼申し上げます。
　なお本書に記載されている農薬については，登録内容を逐次ご確認のうえご使用ください。

目　次

イネの病気

	カラー	本文	農薬表
いもち病	3	9	*507*
縞葉枯病	21	23	
黒すじ萎縮病	29	31	
萎縮病	35	37	
黄萎病	36	41	
白葉枯病	45	47	*509*
ごま葉枯病	51	53	*509*
にせいもち病	57	59	
黒しゅ病	57	61	
葉しょう網斑病	58	63	
赤枯病	65	67	
すす病	66	69	
心枯線虫病	66	71	*510*
紋枯病	75	77	*511*
小球菌核病	87	89	
ばか苗病	93	95	*512*
黄化萎縮病	94	99	*512*
苗腐病	103	105	*513*
稲こうじ病	104	109	*513*
苗立枯病	113	117	*513*
穂枯症状を起こす菌類病	123	125	*514*
えそモザイク病	141	143	
トランジトリーイエローイング病（黄葉病）	142	147	

目　次

グラッシースタント病（褐穂黄化病） ……………142　**149**
葉しょう褐変病 ……………………………151　**153**　*515*
もみ枯細菌病 ………………………………152　**159**　*515*
すじ葉枯病 …………………………………165　**167**　*517*
褐条病 ………………………………………166　**173**　*518*
擬似紋枯症 …………………………………179　**181**　*522*
苗立枯細菌病 ………………………………185　**189**　*523*
内穎褐変病 …………………………………187　**193**　*524*
着色米，変質米 ……………………………195
着色米，変質米（総論） …………………………　**203**
Ⅰ　栽培期に発生する着色米
　　1. 斑点米 ……………………………………　**209**
　　2. 穿孔米 ……………………………………　**213**
　　3. 黒点米 ……………………………………　**217**
　　4. 腹黒米 ……………………………………　**221**
　　5. 紅変米 ……………………………………　**225**　*525*
　　6. 褐色米 ……………………………………　**229**　*526*
Ⅱ　収穫・乾燥期に発生する変質米
　　斑紋米，不透明米，腐敗米 ………………　**233**
Ⅲ　貯蔵期に発生する変質米
　　1. 黒変米 ……………………………………　**237**
　　2. シェイドモス米 …………………………　**241**
　　3. ベルジモス米 ……………………………　**243**
　　4. シロコウジ米 ……………………………　**246**

イネの害虫

ニカメイガ …………………………………251　**253**　*528*
サンカメイガ ………………………………261　**263**　*535*

目　次

トビイロウンカ	269	**271**	*536*
セジロウンカ	277	**279**	*545*
ヒメトビウンカ	278	**285**	*546*
ツマグロヨコバイ	289	**291**	*548*
イネツトムシ	290	**297**	*556*
フタオビコヤガ	303	**305**	*558*
イネドロオイムシ	304	**309**	*560*
イネカラバエ	313	**315**	*566*
イナゴ類	314	**321**	*567*
イネクキミギワバエ	325	**327**	
イネハモグリバエ	326	**331**	*569*
イネヒメハモグリバエ	337	**343**	*571*
カメムシ類	338		
イネクロカメムシ		**349**	*573*
コバネヒョウタンナガカメムシ		**355**	*573*
オオトゲシラホシカメムシ		**359**	*573*
クモヘリカメムシ		**363**	*573*
カスミカメムシ類		**367**	*573*
イネカメムシ		**371**	*573*
ミナミアオカメムシ		**375**	*573*
ホソハリカメムシ		**379**	*573*
トゲシラホシカメムシ		**383**	*573*
イネアザミウマ	342	**387**	*577*
イネネクイハムシ	393	**395**	
イミズトゲミギワバエ	394	**399**	
コブノメイガ	403	**405**	*579*
イネタテハマキ	404	**409**	
イネヨトウ	411	**413**	

目　次

アワヨトウ	412	**417**	*582*
キリウジガガンボ	423	**425**	*582*
イネゾウムシ	424	**429**	*583*
イネミズゾウムシ	435	**437**	*584*
キビクビレアブラムシ	443	**445**	*584*
ヒメジャノメ	444	**451**	
コバネササキリ	455	**457**	
ヒメクサキリ	456	**459**	
マイマイガ	456	**461**	*585*
イネシンガレセンチュウ	465	**467**	*585*
スクミリンゴガイ	466	**473**	*587*
クサシロキヨトウ	479	**481**	
コクゾウムシ	483	**487**	*587*
ココクゾウムシ	483	**491**	
コナナガシンクイムシ	484	**495**	
バクガ	485	**499**	
ノシメマダラメイガ	486	**503**	

病害・虫害の発生部位，症状の特色から見た目次

〔イネの病気〕

全体的症状

萎縮
- 濃緑色
  - 白い斑点 …………………………… 萎縮病　37
  - 斑点なく稈に隆起物あり …………… 黒すじ萎縮病　31
- 黄色
  - 白い斑点 …………………………… 黄化萎縮病　99
  - 茎葉が一様に黄色
    - 葉幅が広くなる ……………… 黄萎病　41
    - 葉幅が狭い小褐点がある …… グラッシースタント病　149
  - 茎葉から先端が黄化
    - 下葉から黄化，発病株は点在 …… トランジトリーイエローイング病　147
- 緑黄濃淡のまだら斑紋
  - 稈に黒褐色すじ状病斑 ……………… えそモザイク病　143

- 心葉が巻いてたれる ………………………… 縞葉枯病　23
- 株が枯れる。葉にいもち病斑あり ………… いもち病（ずりこみいもち）　9

徒長 …………………………………………………… ばか苗病　95

倒伏
- 葉鞘，稈の内部に小さな菌核
  - 穂首やみごも侵す ……………………… 小黒菌核病　136
  - 穂首やみごを侵さない ………………… 小球菌核病　89
- 葉鞘に斑紋 ………………………………… 紋枯病　77

病害・虫害の発生部位，症状の特色から見た目次（イネの病気）

苗の症状

発芽不良	モミに綿毛ようのものがつく……………………苗腐病	105
	幼苗が枯れる……………………………………苗立枯病	117
	出芽しない……………………………………もみ枯細菌病	159
	出芽後腐敗枯死………………………………もみ枯細菌病	159
	苗葉身基部の白化……………………………もみ枯細菌病	159
	2～3葉期苗の枯死……………………………苗立枯細菌病	189
	苗葉身基部の白化……………………………苗立枯細菌病	189
葉に褐色斑点	病斑にえ死線がある……………………………葉いもち	9
	病斑に輪紋がある………………………………ごま葉枯病	53
	黄化して萎縮し，葉に白い斑点………………黄化萎縮病	99
	軟弱に徒長する…………………………………ばか苗病	95
	葉鞘および葉身の褐色条斑，葉鞘のわん曲……………………………………………褐条病	173

病害・虫害の発生部位，症状の特色から見た目次（イネの病気）

葉の症状

黄色の縦縞	縞葉枯病	23
葉縁から波型に白く枯れる	白葉枯病	47
葉先が枯れる	心枯線虫病	71
すす状のものがつく	すす病	69

斑点が現われる
- 斑点はまっ黒 …………… 黒しゅ病　61
- 斑点は褐色
  - 楕円または不規則な病斑 …… にせいもち病　59
  - 輪紋がある …… ごま葉枯病　53
  -  紡錘形でえ死線がある …… いもち病（慢性型）　9
  -  両端の尖った5～10mmの紫褐色の条斑 …… すじ葉枯病　167
- 病斑はネズミ色，周囲不明瞭 …… いもち病（急性型）　9

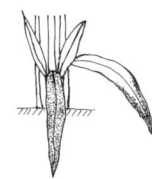

下葉先端から赤褐色になる。葉全体が黄褐変 …………… 赤枯病　67

病害・虫害の発生部位, 症状の特色から見た目次 (イネの病気)

葉鞘の症状

褐色の病斑 ⎰ 下位葉鞘から発生, 楕円形で周辺褐色, 内部灰白色……………………………紋枯病　77
　　　　　⎱ 止葉葉鞘に発生, 不整形大型の黒褐色水浸状病斑……葉しょう褐変病　153

水際部に黒い病斑, のち茎の内側に黒く小さい菌核ができる……………………………小球菌核病　89

水際部に白色網状の病斑………………葉しょう網斑病　63

節部がまっ黒になる……………………………節いもち　11

株全体が枯れ, 茎の表面に白い粉がつく………………………………………………………ばか苗病　95

葉節の下の葉鞘に紫褐色の大型病斑……………すじ葉枯病　167

病害・虫害の発生部位，症状の特色から見た目次（イネの病気）

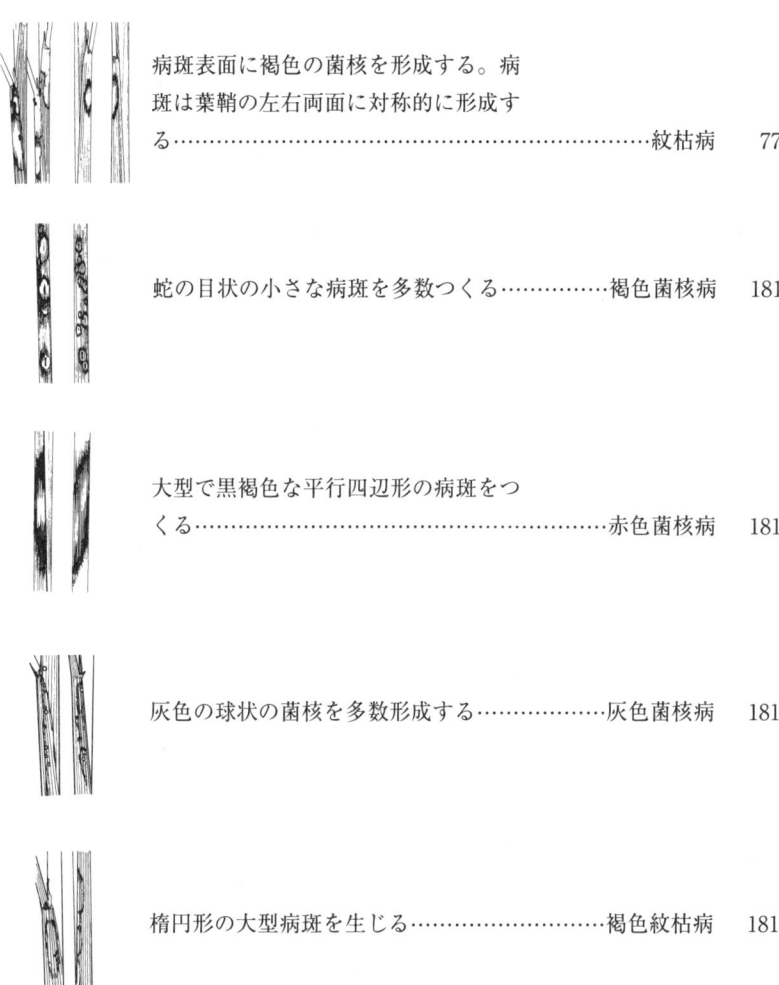

病斑表面に褐色の菌核を形成する。病斑は葉鞘の左右両面に対称的に形成する……………………………………紋枯病　77

蛇の目状の小さな病斑を多数つくる………褐色菌核病　181

大型で黒褐色な平行四辺形の病斑をつくる………………………………………赤色菌核病　181

灰色の球状の菌核を多数形成する……………灰色菌核病　181

楕円形の大型病斑を生じる……………………褐色紋枯病　181

病害・虫害の発生部位，症状の特色から見た目次（イネの病気）

穂の症状

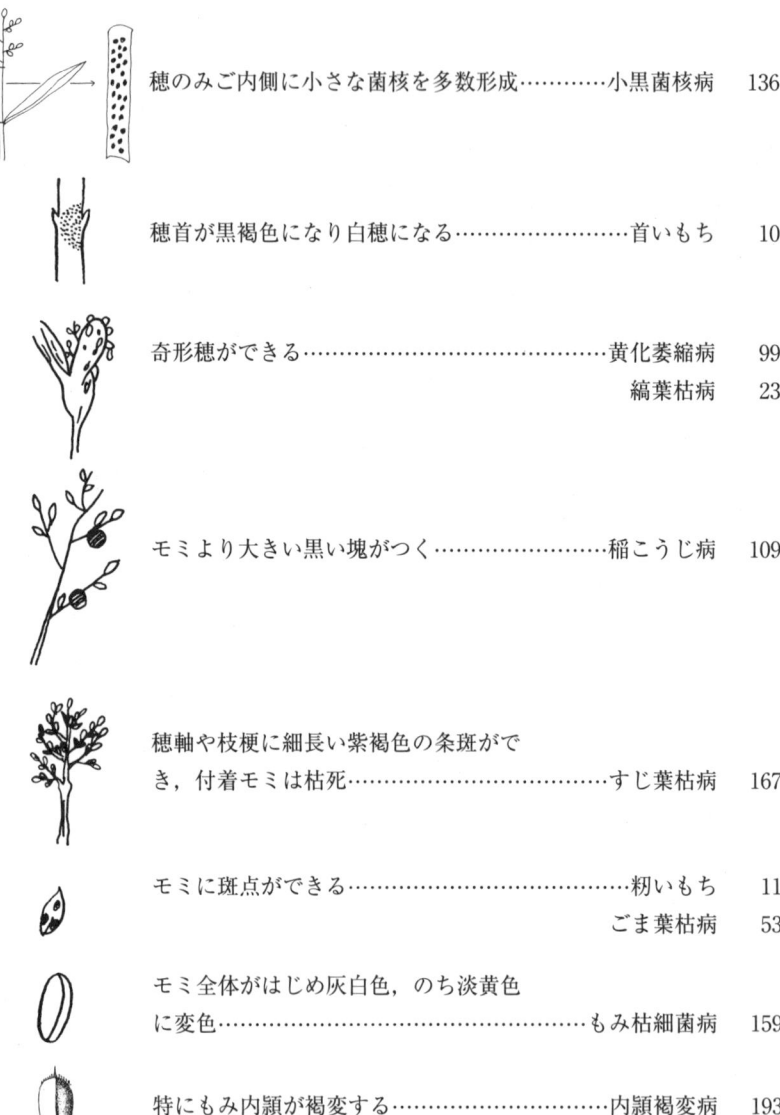

穂のみご内側に小さな菌核を多数形成……………小黒菌核病　136

穂首が黒褐色になり白穂になる………………………首いもち　10

奇形穂ができる………………………黄化萎縮病　99
　　　　　　　　　　　　　　　　　縞葉枯病　23

モミより大きい黒い塊がつく…………………………稲こうじ病　109

穂軸や枝梗に細長い紫褐色の条斑ができ，付着モミは枯死………………………………すじ葉枯病　167

モミに斑点ができる……………………………籾いもち　11
　　　　　　　　　　　　　　　　　ごま葉枯病　53

モミ全体がはじめ灰白色，のち淡黄色に変色………………………………………………もみ枯細菌病　159

特にもみ内頴が褐変する………………………内頴褐変病　193

病害・虫害の発生部位，症状の特色から見た目次（イネの病気）

米の変色

全体が褐色に変色（褐色米）
- ……イネ斑点病菌による褐色米 229
- 内穎褐変病菌による褐色米 229
- その他の菌類による褐色米 229

部分的に黒褐色小斑点……褐色米 229

部分的に紅色斑点……紅変米 225

全体的に褐色……サロクラディウム菌による褐色米 229

不整円形斑紋
- カメムシの口吻痕小褐点あり……斑点米 209
- 口吻痕なし……斑紋米 233

腹側に黒褐色クサビ型の亀裂……黒点米 217

腹側に褐色不整形病斑……腹黒米 221

不整形にえぐられたような食害痕……穿孔米 213

全体が光沢を失い黒褐色……黒変米 237

全体褐変，胚芽部に黒緑色のカビ……シェイドモス米 241

全体光沢を失い白ボク化
- 胚芽部に黄緑色カビ……ベルジモス米 243
- 胚芽部に白色カビ……シロコウジ米 246

病害・虫害の発生部位，症状の特色から見た目次（イネの害虫）

〔イネの害虫〕
苗代時期からイネの育ち初め期

発芽不良，倒れ苗，浮き苗，土中に淡い泥色の幼虫……………………キリウジガガンボ　425

巻葉，黄変枯死，暗緑や暗褐のアブラムシ……………………………キビクビレアブラムシ　445

心葉枯れ，褐変枯死，根ぎわ茎内に幼虫………………………サンカメイガ1世代幼虫　263

白いカスリ状食害痕，葉先の巻葉中に淡黄色小幼虫，蛹……………………イネアザミウマ　387

食痕並列，葉は切れ水面浮遊や水底堆積……………………………………イネゾウムシ　429

白いタテ線食痕，黒褐色の小甲虫………イネミズゾウムシ　437

白い断続タテ線。青藍色の小甲虫。泥状物がついている……………………イネドロオイムシ　309

病害・虫害の発生部位，症状の特色から見た目次（イネの害虫）

葉が白枯れて被害部にウジが透視できる

　　幼虫による被害は葉の先端部……………イネハモグリバエ　　331

　　しだいに全葉枯死，株は腐敗臭発生
　　　　………………………………………イネヒメハモグリバエ　　343

　　幼虫は幼苗を葉の外側から食べて切り
　　落とす（5〜6月）。ただし成虫は外縁
　　から食害するが，切り落とさない………………イナゴ類　　321

病害・虫害の発生部位，症状の特色から見た目次（イネの害虫）

田植え後の株の生育が不振，根が食われている

 土中に淡い泥色の幼虫……………………キリウジガガンボ　425

 根に太った乳白色のウジ…………………イネネクイハムシ　395

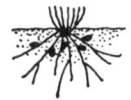 土中に乳白色のウジ，根に土マユ………イネミズゾウムシ　437

 茎が外側に開いて倒れかかり，根に汚
白色の幼虫………………………………イミズトゲミギワバエ　399

 葉鞘枯れ，折れ葉，流れ葉………ニカメイガ1世代幼虫　253
　　　　　　　　　………………………………………スクミリンゴガイ　473

 水に浸かった部位の茎葉が鋸歯状に食
害，切断される
　　　　　　　………………………………………スクミリンゴガイ　473

病害・虫害の発生部位，症状の特色から見た目次（イネの害虫）

イネの育ち盛り期

葉の縁からの不規則食痕，被害葉は食痕部からたれ下がったり，はなはだしいときは主脈だけ残して全葉が食いつくされたりして，つぎのような虫がいる

シャクトリムシのように這う緑色幼虫……フタオビコヤガ　305

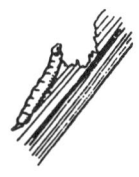
頭と尾端に1対の角状突起がある黄緑色幼虫…………………………ヒメジャノメ　451

色変わりの多いすじのある幼虫群集
（水害あとに多発）………………………アワヨトウ　417
　　　　　　　　　　　　　　…クサシロキヨトウ　481

ケムシ群の大襲来。山林，草むらなどを食いつくしながら移ってくる……………マイマイガ　461

葉先に，変色・ヒズミ・マダラなどができ，株の下方に黒くて臭い虫が潜伏
…………………………………イネクロカメムシ　349

葉に傷孔や白斑，葉鞘内に乳白色のウジ………………………………イネカラバエ　315

葉に白色縦すじ状食痕，淡緑黄色で小さなイナゴのような虫……………ヒメクサキリ　459

病害・虫害の発生部位，症状の特色から見た目次（イネの害虫）

心葉の黄褐変枯死，下茎部に幼虫食入…………イネヨトウ　413

葉鞘変色，心枯れ，茎内に虫糞と幼虫
　………………………………ニカメイガ1世代幼虫　253

分げつ期以降に心葉の先端部に心枯れ
症状（黄色に退色するクロロシス）
　………………………………イネシンガレセンチュウ　467

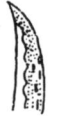
葉面に黄色のすじ，葉の縁の枯れ，被
害葉はよじれて裂け，葉鞘内に乳黄色
のウジまたは褐色蛹………イネクキミギワバエ　327

茎葉変色，下茎部にササラ状暴食痕，
淡緑から黄色で小さいイナゴのような
形の虫………………………………ヒメクサキリ　459

株の青枯れ，白っぽい褐色枯れ，下茎
部に幼虫……………………サンカメイガ2世代幼虫　263

葉鞘に斑紋や変色，草丈低く多茎の株
相，株の下方に黒くて臭い虫………イネクロカメムシ　349

萎縮して，心葉が巻いてたれる………ヒメトビウンカ　285

病害・虫害の発生部位，症状の特色から見た目次（イネの害虫）

イネの結実生長期

葉や穂にすす状汚染，暗緑や暗褐のア
ブラムシ群生……………………キビクビレアブラムシ　445

茎葉色あせ，葉先赤黄色化，ハネのあ
る緑色小虫群生………………………ツマグロヨコバイ　291

葉がタテにつづれ，中につぎのような幼虫が入っている

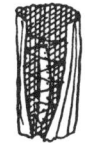
つづり方があらく中に虫糞がたまって
いない。緑がかった黄色の幼虫………………コブノメイガ　405

しっかりつづられ，下端に虫糞がたま
っている。緑黄色の幼虫………………………イネタテハマキ　409

ツト状につづられ，付近に幼虫の食い
あと………………………………………………イネツトムシ　297

葉鞘に斑紋，不稔モミをつけた出すく
み穂，短稈多茎の株相。白穂がでる……イネクロカメムシ　349

穂は傷のついたモミをつけ，葉鞘内に
ウジか蛹…………………………………………イネカラバエ　315

病害・虫害の発生部位，症状の特色から見た目次（イネの害虫）

純白できれいな白穂，下茎部にササラ
状暴食痕，緑色か緑黄色でイナゴに似
た虫……………………………………コバネササキリ　457
　　　…………………………………………ヒメクサキリ　459

白穂と出すくみ穂，下茎部に虫糞と幼
虫……………………………………ニカメイガ2世代幼虫　253

穂くび下の茎から虫糞，茎内に赤みが
かった幼虫……………………………………イネヨトウ　413

田面が突然黄枯色化，すす病併発，下茎部に小虫が群生している

枯死部は田面に不定円状，帯状などに
散発，暗褐色で跳ぶ小虫………………………トビイロウンカ　271

枯死部は田面に広くでるのがふつうで，
黒っぽく背中の白い虫……………………………セジロウンカ　279

穂の粒が不規則にかじられ，イナゴに
似た緑色虫……………………………………コバネササキリ　457

穂くび，枝梗，モミ，葉鞘の表面に褐
点や黄褐まだら，ハネのある緑色小虫
群生………………………………………ツマグロヨコバイ　291

病害・虫害の発生部位，症状の特色から見た目次（イネの害虫）

早生種が収穫期になっても穂が細く，青緑のまま突っ立ち，シイナになる

茶褐色，丸くて平たい虫……………………イネカメムシ　371

細長くて黄緑色の虫…………………………クモヘリカメムシ　363

細長くて黄褐色，肩のとがった虫………ホソハリカメムシ　379

黄緑色の五角形の虫…………………………ミナミアオカメムシ　375

モミ全体が黄褐色に変色，中に黒色小成虫………………………………………………イネアザミウマ　387

病害・虫害の発生部位，症状の特色から見た目次（イネの害虫）

玄米の斑紋

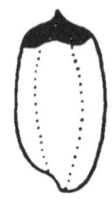

玄米の頂部に斑紋の中心点を有する。
乳熟期の加害で多い……………………カスミカメムシ類　367
　　　　　　……………………………ホソハリカメムシ　379

玄米の側面に斑紋の中心点を有する。
一般的な発生……………………トゲシラホシカメムシ　383
　　　　　　…………………オオトゲシラホシカメムシ　359
　　　　　　………………コバネヒョウタンナガカメムシ　355
　　　　　　……………………………………イネアザミウマ　387

玄米の両側面に斑紋がまたがっている
　　　　　　…………………オオトゲシラホシカメムシ　359
　　　　　　……………………………クモヘリカメムシ　363
　　　　　　……………………………ホソハリカメムシ　379
　　　　　　……………………………ミナミアオカメムシ　375

玄米の胚部に斑紋の中心点を有する
　　　　　　…………………オオトゲシラホシカメムシ　359
　　　　　　………………………………イネカメムシ　371
　　　　　　……………………………ホソハリカメムシ　379

玄米全体が変色している。登熟不良で
シイナが発生し，玄米整粒にならない。
一般に乳熟期の加害で多い…………ミナミアオカメムシ　375
　　　　　　……………………………クモヘリカメムシ　363
　　　　　　……………………………ホソハリカメムシ　379

病害・虫害の発生部位，症状の特色から見た目次（イネの害虫）

貯蔵期（貯穀害虫）

モミに1か所の円形の脱出口ができる……………バクガ　499

初期にモミ，玄米，精米の表面に傷を
つけ，ついで内部を空洞化する……コナナガシンクイムシ　495

穀粒表面に白色の線状痕ができ，粉が
吹きだす………………………………………コクゾウムシ　487
　　………………………………………………ココクゾウムシ　491

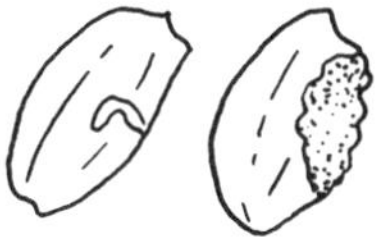

玄米の胚芽部が欠け，白米化し，幼虫
が吐き出す糸で糸つづりができる……ノシメマダラメイガ　503

イネ病気

いもち病

葉いもちの急性型病斑：病斑の上に，たくさんの胞子ができる。

ズリコミ症状：ひどいときは，一面が焼けたようになる。

イ ネ 〈いもち病〉

〈葉いもち〉
初期病斑
褐色の小さい斑点があらわれる（上）ことが多いが，稲の状態や環境の違いによって，淡いピンク色がかった退色斑（中）や，多数の白斑（下）を生じることもある。　（古田　力）

イ　ネ　〈いもち病〉

急性型病斑
病斑は急速に成長し，丸みをおびた紡錘形になる。　　（古田　力）

さらに病勢がすすむと病斑上で胞子が形成され，ねずみ色にみえる。周辺の葉の細胞は病原菌のつくる毒素で中毒をおこし，黄色くなる。　　　（古田　力）

病斑部の拡大
（磯島　正春）

イ　ネ　〈いもち病〉

慢性型病斑
日照が多くなると病斑の拡大はとまり、長い紡錘形になることが多い。　　　　　（加藤　肇）

病斑の周辺部は枯死して褐色になり、内部は組織が崩壊して灰色になる。　　　　（古田　力）

葉いもちの発生圃場
病原菌は葉の病斑上で増殖し、さらに伝染していく。

イ ネ 〈いもち病〉

〈穂いもち〉

穂くびに褐色の病斑ができる(上)。出穂後の早い時期におかされると白穂になる(右上)。節の部分はおかされやすく、ここから折れて、収穫に苦労する(右)。　(古田　力)

〈葉節いもち〉
葉節部もおかされやすく、節いもちや穂いもちの伝染源になる(左)。

イ ネ 〈いもち病〉

〈苗いもち〉

育苗箱の苗(左)や,本田に放置された余り苗(右)に発生
した苗いもちが,その後の伝染源になることが多い。
(左 – 皆川 健次郎,右 – 梅原 吉宏)

病原菌の分生子

いもち病

病原菌学名　*Pyricularia grisea* (Cooke) Saccardo
英　　名　Blast

〔診断の部〕

＜被害のようす＞

▷いもち病は稲体の各部を侵す。

　いもち病は，イネの根以外のほとんど全部の部分を侵す。その侵す部分によって，葉いもち，首いもち，枝梗いもち，節いもち，籾いもち，葉節いもちなどと呼ばれている。

▷いもち病はイネの生育全期間に現われる。

　いもち病は，種籾の発芽の当初から現われ，刈取りのときまで発生がつづく。その間イネを枯死させたり，収量を減少させたりする。

≪葉いもち≫

▷葉いもち病斑は紡錘形，褐色で，四つの部分からなっている。

　葉いもち病斑の最外部は黄色（中毒部），その内部は褐色（壊死部），最内部は灰白色（崩壊部）である。病斑の形は縦に長い紡錘形である。この病斑の周囲から突出して，褐色の縦線がみえる。これは壊死線といわれ，この病斑の特徴となっている。葉いもち病斑によく似た病斑に，ごま葉枯病，すじ葉枯病などがあるが，壊死線に注意すると，区別ができる。

▷葉いもち病斑には四種類の型があり，病状診断のよりどころになっている。

　葉いもち病斑には，白斑，褐点，慢性および急性の病斑型がある。白斑型は，若いイネで多窒素のときなどに，褐点型は，イネの抵抗性の強いと

イ　ネ　〈いもち病〉

きや少肥のときなどに，とくに下葉にみられる。

慢性型病斑は，上に記した褐色紡錘形のもので，最も普通にみられる。

急性型病斑は褐色の部分がなく，円形または楕円形の病斑が，一様に暗緑色あるいはねずみ色になっている。この病斑は，日照が多くなったり，薬剤散布などをすると，病斑のまわりに褐色または黄色の部分が生じ，しだいに慢性型に変化する。

▷急性型病斑は，最も恐ろしい葉いもち病斑である。

褐点型病斑はほとんど拡大を停止しており，いもち菌胞子の形成もほとんどない。慢性型病斑では，胞子形成が行なわれるが，その数は，そう多くはない。ところが，急性型病斑は，その後の病斑拡大も速やかで，胞子の形成は非常に多い。このため，もっとも伝染力の強い病斑型といえる。

▷いもち病によって，稲株が萎縮枯死することもある。

いもち病斑，とくに急性型病斑が発生すると，若いイネなどでは，病原菌の出す毒素のために弱り，萎縮することがよくある。これは，ついには枯死することもある。これが"ずりこみいもち"といわれるものである。ずりこみをおこした苗は分げつが異常で，葉が完全に出ないままつぎつぎと出葉し，ちょうど扇のようになることもある。

≪首いもち，枝梗いもち≫

▷首いもちは，穂首部に褐色の病斑ができる。

穂首部にある苞葉から発病しはじめるものが多い。その後，病斑は苞葉の上下にのび，褐変する。出穂後3〜4日までの間にいもち病菌が侵入すると白穂になる。その後に侵入した場合は，白穂になることは少ないが，籾の稔実が害され，品質も低下する。

▷枝梗いもちは，おそくまで発生する。

穂の枝梗の部分が侵されると，その部分が褐変し，籾の稔実が害される。首いもちの場合よりもおそくまで発生がつづくことが多い。

▷首いもち，枝梗いもち，籾いもちを総称して穂いもちという。

イ　ネ　＜いもち病＞

≪節いもち，葉節いもち≫
▷節いもちにかかると，ここから折れやすくなる。

最初は節の部分に黒い円形の病斑が現われるが，この病斑がしだいに大きくなり，節全体をとりまくようになる。ついには，この部分から折れることが多い。

▷節いもちによる害は，減収のほかに収穫しにくくなる，ということがある。

節いもちにかかると，この部分から上部が枯死したり，養水分の移動が妨げられて稔実がわるくなる。また，勝手な方向に倒れるので，刈取りに不便である。とくに機械収穫には最大の敵である。

▷葉節には，いもち病が出やすい。

葉と葉鞘との境界の葉節部はいもち病に非常に弱く，葉に病斑がでないときでも，ここには発生していることが多い。

▷葉節いもちは，病原の供給源になるので恐ろしい。

葉節いもちそのもののために大きな減収になることはないが，この部位に形成された胞子が，露や雨滴といっしょに流れ，葉鞘の内側に入り込むことがある。この菌は，葉鞘内に包まれている節につき，節いもちをおこす。また，止葉の葉節いもちは，この部に接して出穂する穂に菌を付着させ首いもちなどをおこす原因にもなりやすい。

≪籾いもち≫
▷籾には各種の病原菌がつく。

籾には，いもち病菌のほかごま葉枯病菌，褐色葉枯病菌，すじ葉枯病菌その他多くの種類の菌がつく。しかし，籾の病徴だけから病原菌の種類を判別することは困難である。

▷籾いもちの恐ろしさ。

籾は感染すると早期に発病し，そこにたくさんの胞子をつくるので，後期の枝梗いもちの伝染源になりやすい。また，それが種籾として用いられるものであれば大切に保管されるので，病原菌の越冬もしやすく，翌年発

イ　ネ　＜いもち病＞

芽すると苗いもちが発生する。種子消毒が必要な理由がここにある。

＜診断のポイント＞

▷イネの葉に現われる褐色の斑点性病害は種類が多い。

葉いもち（慢性型）は，褐色の斑点で，ごま葉枯病やすじ葉枯病などと区別しにくいことが多い。それらの区別点は，下の表のようである。この診断には，ルーペを用いるとよい。

▷葉いもち病斑の型を知ることは，病気のその後の進展や防除方法を考えるうえで役立つ。

葉いもちは，ごま葉枯病など，他の病害とその区別をすることと同時に，

葉の斑点病の類別

病名	形	色	周囲	特色
葉いもち（白斑型）	点または小円形	白色	やや明瞭	多くは若葉に集団になってでる
〃（褐点型）	点	褐色	明瞭	強い品種にでる。下葉などに多い
〃（慢性型）	紡錘形	中毒部－黄色 壊死部－褐色 崩壊部－灰白色	不明瞭	壊死線が明確。崩壊部がある
〃（急性型）	楕円形	暗緑色，ねずみ色	ごく不明瞭	病斑上に胞子多数
ごま葉枯病	楕円形	中毒部－黄色 壊死部－褐色	明瞭	病斑に輪紋がある
すじ葉枯病	線状	中毒部－黄色 壊死部－褐色	不明瞭	よく見ると縦に2条になっている
褐色葉枯病	長楕円形	中毒部－黄色 壊死部－褐色	不明瞭	病斑の中央部に黒褐色の点がある
赤枯病	細点	褐色	不明瞭	葉一面にサビ状にでる
黒しゅ病	短線状	周囲－黄色 内部－淡黒色	明瞭	病斑部はもり上がったように見える

病斑の型を分けて，防除などのよりどころにする必要がある。そのおおまかな区別点を表に示した。

▷穂首には，各種の病原菌がつき，診断がむずかしい。

出穂直後に病原菌がついて，白穂になるのは，多くの場合いもち病菌によることが多いが，穂首を変色させ稔実を害するものには，このほかに，ごま葉枯病菌，すじ葉枯病菌，褐色葉枯病菌，小球菌核病菌および小黒菌核病菌などがある。病状が似ているので，病原菌を調べないと断定できないことが多い。

▷節，籾および葉節部のいもち病の診断も簡単ではない。

これらの部分には，いもち病菌のほか，ごま葉枯病菌などもつき，類似の病斑をつくることがある。病原菌を見て診断することが安全である。葉節部は，薬剤あるいは若いときの強雨などでも変色し，葉節いもちに近い症状を現わすことがあるので注意を要する。

〔防除の部〕

<病原菌の生態，生活史>

▷いもち病菌は，種籾，被害わらなどで越冬する。

種籾に侵入しているいもち病菌は，翌春苗代にまかれた種籾が発芽するころから活動を始め，苗いもちの原因になる。また，被害わらにも多くのいもち病菌が侵入あるいは付着しており，次年の発病の源になる。

通常，いもち病菌は田面に散在するわらでは越冬できないが，屋内のわらでは越冬する。

▷平均気温が12℃以上になると，いもち病菌の胞子形成がはじまり，28℃で最も活発になる。

平均気温が16℃を超える頃から胞子の飛散が始まり，この胞子は健康なイネの葉などに付着，侵入し病気をおこす。

▷いもち病菌が侵入するには，胞子の発芽，付着器形成が必要である。

イ　ネ　＜いもち病＞

　胞子がイネの葉の上に付着するとここで発芽し，発芽管の先端に付着器を形成し，その直下から細い侵入菌糸をだして表皮細胞壁を貫通し，葉の組織中に侵入する。いもち病菌の侵入のためには，葉上に露などの水滴が必要である。胞子は，一般に夜中に飛散するので曇雨天で葉上の露が乾きにくいときには多くの胞子が侵入する。

▷イネの抵抗性の程度により，いろいろな型の病斑ができる。

　葉に侵入したいもち病菌は，イネの抵抗性の強弱により，褐点型，慢性型，急性型，白斑型などの病斑のどれかを現わす。イネの抵抗性がごく強ければ褐点型，ごく弱いときは白斑型や急性型病斑になる。白斑型，急性型病斑は，たくさんの胞子をつくる。その胞子は飛散し，次の伝染源になる。

▷葉節いもちは，胞子の供給者になるので恐ろしい。

　葉と葉鞘との間に葉節というところがあり，ここは非常にいもち病にかかりやすい。このいもち病はあまり目立たないが，ここに形成されたいもち病菌の胞子は葉鞘の内側に流れ落ちて，まだ葉鞘につつまれている節を侵し節いもちの原因になる。また，止葉の葉節いもちは，首いもちの原因にもなる。

▷出穂すると，首いもち，穂軸いもち，枝梗いもち，籾いもち，みごいもちなどがでる。

　穂がでると穂いもちが発生する。穂では種々な部分にいもち病が発生するが，穂の発病部分により，穂首では（穂）首いもち，穂軸では穂軸いもち，枝梗では枝梗いもち，みごではみごいもち，籾では籾いもちと言い，これらすべてを総称して穂いもちとよぶ。葉節いもちなどにより出穂後2～3日頃までの早い時期に穂首が感染すると白穂となる。

▷発病田の籾の多くにはいもち病菌がついている。

　籾に病斑らしいものをつくらなくても，いもち病菌がついていることが多い。とくに護穎の部分などは高頻度で侵されている。このことから，種子消毒は忘れてはならない作業になっている。

▷節いもちにかかると稈が折れやすくなる。

イ　ネ　＜いもち病＞

葉節いもちが見られたり稈の節が露出していたりすると節いもちにかかり，稈が折れやすくなったり出穂した穂が枯死したりする。

＜発生しやすい条件＞

▷いもち病は，いもち病菌の増殖に好都合な条件，あるいはイネの抵抗性を弱めるような条件ができたばあいに多発する。

いもち病菌は，温度が25～28℃ぐらいで，湿気の多いときに増殖しやすい。一方，イネは体内に可溶性の窒素の多いときに抵抗性が弱まるが，これは外界のいろいろな条件によっておこされる。

▷低温で日照不足のときには発生しやすい。

いもち病菌は，16℃ぐらいから高い温度になると動きだすが，30℃以上もの温度になると，イネのほうの抵抗力が増大するのでイネは発病しにくくなる。

25℃前後では病斑は最も早く出現するが，20℃では病斑の拡大，胞子の形成が長く続き，結果的には被害が大きくなる。

日照が多いときには，イネ体内の可溶性窒素が少なくなり，抵抗性が大きくなる。日照不足，とくに分げつ期から出穂期ごろの日照不足は，いもち病の発生を招きやすい。冷害年にいもち病の多いのは，日照不足とやや低温に原因がある。

▷雨は，葉いもち，穂いもちの原因になりやすい。

多湿はいもち病菌の感染や増殖を助ける。とくに分げつ期～出穂期ごろの低温と雨は胞子形成を多くし，葉いもち，穂いもちを多発させることが多い。これは，日照不足によるイネの抵抗性の弱化もともなっている。

▷いもち病の発生は，土壌の性質とも関係が深い。

土壌が砂質だと，施した肥料がすぐに効き，窒素過多になり，いもち病が発生しやすい。反対に，粘質土壌では，稲作の後期になってから肥料が効き，首いもちや枝梗いもちの発生を多くする傾向がある。土壌は堆肥の施用あるいは客土などによって，砂質や粘質にかたよらない，適当な土壌

イ　ネ　＜いもち病＞

にしておくほうがよい。

▷窒素肥料の多いときにはいもち病が発生しやすい。

　肥料といもち病の関係は密接で，窒素過多のときはいもち病が発生しやすい。肥料もちの悪い水田などでは，窒素を分施するほうがよい。カリ肥料も，窒素成分が多量に存在するといもち病を多発させる傾向があり，少なくとも，発生しやすいときにカリ肥料を追肥しない。リン酸肥料は窒素の場合ほど明確ではないが，多施用で発病が多くなる傾向にある。

▷いもち病に対し，抵抗性が強い品種と弱い品種とがある。

　いもち病に対するイネ品種の抵抗性には，かなり明確なものがある。品質，収量その他が同じならば，できるだけ抵抗性の強い品種を用いるほうがよい。しかし，イネに品種があるように，いもち病菌にも菌型（レース）があり，強いと考えられていたイネ品種が，新しい菌型（レース）の発生により，急激に弱くなった例も少なくないので，いもち病抵抗性は，菌型（レース）を考慮に入れて考えなければならない。

▷いもち病は，晩植えで発生しやすい。

　一般に晩植えになると，田植え後に，急に肥料分が吸収され，また，早期にいもち病の発生しやすい気象条件がくるので，イネはいもち病にかかりやすい状態になる。

＜対策のポイント＞

▷有効と考えられる方法を多く用いることが得策である。

　よく防除というと，薬剤散布ばかりを考える人がいるが，そのほかの各種の防除法を大いに活用することが経済的で効果の大きい対策となる。

▷強い品種を選ぶ。

　品種は，できるだけ抵抗性の強いものを選ぶことがたいせつ。これは各県によって異なるので，県の奨励品種の特性表などを参考にしてきめる。いもち病の激発のときは，薬剤だけでは防ぎきれないことさえあり，品種の抵抗性は重要であるが，現在の“うまい米”と言われるものは，ほぼす

イ　ネ　＜いもち病＞

べて抵抗性が弱い。

▷作期を考えること。

いもち病の出方は，作期，つまり早植えか晩植えかによって非常に異なる。一般にいもち病は晩植えに多いから，発生しやすい地域などでは早植えにすることがたいせつである。

▷補植用苗をできるだけ早く処分すること。

水田の端などに置かれたままになっている補植用の苗では，本田に植えつけた株より早期に葉いもちが発生し，いもち病の伝染源になりやすい。田植え後できるだけ早く補植をすませ，日平均気温が17〜18℃になる前に不要な残り苗を処分する。

▷多肥，密植は，発病を多くする。

肥料，とくに窒素肥料はいもち病の多発生の原因になる。あまり多施用しないようにすることが必要。密植もいもち病を多発させるので，株間が広い方が発病は少ない。

▷ケイ酸石灰の施用は，発病を抑える効果がある。

稲体にケイ酸分が多くなると，いもち病の発生が少なくなる。土壌にケイ酸石灰を充分施すとよい。

▷薬剤防除は，効率的に行なわなければならない。

葉いもちは，病斑の型をみて，急性型病斑の多いときなどにはとくに速やかに薬剤散布をする必要がある。葉いもち，穂いもちとも，予防的に，しかも大面積をまとめて防除すると効果が大きい。種子消毒は必ず実施する。

▷発生予察情報を活用して，手遅れにならないように防除する。

各県では，発生予察情報を出しているから，これを利用すること，また発生しやすい水田をたえず観察し，手遅れにならないようにすることが，防除にとって極めてたいせつなことである。

＜防除の実際＞

▷別表〈防除適期と薬剤〉参照。

イ　ネ　＜いもち病＞

＜防除上の注意＞

▷近年，浸透移行性で効果が高く，しかも効果が長期間継続する育苗箱施用剤が広く使われるようになった。これは省力的な防除法として有用であるが，指定された施用量と育苗箱への均一な施用が大切である。

▷防除は，手遅れにならないように実施することが大切である。

防除は，葉いもちのばあいには，病斑が多少認められてからでも可能であるが，特別に弱い品種，多肥，晩植え，常発地などでは，発生のごく初期に行なうと効果が最も高い。早めの薬剤防除が必須である。

穂いもちや節いもちは，発病を認めてからでは手遅れである。必ず予防的に，葉いもちで多発が認められるときには葉いもちへの散布を1回増すとか，穂いもち用粒剤を散布する。また穂ばらみ期，穂揃期の散布を行なう必要がある。穂いもちのばあいには発生を認めてからでは，効果が激減する。冷害年には出穂が遅れ，通常のスケジュール散布では防除適期を失することが多いので出穂時期に注意し，穂ばらみ期，穂揃期の適期防除を実施する。

▷薬剤散布は，株間に入るように行なう。

薬剤散布効果は，病原菌の侵入を防ぐことや病斑上の胞子形成を抑えることにある。したがって，薬剤は病斑が多く形成されている下葉のほうにもゆきとどくように，株間に入り込むように散布しなければならない。

▷葉いもち，穂いもちの防除は，大面積のいっせい防除がよい。

いもち病菌の胞子は，かなりの距離を飛散する。そのため，できるだけ大面積を一時に防除して胞子の動きをとめるようにしなければならない。集団散布や，有人・RCヘリコプター散布などが有効な理由がここにある。

▷ニカメイチュウ，紋枯病などとの同時防除。

省力的に防除するために，他の病害虫と同時に防除することも多い。このばあいには薬剤の混合の良否を検討することと，散布の時期が対象病害

虫で一致していることがたいせつである。

＜その他の注意＞

▷イネ以外のものに対する薬害に注意すること。

いもち病防除剤には，イネあるいは他の作物，人間，家畜，蚕，魚類などにとくに害を及ぼすものは少ないが，なかには，ときによると人間の目に害を与えるもの，他の作物に薬害を生ずるものもあるから注意を要する。

▷同じ成分の薬剤を連年使用すると薬剤の効かない耐性菌が発生し，効果が低下する場合がある。薬剤は同じ種類のものを連用せず，違う薬を交互に使用するようにしなければならない。

＜効果の判定＞

▷葉いもち病斑の増加および病斑型の変化。

葉いもち防除のために薬剤を散布し，その効果のあるばあいには，その後病斑の増加が抑えられる。また，散布時に急性型病斑があるばあいには，この病斑が，慢性型（周囲に褐色の部分が現われる）になれば効果があったものと考えられる。

薬剤の効果があると，病斑上の胞子形成が少なくなり，胞子採集器で胞子をとってみると，その数が急に減少している。

▷穂いもちや節いもちは，その後の発生の多少で効果を判定する。

穂いもちに対する穂ばらみ期および穂揃期散布の効果は，出穂後20～30日の発病率を調査し判定する。節いもちも同じころ，あるいは収穫時に発病率を調査し，判定する。

また，枝梗いもちなどがおそくまで増加するようなときや，発病好適条件が継続しているときには傾穂期散布も必要である。

（執筆：小野小三郎・山口富夫，改訂：内藤秀樹）

イ　ネ〈縞葉枯病〉

縞葉枯病

幽霊症状：田植直後の発病。心葉が黄白色になり，巻いて垂れる。

分けつ期の発病：この時期までに発病したものは枯死することが多い。

イ　ネ　〈縞葉枯病〉

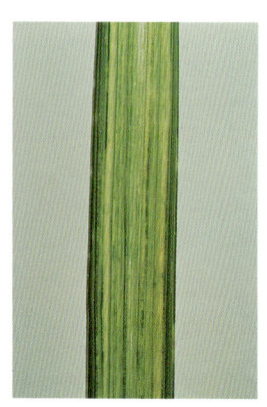

葉の病斑：葉脈にそって黄色い縞状の病斑ができる。健全部との境は明瞭でない。

枯死株：発病した株は枯死することが多く、被害は大きい。

奇形穂：枯死しないものでも穂が出なかったり、奇形になることが多い。

縞葉枯病

病原ウイルス　イネ縞葉枯ウイルス
　　　　　　　Rice stripe virus (RSV)
別　　名　幽霊病
英　　名　Stripe

〔診断の部〕

＜被害のようす＞

▷イネが若いときに，この病気に侵されると，幽霊症状を呈する。

　苗代時期あるいは本田のごく初期に縞葉枯病にかかると，心葉が黄白色になり，こよりのようにまいて垂れる。この症状が幽霊のようだというので，幽霊病などともいわれる。このような症状を呈したものは，分げつ後期ごろに枯れるものが多い。

▷葉に黄色の縦縞が現われる。

　葉に縦の縞が現われる。幽霊症状といっしょにも現われるし，これだけがみられることもある。縞は黄～黄緑色で，健全部との境があまり明確でないことが多い。

▷穂が奇形を呈することもある。

　穂の先が，いつまでも葉鞘からはなれず，妙な形になることもある。

▷枯死するものが多いので被害が大きい。

　イネ株の一部あるいは全部が枯れるものが多いし，穂が出ないので害が大きい。比較的おそく病気になったばあいには，穂は出るが稔りが悪い。

イ　ネ　＜縞葉枯病＞

＜診断のポイント＞

▷心葉がまいて垂れるのが，本病の特徴。

いわゆる幽霊症状を現わす病気は，縞葉枯病のほかにはないので，診断はやさしい。

多少似ているのはばか苗病であるが，これは病株の葉の全部が淡色になって徒長している。葉が巻くことはない。

▷葉に現われる縞はぼんやりしている。

イネの葉に，葉の下から上に通してじつに明瞭に黄色の縞が1〜2本ぐらい現われることがあるが，これは遺伝的なもので，伝染のおそれがない。縞葉枯病のばあいには，縞がぼんやりしている。黄化萎縮病は縞はないが，葉が黄色っぽくなり，白い斑点を生じ，葉は短く，全体が黄化・萎縮するため，判別できる。

〔防除の部〕

＜病原ウイルスの生態，生活史＞

▷縞葉枯病は，イネ縞葉枯ウイルス（RSV）によって引き起こされる。

イネには縞葉枯病，黒すじ萎縮病および萎縮病の3種のウイルス病があり，主として前2者はヒメトビウンカ，萎縮病はツマグロヨコバイによって永続的に媒介伝染させられる。

▷媒介虫は，ウイルスをもったまま越冬する。

夏の間縞葉枯病を媒介したヒメトビウンカは，秋になると幼虫の状態で冬眠の形になる。翌春3〜4月ごろに成虫（第1回成虫）になるが，この時期は，越冬場所の植物，たとえばムギ類がまだ健全であるし，温度が低いので移動が少ない。第2回成虫は5〜6月に発生し，越冬場所のムギなどが成熟し枯れるので，他に飛び立つことになる。この虫が，本田初期ごろにイネに着生し，本格的に伝染をはじめる。

イ　ネ　＜縞葉枯病＞

▷保毒虫からは，保毒虫が産まれる。

　縞葉枯病を媒介するヒメトビウンカのばあいには，親がウイルスをもっていると，その子虫もウイルスをもって産まれることが多く，高率に経卵伝染する。越冬虫が保毒していれば第2回成虫も保毒していることになる。

▷もっと後の代の媒介虫も伝染させる。

　本田初期に移されたばあい株全体が発病し被害が大きいが，それよりずっとおそくなって幼穂形成期ころまでは病気は移される。このばあいには上部の葉や葉鞘に病徴が現われ，その茎から出た穂は稔実がかなり不良になる。

▷虫以外のものでもウイルスは越冬できるか。

　たとえばムギ類などにウイルスが存在して，これで越冬するかというと，その可能性は充分ある。しかし，実際的にはヒメトビウンカの体内が最も大きな越冬の場所と考えてよさそうである。

▷ヒメトビウンカ以外による伝染。

　イネ縞葉枯病は，ヒメトビウンカの媒介による伝染がほとんど唯一のもので，その他の伝染，たとえば種子，接触，土壌，注射など，どれでも伝染は不可能である。このため，ヒメトビウンカを防除することが，イネ縞葉枯病の防除法のひとつになっている。

＜発生しやすい条件＞

▷イネ縞葉枯ウイルスをもった媒介虫の多いときに多発する。

　本病をおこすウイルスは，主としてヒメトビウンカによって媒介伝染させられる。このため，このウイルスをもった虫（保毒虫という）の数が多いと多発になる。保毒虫の率は地方によっても異なるし，前年のイネ縞葉枯病の発生にも関係する。

　また，ヒメトビウンカの数は，天候，越冬場所になっている植物（たとえばムギ類）の状況などによっても大きく左右される。

イ ネ ＜縞葉枯病＞

　ヒメトビウンカは春から初夏にかけてコムギ畑での増殖が旺盛である。ムギ栽培が減少した昭和40年代は，イネに飛来する虫数が著しく減少し，イネ縞葉枯病の発生も減少したが，50年以降麦作が奨励され，その栽培面積が増加するとともに，縞葉枯病の発生も再び増加の傾向にある。

　▷イネは，多肥料のときなどにかかりやすい。

　イネが多肥料で生育が旺盛なときには，媒介虫の着生するものも多くなるし，虫の吸汁，繁殖などもよくなり，ウイルスを伝染させられることが多い。また，気温が比較的低く，曇天続きのときなどには，イネの若さが保たれるためか，長くこの病気にかかりやすいようである。

　▷早期，早植栽培に多発する。

　縞葉枯病の発生は，保毒虫の活動のはげしいときに，イネのほうが感受性が高くなっている時期がちょうど合致すると激発することになる。イネがかかりやすくなるのは，本田に移植されてから20日前後たち，体内の成分なども感受性が極度に高まったころである。これがヒメトビウンカの第2回成虫期にあたるのは，早期あるいは早植栽培のばあいである。最近本病が各地で多発しているのは，このような作期の早まりと麦作の増加が最も大きな原因とされている。

＜対策のポイント＞

　▷月の光，朝の光，タマホナミ，たまみのり，むさしこがね，ひめみのり，星の光，あさひの夢，祭り晴，あいちのかおりSBL，あかね空など縞葉枯病抵抗性品種がつぎつぎと普及に移されているので，これらの品種を利用する。

　▷縞葉枯病は，ヒメトビウンカの媒介によってのみ伝染する。この病気の唯一の媒介者であるヒメトビウンカを防除すること。

　▷早期，早植栽培は，本病を多くするから，できればこれをさける。

　縞葉枯病を多くさせる最も大きな原因は，イネの作期を早めたことにある。この点が改変されるなら防除はらくになる。

イ　ネ　＜縞葉枯病＞

▷ヒメトビウンカの防除は，第2回成虫をねらうのがよい。

　この虫の防除は，本田初期が最も有効である。しかし，ヒメトビウンカはとびまわる範囲がかなり広く，イネ以外のところ（ムギ類や雑草）からもとんでくるので，広範囲の防除を何回もくりかえさないと効果があがらない。

▷この病気には，発病後の薬剤散布は役に立たない。

　縞葉枯病が出はじめてから，これを止めるような薬剤はいまのところない。媒介虫を殺すために，必ず予防的に散布しなければならない。

＜防除の実際＞

▷被害のひどいところでは，抵抗性品種を作付けるか，あるいはできるだけ晩植えにする。

▷媒介者であるヒメトビウンカを殺滅するのが，最も効果的な縞葉枯病防除法である。

▷イネ縞葉枯病の媒介昆虫ヒメトビウンカの防除適期と薬剤については「ヒメトビウンカ」の項を参照。

＜防除上の注意＞

▷ヒメトビウンカの防除は，できるだけ広い面積を同時にやるほうが効果が大きい。

　縞葉枯病の防除は，媒介昆虫であるヒメトビウンカの防除にある。この昆虫は，比較的広範囲にとびまわるので，大面積に散布しないと効果が少ない。

▷地方によってはヒメトビウンカに薬剤抵抗性の発達しているところがあるが，このようなところでは薬剤選択に注意をする必要がある。

＜効果の判定＞

▷この病気は，発病してから薬剤をかけても何の効果もない。散布後に

イ　ネ　＜縞葉枯病＞

発病すれば，効果が少なかったということになる。
　発病は，だいたい分げつ最盛期ごろまでにはじまるものである。また，このころまでの発病が大きな害をするので，この時期までに発病がなければ防除効果が大きかったといえる。

　　　　　　　　　（執筆：小野小三郎・山口富夫，改訂：本田要八郎）

イ ネ 〈黒すじ萎縮病〉

黒すじ萎縮病

発病株：発病株は萎縮しているが，この症状だけでは診断できない。

葉裏の黒すじ
分けつ最盛期以降になると，葉うらに黒すじがあらわれる。

イ ネ 〈黒すじ萎縮病〉

稈の病徴
葉鞘をはがしてみると，稈の表面に白または褐色の隆起物がみられる。

黒すじ萎縮病

病原ウイルス　イネ黒条萎縮ウイルス
　　　　　　　Rice black streaked dwarf virus (RBSDV)
英　　　名　Black-streaked dwarf

〔**診断の部**〕

＜被害のようす＞

▷イネが萎縮している。

　この病気は，非常に診断しにくい。最も確かなよりどころになる病徴が，かなり後期になってから，はじめて現われるからである。

　はじめは葉色も変わらず，ただ少し生育が遅れているといった様相である。萎縮病のように葉に白いかすり状の病斑もでないし，縞葉枯病のように心葉がまいて垂れることもない。

　分げつ最盛期，あるいはその後になると，葉の裏側に2〜5mmぐらいの細い黒いすじが現われる。また，葉鞘をはいで稈を調べてみると，稈の表面に黒または無色の隆起したものがでる。これは長さが2〜10mmぐらいで，さわってみると硬く，ざらざらした感じがする。これらは，本病の特徴である。

▷草丈は15cmぐらいで止まっているものから，健全イネに近いようなものまである。出穂するものもある。

▷黒すじ萎縮病は，大被害をもたらすこともある。

　多いときには，70〜90％の株がこの病気にかかって大減収になった例もある。

イ　　ネ　＜黒すじ萎縮病＞

＜診断のポイント＞

▷初期の診断はむずかしい。

▷全体の形が萎縮病によく似ていて、白いかすりの入らないときは、この病気と疑ってみる必要がある。

▷葉裏の黒スジと葉鞘をはがしたさいの稈の隆起物が診断のよりどころとなる。

〔防除の部〕

＜病原ウイルスの生態，生活史＞

▷黒すじ萎縮病は、ヒメトビウンカによってのみ媒介伝染する。

縞葉枯病を媒介するヒメトビウンカが本病も伝染させる。したがって、ウイルスの獲得、媒介の面などは、縞葉枯病のばあいと同様である。

▷この病気は、経卵伝染をしない。

ただ縞葉枯病と異なるのは、この病気は、ウイルスが親から子に移らないということである。このため、越冬幼虫が成虫になったもの（第１回成虫）は保毒しているが、その次代からの虫は、新たにウイルス罹病ムギ類などから獲得しないと保毒できないわけである。この点、この病気は他のイネのウイルス病と生態的に大きな差がある。

▷第２回成虫が伝染の主役になっている。

イネの感受性などの点から伝染に役立つ虫は、この病気でもやはり第２回成虫であるが、この虫は、自分でウイルスを獲得しなければならない。このウイルスの供給源は、おそらく越冬の場所になっているムギ類と考えられる。

＜発生しやすい条件＞

▷ムギ類やトウモロコシに黒すじ萎縮病が多く、しかもムギ類の成熟の

イ　ネ　＜黒すじ萎縮病＞

遅れたときには発生が多い。
　▷ヒメトビウンカの第2回成虫のウイルス獲得には，ムギ類が重要な役目をもっているので，これの発病が多く，しかもおそくまでムギが枯れないで，ヒメトビウンカのよい餌になっているばあいには，イネへの伝染が多くなる。

＜対策のポイント＞

▷早期，早植栽培に多いので，多発地では，できるだけ晩植えにする。
▷媒介虫であるヒメトビウンカを防除する。

＜防除の実際＞

▷縞葉枯病に同じ。

＜防除上の注意＞

▷発生地帯ではできるだけ早めに広範な一斉薬剤散布をする。
▷ムギ類やトウモロコシでの発生にも注意しておく必要がある。

＜効果の判定＞

▷萎縮病や縞葉枯病，黄萎病などに準じて，発病株数を調査して発病株率を求め，その多少で効果を判定する。

(執筆：小野小三郎・山口富夫，改訂：本田要八郎)

イ ネ 〈萎縮病〉

萎縮病

発病株
草丈は低く，葉色は濃くなる。

出穂
病株は枯れることはなく，小さい穂をつけることもある。

葉の白斑
白いカスリ状の斑点が診断のポイント。

イ ネ 〈黄萎病〉

黄　萎　病

発生状況
葉が鮮かな黄色になる。

発病株
草丈は低く，分けつが多い。

ひこばえの発病
ひこばえには鮮明な症状があらわれ，分布状況がよくわかる。

萎　縮　病

病原ウイルス　イネ萎縮ウイルス
　　　　　　　Rice dwarf virus (RDV)
英　　　名　Dwarf, Stunt

〔診断の部〕

＜被害のようす＞

▷萎縮病にかかったイネは，萎縮して濃緑色となり，葉には白いかすり状の病斑が入る。

　この病気は，分げつ期ごろからみえはじめる。株は萎縮し，葉は健全なイネより濃い緑色である。もっとも特徴のあるのは白い小点が縦に連続して生ずることである。

▷病株は，最後まで枯死することがない。

　病株は，いつまでも緑色が濃く，枯れることがない。小さな穂をつけることもあるが，収穫は望めない。

▷かなりの減収になる。

　多いときには，50％以上もの株が萎縮病にかかることがあるが，こんなばあいにはひどく減収する。

＜診断のポイント＞

▷萎縮病の診断は，濃緑の葉に白いかすり状の病斑が入ることでできる。

　萎縮し，葉の色が濃く，それに明確な白い点が連続してできる病気は他にないので，診断は容易である。とくに白いかすりはよりどころとなる。

イ　ネ　＜萎縮病＞

〔防除の部〕

＜病原ウイルスの生態，生活史＞

▷萎縮病は特定の媒介昆虫によってのみ伝染する。

　本病の媒介昆虫は，ツマグロヨコバイが主で，イナズマヨコバイも関係する。これらの虫以外は媒介しない。

▷越冬は，ツマグロヨコバイのからだの中で行なわれる。

　秋になるとツマグロヨコバイは幼虫の形で越冬に入る。この体中にあるウイルスは，翌年になるとイネに移され，萎縮病が現われることになる。

▷第2回の成虫が，伝染の主役になる。

　このことは，縞葉枯病を伝染させるときのヒメトビウンカとよく似ている。しかし越冬した幼虫は，3～4月ごろに成虫になるが，まだあまりイネにいかないことが多い。次の代の成虫（5～6月）は感受性の高まっているイネに着生し，吸汁する。このときにウイルスを移す。

▷萎縮病のばあいにも，ウイルスの経卵伝染がある。

　縞葉枯病を媒介するヒメトビウンカのばあいにも，ウイルスが親から子に移される現象のあることを述べたが，萎縮病をツマグロヨコバイが媒介するばあいにも，この現象が認められる。秋期にツマグロヨコバイの幼虫がウイルスをもっていれば，翌年の第2回成虫も保毒していることが多いわけである。

▷無毒の虫は，病イネから吸汁のときにウイルスを獲得し保毒虫となるものが多い。病イネに着生したツマグロヨコバイは，これから汁液を吸うがこのばあい，イネの中からウイルスもいっしょに吸収する。虫体内でウイルスが増殖し，2週間もすると伝染力をもつようになる。

＜発生しやすい条件＞

▷早期あるいは早植栽培のイネに多発する。

イ　ネ　＜萎縮病＞

　萎縮病は，かかりやすいイネ（田植え後20日前後すると栄養もよくなりかかりやすくなる）のあるころに保毒のツマグロヨコバイがたくさん集まるばあいに多発することになる。保毒虫率のことは別にして，この条件の満たされるのは，早期または早植栽培のイネである。作期が早まっているので，最近本病が多発するようになった。
　▷多肥料のときに多発する。
　多肥（とくに多窒素）のばあいには，ツマグロヨコバイが集まりやすいが，このため，伝染の機会も多くなるものと思われる。

＜対策のポイント＞

　▷作期をおそくすると発病は少なくなる。
　▷媒介虫の防除。
　ウイルスそのものを撲滅する方法がいまのところないので，間接的ではあるが，媒介虫を防除するのが本病の防除法になる。

＜防除の実際＞

　▷縞葉枯病防除のばあいのヒメトビウンカに準じて薬剤散布を行なう。

＜防除上の注意＞

　▷ツマグロヨコバイの第2回成虫および第2世代の幼虫が，伝染に関係が深いから，この時期をねらって薬剤散布を行なう。
　▷早期，早植栽培に多発する。これらのイネにとくに注意し防除する。
　▷薬剤散布は，広範囲にできるだけ同じ時期に一斉に実施する。
　▷イネの刈取り直後は，ツマグロヨコバイが主として水田の付近にいるので，越冬する保毒虫をできるだけ秋のうちに防除しておくために，空中散布するのもよい。また早春，稲作の始まる直前に越冬した保毒虫を防除する方法でもよい。

イ　ネ　＜萎縮病＞

＜効果の判定＞

▷イネが若いうちに感染したばあいには，分げつ終期から幼穂形成期になると濃緑色で萎縮し，かすり状の病斑がはっきりするので，病株の数を調査し，罹病株率を求めて，その多少で効果を判定する。

また，そうとう稲作後期に感染したばあいには，病徴が判然としないので，収量でみるとともに，刈り株あとに生ずる二番芽生（ヒコバエ）の病徴でみると，罹病株率を求めることができる。

(執筆：小野小三郎・山口富夫，改訂：本田要八郎)

イネ ＜黄萎病＞

黄　萎　病

病　原　体　ファイトプラズマ（Phytoplasma）
英　　　名　Yellow dwarf

〔診断の部〕

＜被害のようす＞

▷黄萎病にかかったイネは，全身が一様に黄色になり，萎縮する。

　イネが萎縮して，葉や葉鞘の色が黄色になるのが，この病気の特色である。黄化萎縮病も，葉が黄色になって萎縮するが，黄萎病と異なる点は葉に白い小さな斑点がたくさん生ずることで，これで区別ができる。また発生の時期は，黄萎病では，田植え後かなり日時がたってからで，7月中旬以後のことが多い。出穂期ころに発病すると高位分げつを生じ，穂は出すくみとなり，出穂しても不稔となることが多い。黄化萎縮病は，苗代末期から本田のごく初期に発生する点が異なっている。

▷刈り株から生ずる再生イネ（ヒコバエ）に，病徴が明瞭にでる。

　再生イネでは，じつに鮮やかな黄緑色に現われ，健全なイネとは一見して区別できる。黄萎病の分布などを調べるのには，この再生イネを用いるとよい。

＜診断のポイント＞

▷分げつ期ごろから，株全体が黄化するのが特徴である。

　葉に白い斑点などが生ずれば別の病害を考える必要があるが，これにはない。発生も分げつ期ごろからである。

イ　ネ　＜黄萎病＞

〔防除の部〕

＜病原体の生態，生活史＞

▷黄萎病は，ツマグロヨコバイによってのみ媒介伝染する。

　萎縮病と同様に，本病も主として，ツマグロヨコバイによってうつされる。ファイトプラズマの獲得，媒介のしかたなどは，萎縮病によく似ている。

▷黄萎病のばあいは，ウイルスの経卵伝染に似たような現象はない。

　ツマグロヨコバイが萎縮病をうつすばあいには，経卵伝染ということがあるが，黄萎病のばあいには，この現象がない。越冬幼虫が成虫になって飛来するときには病原をもっていても，そのつぎの第2回成虫は新たに病原を獲得しないかぎり無病原虫である。この点が，萎縮病のばあいと異なる。

▷第1回成虫が，伝染と最も関係が深い。

　ツマグロヨコバイに黄萎病の病原をうつされたイネは，1か月ぐらいかかって，ようやく病徴を現わす。一方，この昆虫が黄萎病の病原を獲得できるのは，だいたい，病イネからだけである。第1回成虫（越冬幼虫の成虫になったもの）がファイトプラズマを伝染して，つぎにイネが発病するのは，おおよそ7月下旬ごろになる。これから第2〜3回成虫がファイトプラズマを獲得して，伝染能力をもつころには，すでに8月も下旬ごろになってしまう。このころの伝染は，実害はないので問題にならない。つまり，害のある伝染を起こすのは第1回成虫だけであるといえる。

▷早期，早植栽培のイネがかかりやすい。

　第1回成虫の活動している間に，感受性の高いイネになるのは早期か早植のイネである。晩植えのばあいには明瞭な病徴を示すことが少ない。

▷後期に感染したばあいには，再生イネに病徴が現われる。

　出穂の近くになってから感染をうけたばあいには，ほとんど病徴を現わ

イ　ネ　＜黄萎病＞

さないか，上のほうの葉にかすかに病徴が現われるていどで見分けにくい。しかし，刈取り後にでてくる再生イネ（ヒコバエ）には，じつに明瞭な病徴が現われる。この再生イネの病状は，その水田の黄萎病の分布の状態を示している。この病再生イネは媒介虫にウイルスを供給する源になる。

＜発生しやすい条件＞

▷早期，早植栽培のイネに多い。

▷ツマグロヨコバイの黄萎病の病原を保持している濃度が高ければ，発生が多い。

この病原をもっている率は，前年の再生イネの発病率と関係が深い。再生イネに発病の多いときは注意を要する。

＜対策のポイント＞

▷ツマグロヨコバイの防除が第一。

ツマグロヨコバイは，ヒメトビウンカより飛散の距離が小さい。しかも黄萎病のばあいには経卵伝染のような現象がないので，大面積の薬剤散布をすると大きな効果がある。春期あるいは刈取り後の秋冬期にヘリコプターによる散布をして効果をあげている例が多い。

▷できれば早期，早植えをさけるか，作期を同じにするとよい。

▷畦畔などをできるだけきれいにしておく。

＜防除の実際＞

▷大面積の薬剤防除でツマグロヨコバイを殺滅する。

使用する薬剤は，萎縮病や縞葉枯病のばあいと同じでよい。

▷刈取り後の再生イネ（ヒコバエ）などが罹病していて，これに寄生してツマグロヨコバイが病原をもっていることも多いから，刈取り後，できるだけ休閑田でも耕して，再生イネや雑草の生え方を少なくしておく。

イ　ネ　＜黄萎病＞

＜防除上の注意＞

▷かなりの大面積を同時に防除すると効果があがる。

＜その他の注意＞

▷黄萎病は，秋または冬期の薬剤散布でも効果があがる。

このばあいには，他の作物への薬害を考えなくてよいので，散布しやすい。できるだけ，イネの刈取り後をねらって散布するほうがよい。

＜効果の判定＞

▷大面積のヘリコプター散布をしたばあい，前年に70～80％の再生イネの発病があったところでも，その発生が数％になったところもある。春または収穫後（秋～冬）の散布の効果は非常に大きい。

縞葉枯病や萎縮病の発生株調査に準じて調査し，発病株率を求めて，その多少で判定する。

また，刈取り後の再生イネは，とくに明瞭に病徴を現わすので，これで調査して発病株率を求めてもよい。

（執筆：小野小三郎，改訂：本田要八郎）

イ ネ 〈白葉枯病〉

白葉枯病

発生田：発病した部分が白く枯れている。

葉の病斑
葉の縁から波形に白く枯れるのがふつうである（右）が、中央部が縞状に枯れることもある（下）。

イ　ネ　〈白葉枯病〉

もみの発病
出穂後間もないもみにも感染し、白い病斑ができて不稔となる。

粘液塊：病原細菌は露の中に出て、乾くと黄色い塊になる。

病原細菌

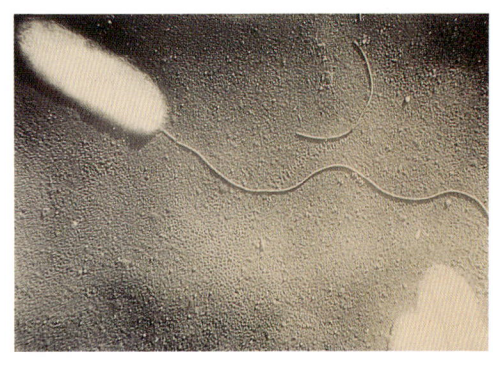

イ　ネ　＜白葉枯病＞

白葉枯病

病原菌学名　*Xanthomonas oryzae* pv. *oryzae* (Ishiyama 1922)
　　　　　　Swings, Van den Mooter, Vauterin, Hoste, Gillis,
　　　　　　Mew & Kerters 1990
英　　　名　Bacterial leaf blight, Bacterial blight

〔診断の部〕

＜被害のようす＞

▷本病は，おもに本田の中・後期のイネに発生する。激発地では，あるいは発病に好適な環境が整うと，初期から発生することもある。

▷本病は，まとまった数株に坪状に発生するだけの場合もあるが，一水田全面さらには地域一帯の全水田面に発生することもある。

▷本病は，台風のあとなどに急激に蔓延して，2～3日のうちに水田一面をまっ白にすることがある。

▷葉の枯死によって稔実が害され，20％程度，甚発生時には40％程度の減収になることがある。

＜診断のポイント＞

▷発病株では，葉縁に沿って水浸状，黄色，白色あるいは青味を帯びた灰緑色の病斑が現われる。病斑は葉脈に沿って縦に伸び，その縁は刃文のように波打っていることが多い。病斑は葉の中央部にも発生し，同様に縦に伸びる。発病葉は，先端からしだいに枯れて灰白色となる（葉枯れ症状）。枯れた部分は，二次的な糸状菌の寄生によって褐色になり汚く見えることもある。

イ ネ ＜白葉枯病＞

▷幼苗が発病した場合には，株全体が萎凋して枯れることもある（急性萎凋症状，クレセック）。

▷もみが発病した場合には，白色あるいは淡褐色となり，稔実不良になる。

▷葉上に粘液塊がみられることがある。葉から水孔を通じて溢出した水と病原細菌は，葉縁に白濁した露としてついているが，乾くと黄色ないし黄褐色の粘液塊になる。小さな塊であるが，よく見ると見つけることができる。

▷病斑部の切断面をビーカー・試験管などに入れた水の中に吊すと，導管にいた病原細菌集団が白い糸となって垂れ下がるように出てくる。これは本病診断のためのよい方法である。用いる病斑は新しいものがよい。

▷鮮やかな黄色，白色あるいは灰緑色の病斑が出ていれば，本病の診断は容易である。しかしながら，褐色葉枯病の病斑も本病による病斑と紛らわしいことがあるので，注意が必要である。

〔防除の部〕

＜病原菌の生態，生活史＞

▷白葉枯病菌の重要な越冬場所は，河川や畦畔沿いに生えているサヤヌカグサやエゾノサヤヌカグサなどの雑草の根であると考えられている。春にそれらの地上部が伸び始めると，本細菌も活動を始め，葉などに病斑をつくるようになる。そして，灌漑水などによって水田に流入し，イネに感染する。

▷本細菌は，雨を伴った風によっても伝搬され，遠くまで吹き飛ばされて広範囲に病気が発生する。

▷本細菌は，傷口および葉縁にある水孔からイネ体に侵入し，さらに導管に入って増殖・移動する。

＜発生しやすい条件＞

▷機械移植栽培が普及し，耕地基盤整備がなされて以降，本病の発生面

積は減少した。しかしながら，多雨時，あるいはイネが冠水した場合には発生する。

▷特に台風時には，本細菌が遠くまで飛ばされるばかりでなく，イネの葉が擦れあって傷み，冠水も起き，感染が多くなるため，非常に広範囲に同時発生する。

▷排水が悪く水が滞留しやすい場所，朝露が遅くまで残りやすい場所は常発地となりやすい。

▷窒素質肥料などの過多は，発病を助長する。

▷本病に対するイネ品種の強弱はかなり明確であり，抵抗性がない品種，弱い品種で発生しやすい。

＜対策のポイント＞

▷灌排水路を整備し，冠水を防止し，サヤヌカグサなど感染源となる雑草を除去する。

▷抵抗性品種を選ぶ。抵抗性の強弱は，県の奨励品種に示される特性表を参考にする。ただ，いもち病菌と同様に白葉枯病菌にも系統があり，抵抗性品種が別系統の出現によって突然発病することもありうるので注意が必要である。

▷深水にしないようにする。

▷窒素過多にならないようにする。

▷常発地や冠水・台風通過後には，薬剤散布を行なう。

＜防除の実際＞

▷別表〈防除適期と薬剤〉参照。

（執筆：畔上耕児）

イ　ネ　〈ごま葉枯病〉

ごま葉枯病

病徴：葉一面に褐色ごま粒状の病斑が散在する。

発生田：ひどく発生すると、田全面が枯れたようにみえる。

イ　ネ　〈ごま葉枯病〉

病斑：ふつうは楕円形で褐色。同心円状の輪紋がある。

しま葉枯病におかされた葉の上のごま葉枯病斑。

もみについた病菌：もみにつくとこんな症状を示す。

イ ネ ＜ごま葉枯病＞

ごま葉枯病

病原菌学名　*Cochliobolus miyabeanus* (Ito et Kuribayashi) Drechsler ex Dastur
英　　　名　Brown spot

〔診断の部〕

＜被害のようす＞

▷育苗期から発生する。

　保菌籾を播種すると，子葉や第1本葉に黒褐色短線状の病斑を生じ，奇形となったり，葉がねじれたりする。また，発病の激しい時には全体が褐変し"苗焼け"をおこす。

▷葉には，褐色〜黒褐色の楕円形の病斑ができる。

　この病斑が大きいばあいは，あずき粒大にもなる。典型的な病斑は黒褐色楕円形病斑部の外周が黄色のかさ（暈）でとりまかれている。病斑には，同心円状の輪紋がある。いもち病，すじ葉枯病などとは，この輪紋の有無でも区別することができる。

▷葉のごま葉枯病斑も，条件によって形が変わる。

　ごま葉枯病斑の形は，老朽化水田ではケイ酸，マンガン，リン酸などが溶脱し，抵抗力が低下し，病斑は円味をおびた大型病斑となり，色も灰褐色となる。砂質の漏水の多い水田では窒素，リン酸，カリや多くの栄養分が流失し，抵抗力が低下し，病斑は大型化する。輪紋は，いつのばあいにもみられる。

▷ごま葉枯病は，葉以外の部分にも発生する。

　ごま葉枯病菌は，イネの苗や葉のほか，葉鞘，節，穂首，籾などイネ体

イ　ネ　＜ごま葉枯病＞

のあらゆる部分を侵す。特に，穂部の発病は穂枯れをひきおこし被害が大きくなる。

＜診断のポイント＞

▷育苗期の苗では褐変や奇形，線状病斑ができる。

鞘葉や葉鞘が褐変し，葉が奇形やねじれたりする。葉には黒色短線状の病斑をつくる。

▷本田の葉の病斑は，褐色・楕円形で，周囲に黄色のかさ（暈）を持ち，褐色部には輪紋がある。

本病斑の特徴は，病斑周囲に黄色のかさを持つことと，輪紋のあることである。他の褐色の病斑との区別は，いもち病の項参照。

▷葉以外の部分のごま葉枯病斑は，診断しにくい。

葉鞘では脈間にやや長方形の病斑をつくり，葉鞘全体に拡大することもある。節は黒変するが折れやすくなることはない。穂では，籾では暗褐色で周辺不鮮明な紡錘形〜楕円形斑で中心部灰白色の病斑をつくり，激しい場合には全面紫褐変する。穂軸，枝梗などは淡褐色となり枯死し，青米や茶米が多くなる。病斑上の胞子は，大型で褐色，イモムシ状をしている。これがみつかればごま葉枯病と考えてよい。

〔防除の部〕

＜病原菌の生態，生活史＞

▷ごま葉枯病菌は，種籾や被害わらについて越冬する。

この病原菌は，外界の不良条件には比較的強いもので，種籾や被害わらについて越冬がらくにできる。種籾についている病原菌は，発芽後間もない苗を侵して，立枯れを起こすこともある。

▷本病は，育苗期から収穫期までつづく。

ごま葉枯病菌に汚染されている種籾を播種すると育苗期に発病し，激し

イ　ネ　＜ごま葉枯病＞

い場合には"苗焼け"をおこす。本田では下葉から上葉に発病が進む。特に穂ばらみ期以降発病が目立つようになり出穂後の籾はかかりやすく，穂首，穂軸，枝梗や節なども侵される。

▷ごま葉枯病菌の胞子は日中，風のあるときに飛散する。

病斑の上に形成された胞子は，割合低い株間などをとぶ。しかもいもち病菌の胞子が夜間の多湿のときにとぶのに反し，この病原菌の胞子は日中の風のあるときにとぶ。

▷病原菌の侵入。

ごま葉枯病菌の胞子はイネ体の上で発芽し，発芽管の先端に付着器を作り，侵入する。侵入の部位は，葉では機動細胞からで，まれに発芽管が気孔から侵入することもある。

＜発生しやすい条件＞

▷ごま葉枯病の発生は，土壌肥料条件と関係が深い。

本病の発生は，肥切れ（窒素肥料）のとき，特に育苗期末期，出穂後の肥切れのときなどには多い。夏期が高温で，肥料の消費の多い年などに多く，肥料もちの悪い砂質の土壌などにも多い。また火山灰土などで，カリ欠乏のところなどでは多く，しかも大型の病斑が現われる。しかし，窒素の影響の方が大で，窒素肥料の少ない場合には病斑数は少ないが，大型の病斑が形成される。

▷イネの根腐れのときなどには多い。

イネが，土壌中の酸素欠乏のために弱ったとき，あるいは根腐れを起こしたときなどにはイネの生育が悪くなり抵抗力も低くなるため多発する。

▷縞葉枯病や黄化萎縮病にかかっているイネには，ごま葉枯病がでやすい。

縞葉枯病に侵されているイネなどには極端に多く発生する。またその病斑の形も異常である。黄化萎縮病のばあいも同じように多くでる。

イ　ネ　〈ごま葉枯病〉

＜対策のポイント＞

▷地力の増進をはかる。

　ごま葉枯病は肥切れのとき，根の弱ったときにでやすいから，まず土壌改良がたいせつである。堆肥の増施，深耕，客土などが有効である。

▷イネの根腐れを防ぐ。

　土壌の栄養分が豊富でも，根が弱るとイネの栄養が変調をきたす。このため，硫酸肥料をさけ，排水を考えるなど，根腐れを防ぐ方策をとる。

▷施肥に注意する。

　砂質土では，一時に肥料が効き，その後肥切れになるので，分施あるいは腐熟堆肥を施用し肥切れをおこさない。ごま葉枯病の発生には，イネの栄養的条件が強く働いている。施肥方法に注意する。

＜防除の実際＞

▷別表〈防除適期と薬剤〉参照。

▷土壌肥料的にイネの栄養の面に好条件を与えるのが第一。

▷ケイカルを10a当たり300kg施用するか，転炉滓，平炉滓1tを施用する。炉滓に含まれるケイ酸，鉄，マンガン，マグネシウムなどが有効である。

＜その他の注意＞

▷ごま葉枯病の防除は，土壌肥料や栽培管理的な方法によることがよい。

　土壌改良や施肥などに注意し，イネを健全に育て，秋落ち，根腐れなどを起こさないようにすることが第一である。

（執筆：小野小三郎・山口富夫，改訂：内藤秀樹）

イ　ネ　〈にせいもち病・黒しゅ病〉

にせいもち病

症状：いもちやごま葉枯に似ている。北海道に多い。

病斑：多くでる年と少なくでる年がある（右）。

黒しゅ病

症状：葉脈と葉脈の間に小さい黒い病斑がでる。

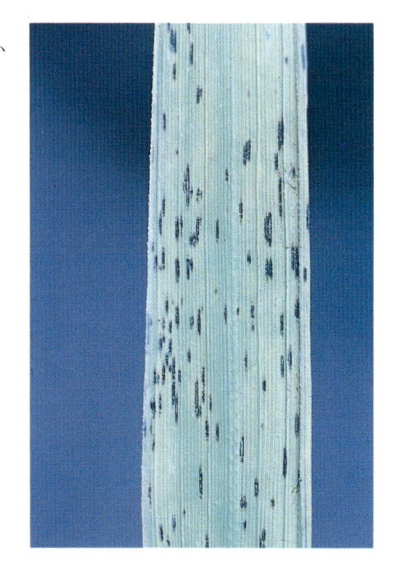

イ　ネ　〈葉しょう網斑病〉

葉しょう網斑病

病徴：水ぎわに近い葉しょうに，淡色，縦長の病斑ができる。

進展した病斑：どのていどの被害があるかはよくわかっていない。

にせいもち病

病原菌学名　*Alternaria oryzae* Hara
　　　　　　Epicoccum nigrum Link
　　　　　　Cladosporium herbarum (Per.) Link
　　　　　　Psudocochliobolus lunatus (Nelson et
　　　　　　Haasis) Tsuda, Ueyama & Nishihara
英　　名　　False blast

〔診断の部〕

＜被害のようす＞

▷にせいもち病は，たいてい北海道など寒い地方にでる。
▷病斑は，楕円形や，やや不規則形で，褐色，暗褐色のものなどがある。大きさは2～3mmぐらいのものが多く，色も形もいろいろである。
▷一見，いもち病やごま葉枯病に似ている。
　いもち病の特徴である壊死線や，ごま葉枯病の特徴である輪紋などはない。

〔防除の部〕

＜病原菌の生態，生活史＞

▷これらの病原菌は，いずれも弱い菌である。
　環境条件などからして，イネが弱っているときには，これらの菌類が害をして病斑をつくるようになる。
▷これらの菌類は，どこにでもいる菌である。

イ　ネ　＜にせいもち病＞

＜発生しやすい条件＞

▷寒いとき，風のあるときに多いといわれる。

7月ごろに低温で，20℃以下の日が多く，しかも風のあるときなどには，多く発生するようである。

＜対策のポイント＞

▷にせいもち病だけを対象にして防除を行なうことはない。

いもち病の防除にしたがって防除すればよいと思われる。

（執筆：小野小三郎，改訂：内藤秀樹）

黒しゅ病

病原菌学名　*Entyloma dactylidis* (Passerini) Ciferri
英　　　名　Leaf smut

〔診断の部〕

＜被害のようす＞

▷出穂のころから，葉に黒い点ができる。

　黒しゅ病にかかると，葉に黒い細い短線状のやや盛り上がった病斑が現われる。この黒い短線状病斑は葉脈と葉脈の間に形成されている。

▷通常下葉から発生し，葉は早く枯れるが被害はほとんど問題にならない。

〔防除の部〕

＜病原菌の生態，生活史＞

▷黒しゅ病菌は，黒い病斑部（厚膜胞子塊）で越冬する。

　まっ黒な病斑部は，病原菌の塊で，厚膜胞子塊といわれる。被害わらについているこの胞子塊の形で越冬し，翌年になると，厚膜胞子が発芽し，小生子というごく小さな胞子をつくり，これが飛散してイネの葉や葉鞘に侵入する。

＜発生しやすい条件＞

▷あまりよくわかっていないが，イネが老化したり，下葉のような環境のわるい葉，あるいは肥料切れしたイネに多い傾向がある。

イ　ネ　＜黒しゅ病＞

＜防　除＞

▷黒しゅ病だけを対象にして，防除を行なうことはない。
▷発生の多い水田では，穂肥の施用など施肥法に注意する。

（執筆：小野小三郎，改訂：内藤秀樹）

葉しょう網斑病

病原菌学名　*Cylindrocladium scoparium* Morgan
英　　　名　Sheath net-blotch

〔診断の部〕

＜被害のようす＞

▷葉鞘に，紡錘形で淡黄色の部分が現われる。
　はじめは葉鞘の水ぎわ部に現われることが多いが，のちにはかなり上部の葉鞘にも現われる。この部を内側のほうからみると，小さな長方形のブロックを集めたようにみえる。
▷この病気は，かなり発生することもあるが，被害の程度はよくわからない。

〔防除の部〕

＜病原菌の生態，生活史＞

▷葉鞘にできた白色の菌核が越冬し，翌年の病原になる。
　葉鞘にみられる白色石灰状の部分は，病原菌の菌核であり，これは水田内などで越冬できるものである。翌年の分げつ期ごろからイネ葉鞘に侵入し，病斑をつくることになる。
▷この病斑は，イネのほかルーピンにもつく。
　ルーピンがイネへの伝染源になることもある。

イ　ネ　＜葉しょう網斑病＞

＜発生しやすい条件＞

▷品種によって発病に差がある。

品種間に差があるともいわれる。しかし，最近の品種については不明である。

▷早植栽培に多発するといわれる。

＜対　策＞

▷葉しょう網斑病によって，どの程度の被害があるかもわからないので，この病害のみを対象にしての防除は考えられていない。

＜防　除＞

▷この病気だけを対象にした防除は行なわれない。

(執筆：小野小三郎，改訂：内藤秀樹)

イ ネ 〈赤枯病〉

赤 枯 病

症状：下葉の先が赤くなる(上)。真夏にでることが多い。

葉の症状：赤褐色の斑点が現われる(右)。土, 水の管理が大切。

イ　ネ〈すす病・心枯線虫病〉

すす病

葉の症状：ツマグロヨコバイの多い田で多発する。

心枯線虫病

症状：葉の先が白くなって枯れる。このころ虫はもういない。

イ ネ ＜赤枯病＞

赤　枯　病

病　　原　生理病
英　　名　Stifle disease

〔診断の部〕

＜被害のようす＞

▷イネの葉に，赤褐色の斑点が密に発生し，葉全体が赤くみえるようになる。

田植え後間もなくと，真夏に発生しやすい。下葉が，はじめ赤褐色になるが，ひどいときには全葉が変色し，枯死することもある。

▷葉の斑点は，葉脈の横の気孔列からはじまるものが多い。

ごま葉枯病や，いもち病の初期の病斑は，多くのばあい，葉脈と葉脈の間の機動細胞列からはじまるのに対し，赤枯病は，気孔列からはじまるという差がある。

▷赤枯病が発生するときには，よくごま葉枯病が併発することがある。

二つ以上の病害が併発したときには，診断しにくいことが多いが，一つの病害だけに気をとられて，他のものを忘れないようにする必要がある。

＜診断のポイント＞

▷赤枯病は，葉一面に斑点がひろがっている。

細かい褐点が一面にひろがること，病斑がいくらか大きいのがあってもごま葉枯病斑と異なり輪紋がないことに注意。

▷特定の株だけがひどくやられていることが多い。

ごま葉枯病やいもち病と異なり，病株が一様にひろがることは少なく，

イ　ネ　＜赤枯病＞

ある株だけが病気になって，病気の程度がひどくなっていることが多い。
　その株だけが深植えとか，土中の有機物がそこだけに多いことによるものである。

〔防除の部〕

＜発生しやすい条件＞

▷この病気は，生理的な病害で，伝染することはない。
　いろいろな環境条件によって発生するもので，根の活動のしにくいときに発生する。たとえば，深水，冷水，深植え（田植えのとき），夏期高温のため，有機物が急に分解し，根を害したときなどに多い。また，極端なカリ欠乏のときにも発生する。

＜対策のポイント＞

▷発生しやすい条件をつくらない。
　深植え，冷水その他イネの根の活動をおさえるような条件を除くこと。
▷発生をみたばあいは，排水し，土中に空気を入れる。ときにはカリの追肥を行なう。
　根の活動をよくするように，排水を行なうこともよい。

　　　　　　　　　　　　　　（執筆：小野小三郎，改訂：内藤秀樹）

すす病

病原菌学名　*Cladosporium herbarum* (Persoon: Fries) Link
　　　　　　Neocapnodium tanakae (Shirai & Hara) Yamamoto
　　　　　　Aureobasidium pullulans (de Bary) Arnaud
英　　名　Sooty mold

〔診断の部〕

＜被害のようす＞

▷出穂のころからイネの葉や穂に黒いすす状のものが現われる。このすす状のものは，葉や籾の組織の中には入らない。

▷このすす状のものは，ツマグロヨコバイの分泌物にすす病菌のついたものである。

ツマグロヨコバイの発生の多いときには，このすす病も多くなる。すす病のためにとくに減収になるということはないが，ツマグロヨコバイが多発すると減収がみられることもある。ツマグロヨコバイの防除が必要である。

〔防除の部〕

＜病原菌の生態，生活史＞

▷ツマグロヨコバイなどの分泌物に，いろいろの菌がついてすす病を起こす。

イ　ネ　＜すす病＞

＜発生しやすい条件＞

▷ツマグロヨコバイの発生の多いときには発病が多い。

＜対策のポイント＞

▷ツマグロヨコバイの防除をする。

＜防除の実際＞

▷ウンカ，ヨコバイ類の防除用薬剤を用いて，ツマグロヨコバイを防除する。

（執筆：小野小三郎，改訂：内藤秀樹）

心枯線虫病

病原体学名　*Aphelenchoides besseyi* Christie
英　　　名　White tip

〔診断の部〕

＜被害のようす＞

▷葉の先が白く枯れる。

分げつ期以後穂ばらみ期ごろから，イネの葉の先3〜5cmぐらいが白く枯れる。集団的にこのような状態になることもある。「ホタルいもち」あるいは「葉先白枯れ」などの俗称がある。

▷ひどいときは，不稔の籾が現われる。

害のひどいときは，外部からみてもわかるほど籾の不稔が目立つ。

＜診断のポイント＞

▷心枯線虫病にかかったイネは，葉先が白く枯れる。

これによく似た症状にカラバエの害がある。このばあいには，葉先からかなり下のほうに横につらなった穴があいていることが多い。

▷不稔または不完全籾の中には，線虫が入っている。

不稔あるいは稔実のわるい籾をさいてシャーレに水を入れ，その中に入れておくと，線虫が水の中へ游ぎだす。線虫の大きさは0.5〜0.7mmぐらいで，雌は雄よりも細長い。肉眼ではみえにくいので顕微鏡で検査する必要がある。

イ　ネ　＜心枯線虫病＞

〔防除の部〕

＜病原線虫の生態，生活史＞

▷線虫は，種籾の中で越冬する。

被害イネの籾の中に入った線虫は，このなかで越年することになる。あまりひどい被害籾は種子としては用いないが，軽いものは種籾として用いられ，次年の病原になる。

▷播種後，線虫は水中に游ぎだし，健全な籾にも入る。

線虫のひそんでいる種籾を苗箱にまくと，線虫は水の中に游ぎだす。その後，健全な籾の中にも入りこみ，発芽と同時に芽のほうに移る。

▷線虫は生長点におり，葉の始原体を侵す。

線虫は，イネの生長点におり，そこからのびだす葉のごくはじめのものを侵す。この葉が大きくなると，そこにうけた傷も拡大され，葉先が白枯れの症状を現わすことになる。

▷線虫は，最後には籾に移動する。

ごく若い穂ができると，線虫はこれに移り，穂ののびるのといっしょに上のほうに移り，籾の中にはいる。籾の栄養分をとるので，籾が不稔になったり，稔実がわるくなったりする。多いときには数十の線虫が一つの籾の中に入っている。

＜発生しやすい条件＞

▷発病田からとった種籾を用いると，多発する。

種籾の採集田は，よく観察して，発病田のものは用いない。

▷イネの品種によっても差がある。

▷水苗代でも畑苗代，箱育苗でも発病する。水苗代と畑苗代とでは，発病はどちらが多いとはきまっていないが，箱育苗では多発しやすい。

▷育苗場所のそばに被害籾があると多発する。

イ　ネ　＜心枯線虫病＞

　この籾殻の中に線虫がいることが多いので，育苗場所の近辺に籾殻をすてたり，苗床の被覆に用いたりしない。

＜対策のポイント＞

▷種籾は被害田からはとらない。
▷種籾の消毒を行なう。
　消毒には温湯消毒あるいは，薬剤を用いる。

＜防除の実際＞

▷別表〈防除適期と薬剤〉参照。

＜防除上の注意＞

▷温湯消毒は種籾に害がなくて，線虫を殺すことのできる温度の湯を用いるので，湯の温度をまちがえたり，長く入れておいたりすると種籾を殺し発芽をわるくしてしまうことがある。
　温湯から冷水に入れて冷却するときには，水がよく種籾の間に入り込むように速やかに攪拌をしなければならない。
▷割れ籾が多い場合には温湯消毒で発芽率が低下するという報告があるので，このような場合には温湯消毒をさけ，薬剤消毒を行なうようにする。

　　　　　　　　　　（執筆：小野小三郎・山口富夫，改訂：内藤秀樹）

イネ〈紋枯病〉

紋枯病

葉鞘の病斑：小判形で淡褐色，周囲がやや濃い褐色の病斑。倒伏の原因となる。

葉の病斑：病勢がはげしいときは葉もおかされる。

イ　ネ　〈紋枯病〉

株内伝染：菌糸が空中をわたって茎から茎へ伝染する。

菌核：病斑上，またはその付近に，はじめ白色の菌核を形成する(左)。これはのちに淡褐色になって落下し，この形で越冬して翌年の伝染源になる(下)。

イ　ネ　＜紋枯病＞

紋　枯　病

病原菌学名　*Tanatephorus cucumeris* (Frank) Donk
英　　　名　Sheath blight

〔診断の部〕

＜被害のようす＞

▷紋枯病の病斑は，最初水ぎわに近い葉鞘に現われる。

　紋枯病は，紋枯病菌の菌核が水に浮いて，イネの茎に接着し，菌核が発芽して発病がはじまる。そのため，病斑は水ぎわから1～2cm上ぐらいの葉鞘にまず現われることになる。病斑は，だいたい楕円形で，初期には健全部との境界は不明瞭であるが，しだいに内部が淡褐色，周辺がやや濃い褐色となる。

▷発病は，隣接茎や隣接株に拡大し（水平進展），また，下位葉鞘から上位葉鞘にしだいに上がっていく（垂直進展）。

　水平進展による隣接茎や隣接株への伝染により発病茎，株を増加させるとともに，株内では下から上の葉鞘がつぎつぎに発病する。上からかぞえて第何葉の葉鞘まですすんでいるかを知れば，紋枯病の発病程度がわかる。

▷紋枯病にかかると下葉からしだいに枯れ上がるようになる。

　葉鞘に病斑ができると，そこから上への水分の上昇が妨げられるので，葉が枯死するようになる。通常発病が止葉から数え第4葉位以下までであればほとんど減収しないと言われている。

▷病勢のはげしいときには，暗緑色または蒼白色の病斑ができる。

　病斑は，ふつうは淡褐色であるが，高温多湿のときなどにはかなりかわ

イ ネ ＜紋枯病＞

った様相になる。こんなときには防除を急がなければならない。

▷紋枯病は，ときには葉や穂にも発病する。

紋枯病は葉鞘を侵すのがふつうであるが，多湿条件が継続したり，倒伏し病勢のはげしいときには葉を侵し，葉鞘と似た病斑をつくることがある。また，病勢のはげしいときには穂首や枝梗，籾などを侵すこともある。

▷紋枯病菌の稲体への侵入は気温22℃以上，株内湿度96％以上で起こり，高温多湿条件が長期間つづくほど多発生となる。

本病は，水稲を栽培している地域ではどこにでも発生するが，寒地あるいは標高の高いところなどでは少ない。一般に7月から8月にかけて発生する。

▷紋枯病は，倒伏の原因になる。

葉鞘が紋枯病に侵されると，イネの茎が弱くなり，倒伏しやすくなる。倒伏すると，株の間が多湿になり，さらに紋枯病がはげしくなることが多い。このため収量がはなはだしく減ずる。

▷紋枯病がひどいときには50％減収にもなる。

本病による減収は，ふつう10〜20％だが，倒伏したりすると，収量が半減することもある。

＜診断のポイント＞

▷病斑は下部の葉鞘に現われ，ほぼ楕円形である。下葉からしだいに枯れ上がる。病斑の色は淡褐色であるが，病勢のはげしいときは暗緑色か蒼白色のこともある。

▷葉鞘には，葉しょう網斑病や小球菌核病，小黒菌核病なども発生する。

葉しょう網斑病の病斑は，紡錘形で淡い黄緑色，葉鞘の内側から見ると，小さなマージャンパイ状で一つの淡黒色の点をもったものの集合体であることがわかる。小球・小黒菌核病の病斑は黒いので，紋枯病の病斑との区

イネ ＜紋枯病＞

主な紋枯病類似病害の種類と病徴ならびに菌核の特徴

病名（病原菌）	病徴	菌核	
		形成部位	特徴
①紋枯病	葉鞘：楕円形，淡褐〜灰色の斑紋を形成する。大きさは10〜20mmであるが，大きいときは40〜50mmにも及ぶ。病斑は初めやや退色した暗緑色，不明瞭であるが，後に淡褐〜灰色に変わり，病斑の周縁は濃褐色になり，これと内部とは明瞭である 葉身：不整形，初め暗緑色，後には褐色に変わる。その表面に菌糸層を形成するときはやや泥灰色を呈す	葉鞘の表面または裏面に，ときには葉身の病斑上にも形成される	褐〜濃褐色，底面平な球形〜ゆ合形，大きさ1〜3mm。表面は粗，内部は内外組織に分化しない
②褐色紋枯病 *Thanatephorus cucumeris* (Frank) Donk	葉鞘：初期には株元に暗褐色，不整形の病斑を，出穂期ごろになると大型で濃褐色の病斑を形成する。中心部は灰白〜灰褐色で紋枯病と差がないが，外側の濃褐色の部分が紋枯病のものより広く，全体に褐色が濃い 葉身：まれに発生する。葉身の基部の葉脈に沿って黒変し，はなはだしいときには全体が枯れ上がり，葉枯れ症状を呈す	葉鞘の表面には形成されない。まれに葉鞘の組織中に形成される	濃褐色，楕円形〜ゆ合形，大きさ約1mm。粗い，柔らかい菌核で内部は内外組織に分化しない
③赤色菌核病 *Waitea circinata* Warcup & Talbot	濃褐色，10〜20mm，楕円形の病斑を形成する。病斑部の周縁は濃褐色，内部は淡黄褐色，病斑部と健全部との境は明瞭でないことが多い 葉身にも紋枯病同様の病斑を形成することがある	葉鞘の組織内に形成され，まれに葉鞘の間に形成される	石竹〜鮭肉色（orange 〜 salmon pink），楕円形〜ゆ合形，大きさ1×0.5mm。表面は，粗，内外組織に分化しない

イ　ネ　＜紋枯病＞

病名（病原菌）	病徴	菌核	
		形成部位	特徴
④褐色菌核病 *Ceratobasidium setariae* (Sawada) Oniki, Ogoshi & Araki	葉鞘：褐色，楕円形の小型病斑を多数形成する。また，それらの病斑がゆ合した形になり，大きさ5～10mm，病斑の中心部と周囲の褐色部との境が明瞭でないことが多い 茎：暗褐色になり枯死する	葉鞘の組織中および茎の空洞中に形成される	暗褐色，円柱形またはほぼ球形，大きさ0.3～2mm，培養基上では淡褐～褐色，球形～楕円形，大きさ550～800μm
⑤灰色菌核病 *Ceratobasidium cornigerum* (Bourdat) D. P. Rogers	淡色または帯紅淡褐色の病斑を形成する。ときには褐色菌核病の病斑のように褐色の小斑点を形成する	葉鞘の外面または内側に形成される	灰～灰褐色，底面平な球形～楕円形，またはゆ合形，大きさ0.3～2mm。土の表面では紋枯病の菌核と同様の大型菌核を形成する。表面は粗，内外組織に分化しない

別はすぐにつく。

▷紋枯病に似た病害として表のような紋枯病類似病害があるが，被害は紋枯病ほど大きくない。

▷病斑部の表皮上には，紋枯病菌の侵入菌糸塊がある。

紋枯病菌はイネ体に侵入するとき，菌糸の不規則な塊である侵入菌糸塊をつくる。これは葉鞘では病斑部の裏面表皮上に，葉では表面に形成される。これは診断の決め手になる。

▷病斑の付近に菌核ができる。

病斑の上，あるいはその付近に，はじめは白色，のちに淡褐色～暗褐色になる菌核（大きさは径2mm内外）ができる。これはイネ体から容易に

落下するので，いつも見られるとは限らない。

▷茎から茎にわたる菌糸の見られることもある。

この菌は，病茎から健全茎に，空中を菌糸（クモの巣の糸に似ている）の状態でわたっていく。朝早くならよく見られる。

▷紋枯病は，早生品種あるいは早期栽培のイネなどに多い。

紋枯病を早く探したいときには，早生品種，早期栽培あるいは早植えのイネで，密植あるいは多肥になっているもので探すとよい。こんなところには，早くから，激しく発生する傾向がある。

〔防除の部〕

＜病原菌の生態，生活史＞

▷紋枯病は，担子菌類に属する一種のカビによっておこされる。

病原菌の紋枯病菌は担子菌類に属しており，菌体は，糸状の菌糸と不整球形の小さな菌核（菌糸の集合体）からなっている。

▷菌核の形で越冬した紋枯病菌は，田植え後，水に浮いてイネの葉鞘に付着し，発芽，侵入という行動にうつる。

▷紋枯病菌は，葉鞘の裏面から侵入する。

菌核が発芽して出た菌糸は，葉鞘の合わせ目からその内側に入り込み，適当なところに菌糸が複雑に分枝し，侵入菌糸塊というものをつくる。この直下から侵入糸を出してイネ体に侵入する。この菌糸塊形成は，本菌の特色である。

▷菌糸は，しだいに上の葉鞘に進展する。

一つの病斑ができると，葉鞘内側を菌糸が上のほうに移動し，上部の葉鞘に病斑をつくり，しだいに上にすすむ。葉鞘の内側は，湿度が100％に近く，風などの影響も少ないので，菌の行動は着実に行なわれる。

▷隣接茎・株への伝染も菌糸で行なう。

1本の茎を侵すと，これから隣接する茎には空中を菌糸がわたっていき，

イ　ネ　＜紋枯病＞

伝染していく。茎と茎の間が3～4cmぐらいであれば，きわめてらくに移る。このため，1株中の1本の茎が侵されると，他の茎も容易に発病する。また，株と株とが接しているばあいには，株から株へ容易に伝染する。

▷イネの穂ばらみ期後期ころから，また病斑の進展が旺盛なとき，病斑の周辺部にたくさんの担胞子を形成する。

日本においても紋枯病菌の有性生殖の結果形成される担胞子がたくさん葉鞘上に形成されるときがあるが，病原力が弱いため隣接茎や隣接株への二次的伝染源とはならないと考えられている。しかし，東南アジアなどの熱帯地域ではこの担胞子が伝染源となる可能性が考えられている。日本ではほとんど重要視されていないが，その形成は水田でたびたび認められるので担胞子の伝染源としての再検討が必要である。

▷紋枯病菌は，高温を好む。

紋枯病菌は30～32℃ぐらいのかなり高温を好む。また，この菌は幼イネよりは老イネを侵しやすい。このため暖地や夏期高温時，栽培法や品種により高温期に老成するイネでは発生しやすいことになる。紋枯病のばあいは，このことから，品種固有の強さよりも，気温や成熟期の早晩との関係が深い。

▷紋枯病は，多窒素のイネを好む。

多窒素のイネは，本質的に紋枯病がでやすいし，そのうえ多窒素のときにはイネの分げつが多く，密植のばあいと同様に株間が多湿になり，病菌の移動がはげしくなるので，発生はいっそうひどくなる。

▷病斑上に形成された菌核で越冬する。

菌核は，形成されると容易に落下し，この形で田面などで越冬する。菌核は低温にも強いので，らくに冬を越し，次年の伝染源になる。水田の土の中に入った菌核も，耕起などの機会に浮き上がって伝染源となる。

イ　ネ　＜紋枯病＞

＜発生しやすい条件＞

▷窒素肥料の多施用で多発する。

　紋枯病と肥料との関係は密接で，多窒素のときは多発する。リン酸はあまり明確な関係はないが，カリは多めのときには発病がかなり抑えられるようである。多窒素になると，前述のようにイネの分げつが多く，密植の形になり紋枯病菌の活動に適した環境になるとともに，イネ体の中に可溶性窒素が多くなり，抵抗性が弱まる。このために，発病はいっそうひどくなる。

▷熟期の早いものに被害が多い。

　紋枯病菌は高温を好み，また成イネを侵しやすいことから，夏期の高温時に成イネになるイネ，つまり早生品種や早期あるいは早植えのイネに発生しやすく，被害も多い。

▷短稈品種で被害が多い。

　上位葉鞘が侵されるほど被害程度が大きいので，短稈品種で被害が多くなる。

▷高温の年に多発する。

　紋枯病は暖地あるいは夏期高温の年に多発し，いもち病の多い冷害年などでは少なくなる。

▷密植のときに多発する。

　紋枯病菌は，湿度の高いときに茎から茎への移動がはげしくなる。密植あるいは分げつが多いと，多湿になるので発病が多い。直播栽培では条播では発病が多くなるが，散播では分げつ茎が横に開き，茎間が広くなるため発病しにくい。

▷現在の機械移植で発病が多いのは，イネの作期の早期化，早生品種の普及で高気温時に出穂するようになったため，本病の上位進展時期に好適条件に遭遇する機会が多くなったこと，密植栽培であること，機械移植栽培に適した短稈，多分げつ品種の作付けが増加したことによる。窒素の多

イ　ネ　＜紋枯病＞

施用で過繁茂や倒伏を起こさないように注意が大切である。

＜対策のポイント＞

▷入水時，田面に浮遊するゴミを撤去し，混在する伝染源となる菌核の密度を低くする。
▷あまり多肥密植にならないようにする。
あまり極端に多窒素，あるいは密植にしない。
▷被害軽減には止葉からかぞえ第3葉位以上への発病を抑えることが大切である。
▷薬剤防除は適期に行なう。
散布剤ではほぼいずれの薬剤も出穂期2週間前～出穂期の1回，水面施用粒剤では出穂30日前～前日に施用する。また，育苗箱施用剤もある。いずれの薬剤も指定された時期に施用することが大切である。
▷薬剤散布は，発病部である葉鞘によく付着するように，下のほうをねらって行なうようにする。

＜防除の実際＞

▷別表〈防除適期と薬剤〉参照。

＜防除上の注意＞

▷防除適期をよくつかむ。
どの薬剤でも適期に散布すると最も効果が高い。各薬剤の指定散布時期に薬剤防除を行なう。
▷降雨の続く場合には粒剤の利用も考える。降雨が連続している場合には，雨中でも散布できる粒剤を使用する。
▷発病の激しくなる気象条件，栽培条件で，病勢の上位進展が認められる場合には出穂期2週間前～出穂期の1回散布，粒剤の出穂30日前～前日1回施用の他に，出穂後さらに1回の追加防除が必要である。その他は

イ　ネ　<紋枯病>

1回散布でよい。
　▷晩生種のばあいには，発生はしても軽いことが多い。
　▷薬剤は株の下の方をねらって散布する。
　紋枯病は，株の下部の方にでているから，上の方の葉にだけかかって下の方にとどかないのでは効果が劣る。この点，注意が大切。
　▷いもち病，ニカメイチュウ，ウンカ，ヨコバイ類などとの同時防除が可能である。
　防除の適期が近ければ，同時防除が省力的でよい。しかし，地方により，また品種により適期が一致しないこともある。

<効果の判定>

　▷薬剤施用後でも病勢の進展が上位に進む場合には効果が低いことを意味する。このような場合には追加防除が必要である。
　▷病斑の色：薬剤散布2～3日後でも，病斑の色が暗緑色であれば，効果はうたがわしい。とくに新しい病斑や茎の基部をよく見る。
　▷茎と茎をつないでいる紋枯病菌の菌糸の有無：菌糸が茎から茎にわたって伝染していくが，散布2～3日後でも認められる場合は効果はあまりないことを意味する。とくに多窒素のところをみるとよくわかる。
　▷薬斑：葉の薬害の有無を調べておく。あまりひどいと，減収になることがある。

（執筆：小野小三郎・山口富夫，改訂：内藤秀樹）

小球菌核病

病斑
水ぎわの葉鞘に黒い斑点ができる。

倒伏
病斑部はやわらかくなり、倒伏しやすい。

イ ネ 〈小球菌核病〉

病勢の進展
病斑は大きくなって葉鞘のまわり全部が黒色になる。内側には菌核が形成される。

菌核
小球菌核病菌の菌核。

小黒菌核病菌の菌核。

小球菌核病

病原菌学名　*Magnaporthe salvinii* (Cattaneo)
　　　　　　Krause & Webster
英　　　名　Stem rot, Culm rot

〔診断の部〕

<被害のようす>

▷小球菌核病は，分げつ期ごろから発生しはじめる。
　この病気は水ぎわ部の葉鞘に黒い斑点をつくる。その後，病斑はしだいに大きくなり，葉鞘のまわり全部が黒色になる。そのような葉鞘をむいてみると，中の稈にも黒い病斑がみられる。
　本病は，本田の初期からあるが，被害と関係するのは，穂ばらみ期ごろからのものである。
　小球菌核病は小黒菌核病とともに病徴が酷似していることから，これまで小粒菌核病とよばれていた。

▷葉鞘や稈の病患部の内側に菌核が形成される。
　病気がひどくなると，その部分は打ちわらのように柔らかくなり，倒伏しやすくなる。この葉鞘や稈の病患部の組織内に黒い小さい菌核ができている。

▷小黒菌核病と小球菌核病の違いは，小黒菌核病菌が穂首やみごを侵し，穂枯れを起こすのに対し，小球菌核病菌は穂首やみごを侵さない。

<診断のポイント>

▷水ぎわ部に黒い病斑があり，のちに，この部の内側に球形の小さい黒

イ ネ ＜小球菌核病＞

い菌核ができれば，小球菌核病といえる。

　水ぎわ部付近からはじまる病気には，紋枯病，葉しょう網斑病などがあるが，紋枯病は小判形で淡褐色の病斑をつくり，網斑病は紡錘形で淡黄色の網状病斑であるから，なれると誤診することはない。

〔防除の部〕

＜病原菌の生態，生活史＞

▷刈り株の中で，菌核の形で冬を越す。

　収穫のときに残された刈り株の中には，菌核が残っているし，秋の間に刈り株の中で菌が繁殖して菌核をつくるものも多い。この菌核は，ここで越冬する。

▷水に浮いている菌核は，イネの葉鞘を侵す。

　菌核は，水に浮いてイネ株に流れつき，発芽し葉鞘に侵入する。このため，はじめは水ぎわ部に黒い病斑ができる。その後，しだいに内部の葉鞘や稈を侵し，ついには，これらの組織の中に菌核をつくる。

▷小球菌核病に侵された株は，倒れやすくなる。

　この病気に侵されると，葉鞘も稈も打ちわらのように柔らかくなり倒伏する。そのため収量が減り，収穫に非常に手がかかることになる。

▷小球菌核病と小黒菌核病の病徴はよく似ているが，両者の中にはかなり異なったところがある。その差は表のようになる。このほか，穂枯れを

小球菌核病と小黒菌核病との違い

	小球菌核病	小黒菌核病
菌核の形態	正球形，光沢があり，黒褐色をしている	不整球形，すすのような光沢のない真黒色
多発する場所	湿田に多い	乾田に多い
イネの早晩性との関係	早生に多いが，晩生にも発生する	早生に多い

イ　ネ　＜小球菌核病＞

起こすのは，たいてい小黒菌核病菌だといわれている。

＜発生しやすい条件＞

▷小球菌核病は，早生品種あるいは早期，早植栽培のイネに多い。

　病原菌は，28℃ぐらいの温度を好むので，暑いときに生育がよい。一方，イネは成熟に近づいたものほど，この病気に弱くなる。このため，温度の高いときに成熟するイネ，つまり，作期の早いものや早生種に多発することになる。

▷カリ肥料の少ないときに多発する。

　本病と肥料との関係は，早く肥切れ（窒素肥料）のしたとき，カリ肥料の欠乏しているときなどには，発生が多いといわれている。

▷発生の多少は，灌漑とも関係がある。

　病菌の侵入時期（穂ばらみ期から出穂期ごろ）には深水であるほうが侵入が多くなるが，その後のイネ体内での進展には水が少ないか，土壌がかわくぐらいのほうがよい。つまり，早期落水をするところなどには多い。

　また，排水のわるい湿田などでは根腐れなどを起こし，病害をひどくさせるところもある。

＜対策のポイント＞

▷肥料条件をよくしておくこと。とくにカリ肥料は充分施しておく。

▷発生が予想されるばあいは薬剤散布も必要である。

＜防除の実際＞

▷「穂枯れ」の「小黒菌核病」を参照。

（執筆：小野小三郎・山口富夫，改訂：内藤秀樹）

ばか苗病

苗代末期の病徴
茎葉がヒョロヒョロと長くのび，色がうすい。

本田での発病
田植え後も同様に徒長した株がみられる。

胞子の発生
徒長した株は枯死し，白い粉状の胞子をたくさんつける。

イ ネ 〈黄化萎縮病〉

黄化萎縮病

本田での発病
苗代末期から本田のごく初期に発病する。病株は黄色くなって萎縮し、枯死することが多い。

発病株の病徴
葉は黄化し、白いかすり状の斑点ができる。葉は短く、幅が広くなる。

奇形穂
やや遅く発病したものは枯死せずに穂を出すこともあるが、奇形になって稔らない。

イ ネ ＜ばか苗病＞

ばか苗病

病原菌学名　*Gibberella fujikuroi* (Sawada) Ito
英　　　名　Bakanae disease

〔診断の部〕

＜被害のようす＞

▷ばか苗病にかかったイネは徒長する。
　この病気は，育苗期から発生が認められる。育苗初期に発生すると苗が枯死する場合もあるが，育苗中・後期には茎葉が黄化し，細く長くのび，いわゆる徒長を起こす。本田移植後にも，同様に徒長した株が見られる。
▷出穂期ごろには，茎と葉の角度の変わったイネが現われる。
　後期になると，葉が茎に直角に近くひらいてでるようになる。葉の色は，このばあいでも淡色で，草丈は，健全株より異常に高い。
▷上位の節から根が生ずることがある。
　上から第二，第三番目ぐらいの節から，不定根が生じたりもする。これもばか苗病の一つの特徴である。
▷ばか苗病で枯死すると，葉鞘や節部の上にたくさんの胞子ができる。
　本田の初期ごろに，徒長の症状を現わしたイネは，分げつ期に入ってから枯死するものが多い。枯死茎の葉鞘や節部上には，白い粉状のもの（ばか苗病菌の胞子）がたくさん形成される。

＜診断のポイント＞

▷ばか苗病の典型的な病徴は，黄化・徒長することである。
　ばか苗病のイネは，育苗期，本田の場合とも全身が黄化し，徒長してお

イ　ネ　＜ばか苗病＞

り，本田では前述のように葉の着生角度が大きく，不定根が発生することも特徴である。また，育苗期に発病・枯死した苗では枯死苗の基部に白色～淡紅色の病原菌胞子塊がみえる。

▷枯死株上の胞子のようすも，診断の材料となる。

株全体が枯死し，茎の上に白い粉がたくさんついていれば，たいていばか苗病である。この病原菌の胞子（白い粉）をみると，小さな卵形の胞子の中にまじって新月形のかなり大きな胞子がよくみられる。

〔防除の部〕

＜病原菌の生態，生活史＞

▷ばか苗病菌は種籾の中で越冬する（種子伝染）。

この菌は，被害わらや刈り株などにもついているが，最も問題になるのは種籾に付着したり，種籾の中に入り込んで越冬しているものである。このような種籾をまくと，発芽して芽がのびるのといっしょにばか苗病菌も活動をはじめ，ジベレリンという化学物質をつくり，これの作用で苗は徒長することになる。種籾の消毒が絶対に必要な理由である。

▷種子消毒が不完全であると，ばか苗病菌は浸種，催芽のときに健全籾にも入り込む。

浸種したり催芽したりしているときに，もし病菌をもった籾がまざったり，わらやむしろ，かますなどを使うと，これらについている胞子により健全籾に伝染する。種子消毒は徹底してやるとともに，その後の感染を防止するよう気をつけたいものである。

▷枯死株の上にできた胞子は，飛散して種籾の中に入る。

枯死茎上の胞子は非常に数が多く，空中を飛散するもののなかには，開花中の籾の中に入るものもある。これは，菌糸を伸長し，内穎や外穎，胚組織に進展し，種籾の中で越冬し，翌年のばか苗病の原因になる。また若い籾では病原菌が穎を貫通し，穎組織内に達する場合や籾表面付着胞子で

イ　ネ　＜ばか苗病＞

越冬する場合もある。

＜発生しやすい条件＞

▷ばか苗病は，種籾消毒を完全に行ない，その後消毒籾をわらやわら加工品と遮断すれば防除ができる。
種籾消毒が不完全なときは，多発することになる。
▷育苗期の温度が高いと，発生が多い。
とくに機械植え用の箱育苗では発生が多い。また，水苗代よりは，保温された苗代や畑苗代のほうが発病が多い。
▷箱育苗では育苗培土に自然の土を使用すると発病が少ないが，人工の培土や土代替物を育苗培土として使用すると発病が多い。
▷開花期～登熟期が高温で降雨が多いと翌年の種籾にばか苗病菌がついている率が高い。

＜対策のポイント＞

▷塩水選を必ず実施する。
▷種籾消毒を完全に行なうこと。
消毒には効果の高い薬剤を，適当な温度（多くは低温になりやすい）で一定の時間行なうことがたいせつである。最近は，作期が早まっているので，低温時の消毒が行なわれ，消毒液温が低いために効果が不完全であることが少なくない。
▷薬剤耐性菌の発生が認められたときには，消毒には別の成分の異なった薬剤を使用する。

＜防除の実際＞

▷別表〈防除適期と薬剤〉参照。

イ　ネ　＜ばか苗病＞

＜防除上の注意＞

▷種籾消毒の要点。
1. 塩水選を必ず行なう。
2. 水温が低いと効果がおちるので，10℃以上の液温にすること。
3. 液量が少ないと効果がおちる。薬液は種籾の1.5倍くらいの量とし，充分に用いること。
4. その他，薬剤の説明書に従うこと。

＜その他の注意＞

▷種子消毒が完全であれば問題はないが，つぎのことにも注意するほうがよい。

育苗期でばか苗病が発生した育苗箱の苗を，ばか苗病が発病・徒長した苗を抜いて移植しても本田で発病してくることが多い。これは育苗箱内で潜伏感染（病原菌を持っているが症状が現われない苗）していた苗が発病してくるものである。本田で発病した苗が見られたときにはできるだけ早く抜き取り，種子への伝染のもとをなくすことが重要である。

＜効果の判定＞

▷特定の人の田にだけ，たくさんばか苗病がでることがある。これは種籾消毒のどこかに大きな誤りや不徹底があったことを示す。

消毒は念入りに手ぬかりなくやる必要がある。

育苗期の発病苗は，とくに徒長しているので，病苗数を調べて発病苗率を求め，種籾消毒の効果を判定する。

（執筆：小野小三郎・山口富夫，改訂：内藤秀樹）

イ　ネ　＜黄化萎縮病＞

黄化萎縮病

病原菌学名　*Sclerophthora macrospora* (Saccardo)
　　　　　　Thirumalachar, Shaw & Narasimhan
英　　　名　Downy mildew

〔診断の部〕

＜被害のようす＞

▷黄化萎縮病は，苗代の末期から本田ごく初期に現われる。

若いイネや分げつ茎の若いうちで，水温が15〜20℃のときに最も盛んに感染するので，苗代から本田のごく初期に発病が認められることになる。

▷病株は，萎縮し黄色になり，葉には白い斑点ができる。

本田で黄色になって萎縮する点は，黄萎病などとも似ているが，黄化萎縮病のばあいには，葉に白いかすり状の斑点（周囲がぼけている）が現われる。

▷初期に罹病したものは枯死する。

苗代期ごろに侵されたものは，だいたい枯死する。また本田でも発病が激しい場合には枯死する。しかし，軽い場合には枯れずに残っており，小さい奇形穂を出す。

＜診断のポイント＞

▷萎縮，黄色化し，葉に白いかすり状の斑点が現われれば，黄化萎縮病と診断できる。

▷疑わしいときには，病原菌で検査する。

疑わしい葉，数枚を水の中につっこんでおき，4〜5時間後に，葉の上

イ　ネ　<黄化萎縮病>

を小刀などでこすり，ゴミようのものを顕微鏡でみる。卵形の遊走子嚢ができていれば，黄化萎縮病と診断ができる。

〔防除の部〕

<病原菌の生態，生活史>

▷黄化萎縮病菌は，雑草類で越冬する。

この病菌は，被害わらの中に卵胞子の形でひそんでいる。ここで，かなり長い間生きており，伝染源となる。しかし，実際にイネの伝染源となるものは，雑草について越冬した菌である。この菌は，ムギ類，スズメノテッポウ，クサヨシ，アシカキなどほとんどのイネ科の作物や雑草につき，黄化や奇形の病状を呈し，ここで冬を越す。

春になると，これらの雑草などにふたたび病状を現わし，病患部の上に遊走子嚢をつくる。ここからとび出した遊走子は，水中をおよいでイネに侵入する。

▷秋に雨が多いと，イネから雑草に伝染が多く，春に雨が多いと，雑草からイネへの伝染が多くなる。

降雨のときに，胞子が多く形成される。秋や春の15～20℃ぐらいの水温のときに雨があると，遊走子の活動が活発になり感染も多くなる。

▷深水や浸水は，本病の伝染の好条件になる。

黄化萎縮病菌の遊走子は，水の中を泳ぎまわって，イネのごく若い部分につくと侵入する。このことから，深水や洪水などでイネが育苗期あるいは本田で冠水すると発病が助長される。

▷病原菌は，ごく若いイネの組織に入る。

イネの感染は播種後3～5日ごろと第7葉の抽出期で最も多く，またこの菌が侵入するのは，肉眼的に見える葉ではなく，これにつつまれている次に出る予定の葉である。その後に出てくる葉は，病状を呈したまま現われる。

イネ ＜黄化萎縮病＞

▷この病気には,回復はほとんど望めない。

極端に高温にあわせたりすると,回復することがあるが,たいていのばあいには,萎縮したままか,または枯死する。この病気は,収量にひびくため被害が非常に大きい。

＜発生しやすい条件＞

▷黄化萎縮病は,水をかぶりやすいところに多くでる。

その理由は前述のように,菌が水中をおよいでイネに侵入するからである。陸苗代や箱育苗は水がないので,この害をうけることはほとんどない。

▷春に低温のつづくとき,雨の多い年などに多発する。

育苗期から本田の初期に15～20℃ぐらいの温度がつづき,雨があれば発病が多くなる。

＜対策のポイント＞

▷深水,浸水,冠水をさける。

水をかぶりやすいような育苗場所あるいは本田は,改良するか,そのような場所は利用しない。罹病すれば回復しないので,極力浸冠水しないようにしなければならない。

▷病苗や病株の処理。

病苗を移植しないようにする。本田で70％以上の株が発病したばあいには,それがごく初期であれば植え替えをする。極く軽いばあいは,病株だけを抜き取って処分する。株が不足するときは,健全な株の株分けをして欠株を補うこともよい。

▷薬剤防除を行なう。

冠水直後あるいは発生のおそれのあるときには薬剤を施用する。

＜防除の実際＞

▷別表〈防除適期と薬剤〉参照。

イ　ネ　＜黄化萎縮病＞

▷対策のポイントの項で述べたような耕種的な方法が最も重要である。
　常習的な発生地方では，必ず箱育苗とし，田植え後の浸冠水を防ぐような予防方法が重要である。また，発生を認めてからは，ひどいときには植え替えが奨励されているが，軽微なばあいには放任することが多い。

▷浸冠水したときには排水につとめ，初発生がみられたら直ちに薬剤を施用する。また，常発地では移植2～3週間後に薬剤を施用する。

＜防除上の注意＞

▷もし浸冠水したばあいには，新葉の病斑に注意して，罹病苗を植えないこと。また，田植え後であれば各茎が病徴を示すかを調べて，1株中に1～2本ていどの発病ならば放任してもよい。

▷抜き取った病株は，水田付近に放置しておかない。また，水路付近のイネ科の雑草も春先に発病を調査して，田植え前には抜き取って，伝染源をできるだけ少なくするように，環境衛生に注意する必要がある。

＜その他の注意＞

▷黄化萎縮病にかかったイネには，いもち病やごま葉枯病がでやすい。黄化萎縮病のあとにいもち病などのでるのをふせぐために，いもち病の防除薬剤を散布しておいたほうがよいばあいもある。これは天候や肥料の効き方などを考えてきめる。

＜効果の判定＞

▷黄化萎縮病に侵されたイネは，回復はほとんどしないが，新しく発生する株がなければ発病がおさまったものと考えられる。発病株から出る新葉は病状を示す（淡黄色でかすり状の白い斑点が連生する）が，それまでの健全株でその後病状のある新葉が出なければ止まったとみられる。とくに気温が23～21℃以上であれば，それ以後は発生する心配は少ない。

（執筆：小野小三郎・山口富夫，改訂：内藤秀樹）

イ ネ〈苗腐病〉

苗腐病

水苗代の被害：苗がふぞろいになり、はなはだしいばあいはところどころがはげたようになる。

発病した籾
綿毛のようなものがはえ、発芽不良になったり、腐敗したりする。

イ　ネ　〈稲こうじ病〉

稲こうじ病

症状：穂に黒い塊がつく。

病粒のできた穂は籾の重さが減少する。

イ　ネ　＜苗腐病＞

苗　腐　病

病原菌学名　　*Pythium* spp.
　　　　　　　Achlya flagellata Coker
　　　　　　　Achlya Klebsiana Pieters
　　　　　　　Phytophthora spp.
　　　　　　　Dictyuchus spp.
　　英　　名　Seed and seedling rot

〔診断の部〕

＜被害のようす＞

▷水苗代や湛水直播に発生し，発芽不良になる。

　苗腐病は，水苗代や湛水直播で，発芽の条件の悪いとき，たとえば低温のときなどに多く発生する。発芽の悪い籾をとってみると，籾が泥におおわれたようになっていることがある。これをよく洗ってみると，籾に綿毛ようの白毛の生えているのがよくみられる。これが苗腐の症状である。

▷苗腐病がでると，苗が不ぞろいになったり，籾が腐ったりする。この病気にひどく侵されると，籾は腐敗し，苗代のところどころが，はげたようになり，苗のないところができる。軽いばあいでも，苗が不ぞろいになることが多い。

＜診断のポイント＞

▷発芽不良で，籾に綿毛のようなものがついている。

　籾に泥がついているのをよく洗ってみると，綿毛のような白いカビがついている。籾は腐っていたり，幼苗が枯れたりしている。

イ　ネ　＜苗腐病＞

〔防除の部〕

＜病原菌の生態，生活史＞

▷苗腐病菌は，水の中ならどこにでもいる。とくに有機質に富む土壌や水に多い。

　苗腐病の原因になっている病原菌は数種類あり，これらは水田や灌漑溝の水の中などなら，どこにでもいる。病原力は，けっして強い病原菌類ではないが，イネのほうが低温などで弱っている場合や籾に傷が多い場合は害を及ぼす。

▷籾あるいは発芽後間もない苗が侵される。

　苗腐病は，発芽が順調にすすまない場合の籾や，発芽後間もない時期に低温などのために弱っているときに起こる。こんなときには，病原菌類も意外に強い侵害力を現わし，籾に白毛ようの菌糸を繁殖させたり，幼苗を枯死させたりすることになる。

▷5〜6cm以上の大きな苗には，発病がほとんどない。

＜発生しやすい条件＞

▷苗腐病は，水苗代や湛水直播にだけ発生する。

　この病原菌は水中にのみいるからである。

▷低温や深水のため，籾の発芽が順調でないとき。

　籾の発芽，あるいはその後の幼芽の生育が低温や深水などで抑制されると，発病しやすい。

▷籾に傷のあるときには発生が多い。

　籾に傷があったり，籾殻がなくなって玄米になっていたりすると，菌の付着，繁殖が多くなり，発病がます。とくに動力脱穀機などで，高速回転で脱穀した籾は，傷が多いので注意を要する。

イ ネ ＜苗腐病＞

＜対策のポイント＞

▷病原菌が種籾に付着しないようにする。

これには種子消毒をし，できるだけ長く籾の表面に薬剤がついているようにする。

▷水苗代や湛水直播の水はできるだけ温め，あまり深水にしない。水の管理が重要である。

＜防除の実際＞

▷別表〈防除適期と薬剤〉参照。

＜効果の判定＞

▷湛水直播水田や苗代に播種後，芽の出方の悪いようなところがあれば，その部分の種籾をとって，水で洗ってみる。白い毛がついていれば，苗腐病の発生がはじまっているわけである。これは，消毒の効果のきれている証拠である。薬剤散布あるいは薬剤灌注も考えなければならない。

(執筆：小野小三郎・山口富夫，改訂：内藤秀樹)

イ　ネ　＜稲こうじ病＞

稲こうじ病

病原菌学名　*Claviceps virens* Sakurai
英　　　名　False smut

〔診断の部〕

＜被害のようす＞

▷稲こうじ病は，出穂後からみえはじめる。
　穂に黒い団子のようなものがつく病気で，他に類似した病気はない。発生の多いときには，一つの穂に15〜20粒も，この団子がつくこともある。
▷稲こうじ病が発生すると，かなりの減収になる。
　以前は，この病気がでても豊年穂と称し，その籾だけの損失が考えられていたが，一つの稲こうじ病粒が現われると，その穂の籾の重さが5％ぐらい減少することがわかった。被害の面からも，重視すべき病害である。

＜診断のポイント＞

▷穂に籾よりもかなり大きい黒い塊ができる。
診断はやさしい。

〔防除の部〕

＜病原菌の生態，生活史＞

▷稲こうじ病菌は，菌核または厚膜胞子の形で越冬する。
　穂にできる黒い塊の中に，馬のクラのような形のものや，不整形の菌核

イ　ネ　＜稲こうじ病＞

ができるばあいがある。これは，悪い環境にも耐えられるもので，収穫期ごろに水田中に落下し，水田の表層や土壌中で越冬する。また黒い塊の上層部の黒い粉は厚膜胞子で，菌核と同様に水田面に落下し，また健全籾やわらなどにも付着し，そこで越冬する。

▷病原菌の侵入時期は，穂ばらみ期ごろである。

地面に落下した菌核の上につくられた子のう胞子あるいはわらなどに付着していた厚膜胞子は，穂ばらみ期の止葉に付着し，露や雨による水滴とともに止葉葉鞘内に流れこみ，これから出た発芽管が，葉鞘内の籾の中に侵入し，稲こうじ病粒を形成する。

▷二次分生子による幼芽期感染。

厚膜胞子は発芽して分生子を生じる。また，菌核から形成された子のう胞子も発芽して分生子を生ずる。この分生子を籾の幼芽期に接種をするとイネは高率に発病すると言われている。特に東北地域では菌核の形成率が極めて低いことから厚膜胞子が越冬源として重要な位置を占めていると考えられている。イネはこの厚膜胞子から形成された分生子により幼芽期などに感染し発病を起こす可能性が高い。

＜発生しやすい条件＞

▷7，8月ごろに雨が多いと，発生が多い。

イネの穂ばらみ期から出穂期ごろにかけて雨が多く，低温の年には多発する。これは，菌の侵入に好つごうであることと，とくに窒素質肥料を多く施用したときイネの栄養面からくるものと思われる。

▷日かげになる場所では発病が多い。

同一の水田内でも，立木や山で早く日かげになる場所では発病が格段に多くなる。

▷窒素肥料がおそ効きするときには，発生が多い。

曇雨天が多く，窒素の効き方がおくれたとき，多収穫栽培などで多肥になっているときなどには，発病が多い。

▷品種による発生の差。

晩生イネに多く発生する傾向があるが，天候のぐあいでは，早生に多いこともある。特定の品種がつねに弱いとか強いとかいうことはない。

＜対策のポイント＞

▷多肥栽培をさける。
▷常発地で冷夏の年には薬剤防除を行なう。

＜防除の実際＞

▷別表〈防除適期と薬剤〉参照。

＜防除上の注意＞

▷銅剤は，イネに薬害を起こすことがある。

＜効果の判定＞

▷1穂の籾の着粒数の平均を求め，それと病籾粒数とを調査して，1穂平均の病籾率を求めて，その多少で効果の判定をする。

（執筆：小野小三郎，改訂：内藤秀樹）

イ　ネ 〈苗立枯病〉

苗立枯病

〈フザリウム菌による被害〉

初期の被害：幼苗の地ぎわ部に白いカビを生じ，褐変する。

フザリウム菌（*F. avenaceum*）の被害：籾と根のまわりに白〜淡紅色のカビを生じ，苗立枯れがみられる。

フザリウム菌（*F. solani*）の被害：籾と根のまわりに白色のカビを生じ，生育不良苗が目立つ。

〈ピシウム菌による被害〉

出芽障害：出芽が悪く，典型的な坪枯れ症状を示す。

硬化中〜後期の被害：急にしおれ，枯死した苗が坪枯れ状にあらわれる。

113

イ　ネ　〈苗立枯病〉

〈リゾプス菌による被害〉

出芽時の被害：高温多湿になるとカビが厚く覆い，出芽不良となる（上左）。
中苗の被害：管理不良のため，ほとんど全滅的被害を生じている（上右）。
根の障害：根は褐変し根数もきわめて少なく，伸びも止まっている（左）。

〈トリコデルマ菌による被害〉

床土の表面に青緑色のカビがみられ，苗の生育が悪い。

地ぎわ部や籾のまわりに白〜青緑色のカビが生じ，苗立枯れがひどい。葉の黄化も目立つ。

イ　ネ　〈苗立枯病〉

〈リゾクトニア菌による被害〉
葉鞘にクモの巣状に菌糸がからみあい，葉腐れ症状を示す。

〈白絹病菌による被害〉
初期：地ぎわ部から葉鞘に菌糸がはい上がり，菌の侵害を受けた部分は淡褐色になる。薬剤処理すると効果がある。

末期：葉鞘に白〜栗色の菌核を生じ，根にも白いカビがみられる。

イ　ネ　〈苗立枯病〉

〈もみ枯細菌病菌による被害〉
幼苗は細くわん曲して褐変し，腐敗枯死がひどい。

腐敗枯死した苗を中心に坪枯れ症状を示す。

被害苗：腐敗枯死または葉鞘腐敗を起こし，葉鞘内の新葉は淡褐色となり，ねじれながら出葉し枯死する。

イ　ネ　＜苗立枯病＞

苗立枯病

（とくに育苗箱に発生する）

病原菌学名　*Fusarium avenaceum* (Fries) Saccardo
　　　　　　Fusarium solani (Martius) Saccardo
　　　　　　Pythium graminicola Subramanian
　　　　　　Pythium irregulare Buisman
　　　　　　Pythium sylvaticum Campbell & Hendrix
　　　　　　Rhizopus chinensis Saito
　　　　　　Rhizopus oryzae Went & Geerlings
　　　　　　Rhizopus arrhizus Fischer
　　　　　　Rhizopus javanicus Takeda
　　　　　　Trichoderma viride (Persoon) Link ex Gray
　　　　　　Mucor fragilis Bainier
　　　　　　Phoma sp.
　　　　　　Rhizoctonia solani Kühn
　　　　　　Corticium rolfsii Curzi
英　　名　Seedling blight

〔**診断の部**〕

＜被害のようす＞

▷稚苗，中苗いずれにも発生する。

▷一般に，立枯れ苗は生育が悪く，しおれて淡褐色に枯死する。地際部と根は褐変する。根は短く，根の数も少ない。しかし，菌の種類によって被害のようすは多少異なっている。

▷出芽中にひどく侵されると，出芽不良をおこす。

イ　ネ　＜苗立枯病＞

▷育苗箱の全面に被害がでるばあいと，部分的にまとまって被害のでる，いわゆる"坪枯れ"症状を呈するばあいとがある。

▷移植前になって急にしおれ，黄化する苗がでることがある。

▷苗立枯病には，フザリウム菌，ピシウム菌，リゾプス菌，トリコデルマ菌，リゾクトニア菌，白絹病菌（コルティシウム菌）などによるもののほか，ピシウム菌が主因となっている"むれ苗"もある。

＜診断のポイント＞

▷フザリウム菌：被害は，典型的なようすを示すが，地際部に白いカビがみられ，床土の断面をみると，籾を中心に白色〜淡紅色のカビが蔓延している。$F.\ avenaceum$ によるばあいは，$F.\ solani$ にくらべ根の障害が大きく，また籾や根が紅色になることが多い。

▷ピシウム菌：フザリウム菌による立枯れ苗によく似ているが，地際部の褐変はやや淡く，また水浸状に腐敗し，急にしおれて枯死する点が異なる。また"坪枯れ"症状を呈し，地際部にカビがみられないのが特徴である。移植前1週間ころに発生すると，苗がひどくしおれ，地際部の葉鞘や根を鏡検すると，カビの侵入がみられる。

▷リゾプス菌：出芽時に箱全面が白いカビで厚くおおわれ，やがて胞子ができると灰白色になる。被害のひどいときには，出芽前立枯れ，出芽不良などをおこし，数千箱も廃棄した育苗センターがあるほどである。出芽しても苗の生育は悪く，黄緑色になり，根をみると短く，根数もかなり少なく，その先端が異常にふくらむこともある。本菌による被害は，とくに根に対する影響の大きいことが特徴である。しかし，$Rh.\ javanicus$ のように，根は褐変して細くなるが，伸びはそれほど悪くないばあいもある。

本菌の菌糸はいずれも太く，床土の表面あるいは籾のまわりによく繁殖しているのを肉眼でみることができる。

▷トリコデルマ菌：苗の被害はフザリウム菌のばあいによく似ているが，葉がより黄化する点が異なる。出芽時には，リゾプス菌のように床土

の表面に白いカビがみられ,出芽前立枯れ,出芽不良になる。緑化以降になると,地表面および籾のまわりの白いカビは青緑色(胞子塊)に変わるので,他の菌の被害と区別できる。

▷リゾクトニア菌:被害は移植前に急に発生し,箱のほぼ中央部にしおれて黄化した苗がみられる。かきわけてみると下葉や葉鞘が灰緑色となり,いわゆる"葉腐れ"症状を呈する。この部分には紋枯病のように菌糸がクモの巣状にからみあっており,やがて白〜淡褐色の菌核を生ずる。

▷白絹病菌:地際部の葉鞘,籾および根のまわりに絹糸状の菌糸が蔓延し,やがて白色〜栗色の丸い菌核をつくる。緑化以降に地際部から葉鞘に菌糸がはい上がるが,リゾクトニア菌のような"葉腐れ"症状を示さず,下葉は黄化して,菌に侵された部分は淡褐色になる。被害のひどい苗は,やがてしおれて枯死する。

▷苗立枯れは,その被害のようすだけで病原菌を見分けることはかなり難しいので,病原菌そのものが示す「標徴」を参考にして判定するとよい。

▷むれ苗は,第2葉抽出始めから第3葉抽出始めまでの間に発生し,全体的には急激に水分不足をおこしたようにしおれ,第2葉は針状に巻き,後に枯死する。

〔防除の部〕

<病原菌の生態,生活史>

▷フザリウム菌:広く土壌中に生息する菌で,種籾の傷口から侵入して根および地際部を侵すが,病原性が弱いので,育苗環境条件の変化によって苗の抵抗力が下がると発病する。$F.\ avenaceum$の病原力は$F.\ solani$よりも大きいようである。

▷ピシウム菌:土壌あるいは水中に生息する。このうち,病原性が強くて発芽障害をおこす菌と,フザリウム菌のように,種籾の傷口から侵入す

イ　ネ　＜苗立枯病＞

るが，病原性が弱くて育苗期間中の低温によって苗立枯れをおこす菌とがある。

▷リゾプス菌：発育に適した温度（発育適温）は30〜40℃にあり，いずれもかなり高温を好む菌である。適温下ではきわめて発育が速いので，出芽時に高温になると，箱全面に異常なほどの繁殖をみる。

本菌は土壌に生息するが，空気伝染しやすいので，汚染した種籾および育苗施設，資材などが伝染源になるばあいが多い。

▷トリコデルマ菌：リゾプス菌のように土壌伝染あるいは空気伝染するが，発育適温はリゾプス菌よりも低く，25〜30℃である。しかし，適温下では，やはり発育の速い菌である。現在の加温出芽温度は30〜32℃であるから，汚染土が床土に使われたばあいには箱全面に菌がよく繁殖する。その他，伝染源として育苗施設，資材の汚染によるおそれがある。

▷リゾクトニア菌：培養型によって発育適温は異なるが，20〜30℃の範囲にある。いろいろな作物に被害を与えるいわゆる多犯性の菌で，土壌中に広く生息している。

▷白絹病菌：発育適温は30℃で，多湿を好み，きわめて多犯性の土壌生息菌である。本菌は湛水状態ではかなり早く死滅するので，野菜など畑作物を栽培した畑土壌が伝染源になることが多い。

＜発生しやすい条件＞

▷フザリウム菌：①緑化開始後まもないころの低温，②傷籾の使用，③畑土壌（pH5.5以上の土壌）の使用，④育苗期間中の管理不良（土壌の乾燥，過湿など），⑤肥料の不足，などにより発生が多くなる。

▷ピシウム菌：①緑化以降の低温（硬化中〜後期でもでる），②傷籾の使用，③前年度発病土および野菜連作畑土壌の使用，④河川，池からの灌水，⑤育苗期間中の土壌の過湿，などが多発生の条件となる。

▷リゾプス菌：①出芽時の高温多湿，②緑化以降の低温（緑化以後10日間くらい），③極端な厚播き，④傷籾の多い種籾の使用，⑤保水力の大

イ　ネ　＜苗立枯病＞

きな土壌（火山灰土）の使用，⑥土壌の過湿，⑦窒素（硫安）の多用，⑧育苗施設，資材が古くなって汚染度が高くなったばあい，などに多発生する。

▷トリコデルマ菌：①加温出芽温度30℃前後，②保水力が小さく，pH4.0以下の酸度の高い土壌（とくに前年発病土）の使用，③土壌水分の不足，④汚染度の高い育苗施設，資材，などにより発生が多くなる。

▷リゾクトニア菌：①汚染畑土壌の使用，②極端な厚播き，③多肥，④ビニールハウス，トンネル内の通風が悪く高温多湿になるなどの条件が発生を助長する。

▷白絹病菌：①野菜など畑作物を連作した畑土壌（とくに前年発病土）の使用，②育苗施設内の多湿などにより多発生する。

▷むれ苗：1.5葉期ころに低温（7℃以下）にあうと多く発生する。培土のpHが高い（5.7～6.6）と発生が多い。

▷苗立枯れは一般に，緑化以降の不良な環境条件により苗が健全に生育できないようなばあいに発生が助長されやすい。

＜対策のポイント＞

▷育苗管理では，とくに温度管理に注意し，極端な高温，低温にあわせないようにする。

▷傷籾の混入の多い種籾は使わず，塩水選および種子消毒は完全に行なう。

▷極端な厚播き，多肥，少肥はさける。

▷床土の土壌pHは5.0前後に調整する。

▷土壌水分には充分に注意し，過不足のない灌水により苗を健全に育てるようにする。

▷前年発病土は床土には使わない。

▷古くなった育苗施設，資材などはよく水洗あるいは消毒を充分に行なう。

イ ネ ＜苗立枯病＞

▷現在，すべての病原菌に対して有効な薬剤はないので，育苗管理あるいは耕種面からの防除が大切である。

▷とくに，苗立枯れをおこす病原菌のほとんどが土壌生息菌であるから，汚染土を床土に使わないように，小規模の育苗を行なって，あらかじめ土壌に発生する病原菌の有無を調べるとよい。

＜防除の実際＞

▷別表〈防除適期と薬剤〉参照。

＜効果の判定＞

▷出芽期間中に発生するリゾプス菌，トリコデルマ菌などは，緑化開始時に，床土の表面あるいは籾のまわりのカビの発生量の多少によって防除効果がわかる。

▷薬剤防除をしても部分的に発病するばあいは，薬剤の土壌処理が均一でないか，処理方法が誤っているかすることが多い。そのようなときには，被害のひどい部分を取り除いて有効な薬剤をそのまわりに灌注し，それ以上に被害が広がらなければ，効果があったとみてよい。

（執筆：茨木忠雄・山口富夫，改訂：内藤秀樹）

イ　ネ 〈穂枯症状をおこす菌類病〉

穂枯症状をおこす菌類病

〈ごま葉枯病菌による穂枯れ〉

被害圃場：穂が灰褐色になって熟色が悪い。

穂の被害：みご，穂軸があめ色に変色し，籾や葉に褐色斑点がみられる。

籾の病徴：出穂初期にかかると籾がいちじるしく褐変する。中心部は灰褐色で周縁が褐〜暗褐色の斑点となる。

〈褐色葉枯病菌による穂枯れ〉

葉および穂の被害：葉に多数の褐色斑点を生じ，葉先が枯れる。穂首や穂軸は紫褐変し，穂が枯れる。

穂の病徴：みご，穂首，穂軸に周囲のぼやけた紫褐色の斑点があらわれ，全体が紫褐変する。籾も全体が紫褐変する。

イ　ネ　〈穂枯症状をおこす菌類病〉

〈すじ葉枯病菌による穂枯れ〉

被害圃場：葉に紫褐色の条斑が無数に形成され，下葉が枯上がる。穂がいちじるしく褐変する。

葉鞘の病斑：葉節部から下へ刷毛ではいたような紫褐色の病斑があらわれ，下端はかすれている。

籾の病徴：籾全体が紫褐変するものが多いが，内外頴の包合部にそって暗紫褐色の条斑もみられる。

〈小黒菌核病菌による穂枯れ〉

みご折れ：とくにみごが侵されやすく，暗褐変して折れる。

葉と穂の病斑：褐色のやや長い小斑点があらわれる。いもち病やごま葉枯病と見分けにくい。

みごに形成された菌核：罹病みごを割ると中に黒色の小さな菌核が多数形成されている。

イ　ネ　＜穂枯れ症状をおこす菌類病＞

穂枯れ症状をおこす菌類病

（ごま葉枯病菌，褐色葉枯病菌，すじ
葉枯病菌，小黒菌核病菌による）

　菌類による穂枯れの原因は，ごま葉枯病菌，褐色葉枯病菌，すじ葉枯病菌および小黒菌核病菌などである。しかし，これらの病原菌による穂枯れは原因によって，その病徴，被害のあらわれ方，発生環境や防除の仕方が異なる。

1. ごま葉枯病菌による穂枯れ

病原菌学名　　*Cochliobolus miyabeanus* (Ito et Kuribayashi)
　　　　　　　Drechsler ex Dastur
英　　　名　　Brown spot

〔診断の部〕

＜被害のようす＞

▷葉に病斑があらわれる。
　分げつ最盛期ころから，下葉に，黒褐色楕円形で，まわりが黄色に縁どられた病斑があらわれる。
▷病斑は下葉からしだいに上葉に発生する。
　穂ばらみ期ころから病斑数が急にふえるとともに，下葉の病斑は拡大して小豆粒ほどにもなり，下葉からしだいに枯れ上がる。このような病状の進行は，出穂後日がたつにつれていっそう激しくなる。
▷穂を侵して穂枯れをおこす。

125

イ　ネ　＜穂枯れ症状をおこす菌類病＞

葉に発病の激しい水田では，出穂中の籾が侵されて褐変し，穂が汚くなり，不稔や稔実不良籾がふえる。籾の典型的病斑は中心部灰白色，周縁部褐色の楕円形であるが，ひどいときには籾全面が褐変する。出穂後日がたつにつれて籾は感染しにくくなるが，みご，穂軸，枝梗などは逆に感染しやすくなる。みご，穂軸では，黒褐色の細い条斑があらわれ，のちに全体があめ色に変わり，穂全体が枯れる。穂枯れの発生は秋落田で激しく，激発田では5〜10％の減収がある。

＜診断のポイント＞

▷葉の病斑は黒ごま状で，のちに輪紋があらわれる。

葉の典型的病斑は黒褐色楕円形で，黒ごまに類似し，まわりが黄色にふちどられている。拡大すると丸みを帯びた灰褐色の大形病斑となり，輪紋ができる。いもち病のように葉脈が褐変して病斑から突き出した，いわゆる壊死線はない。

▷みごや穂軸では，幅0.5mmくらい，長さ0.5〜数cmの黒褐色条斑ができる。いもち病のように，穂首が侵されて急速に萎凋して白穂となることはない。すじ葉枯病でも，みご，穂軸に条斑があらわれるが，幅がやや広く，長くて紫色が強いので区別できる。

▷籾では，中心部が灰白色で，まわりが褐色の楕円形病斑を生ずる。いもち病，すじ葉枯病，褐色葉枯病では，このような病斑はできない。

〔防除の部〕

＜病原菌の生態，生活史＞

▷ごま葉枯病菌は，罹病籾や被害わらで胞子や菌糸で越冬する。翌春罹病籾を播くと発芽直後の苗に感染して，いわゆる苗焼けをおこす。被害わらが春になって降雨にあうと，病斑上に胞子が形成され，空中を飛散してイネに達し，そこで第一次伝染をおこす。

イ　ネ　＜穂枯れ症状をおこす菌類病＞

▷ごま葉枯病菌は，葉，葉鞘，節，みご，穂首，穂軸，枝梗，籾など地上部のあらゆる部分を侵す。イネの表面に落下した胞子は，水湿と適当な温度（20〜30℃）があれば発芽し，付着器を形成し，そこから表皮を貫通して組織内に侵入し病斑をつくる。

▷胞子は，灰褐色の丸みを帯びた大型病斑上にだけ形成され，褐点や黒ごま状の病斑上には形成されない。大型病斑は秋落田のイネに発生しやすい。したがって，秋落田では胞子の形成量が多く，次の発病，ひいては穂の発病が増加する。

▷胞子の形成は夜間，飛散は昼間で風のあるときに行なわれる。

胞子はおもに湿度の高い夜間に形成されるが，病斑からの離脱，飛散は昼間，しかも風のあるときに多い。いもち病菌の胞子の離脱，飛散が湿度の高い夜間行なわれるのとはまったく対照的である。

＜発生しやすい条件＞

▷秋落田で多発する。

作土から活性鉄，マンガンなどの塩基類が溶脱し，土壌が還元状態になって硫化水素が発生して根腐れがおきる老朽化土壌や，肥料の流亡の激しい砂土で多発する。これらの水田では，後期の生育が衰え，イネはいわゆる秋落ちになってごま葉枯病にかかりやすくなり，穂枯れも多くなる。

▷腐植過多土壌でも多発する。

泥炭土壌のような腐植過多土壌あるいは緑肥などを鋤き込んだ水田では，夏の高温によって腐植や有機物の分解がすすみ，一時的に窒素過多となって生育が促進される。半面，土壌は還元状態になって硫化水素などが発生し，根は障害を受けて養分吸収が阻害されるため，後期には生育の衰えがひどく，ごま葉枯病に対する抵抗力が低下する。

▷肥料切れは発病を助長する。

生育後期に窒素，リン酸，カリ，ケイ酸，鉄，マンガンなどが欠乏すると発病しやすくなる。とくに窒素とカリの影響は大きい。

イ　ネ　＜穂枯れ症状をおこす菌類病＞

▷出穂期以降の高温は発病を助長する。

　出穂期以降高温がつづくと，イネは消耗がはげしく，老化がすすんで抵抗力が弱まる。一方，ごま葉枯病菌の活動期間が長びくため，登熟後期に穂枯れの発生がふえる。

＜対策のポイント＞

▷抜本的対策は土壌改良と施肥改善である。

　土壌の老朽化した秋落田では，客土，堆肥やケイ酸資材（転炉滓，平炉滓，ケイカルなど）の施用はいちじるしく発病を抑制する。また，初期生育を抑え，後期に肥料切れにならないよう，肥料は分施するのがよい。

▷薬剤散布は穂ばらみ期～乳熟期。

　秋落田では穂ばらみ期ころから急に病勢がすすむので，穂ばらみ期から乳熟期にかけて薬剤を散布する。

＜防除の実際＞

▷ケイ酸資材の施用。

　転炉滓，平炉滓，ケイカルなどを10a当たり150～300kg施用しても，かなり高い防除効果と増収効果があるが，転炉滓や平炉滓の大量施用（約1000kg）では，高い防除効果と増収効果が少なくとも3年間は持続する。

▷防除薬剤と防除適期。

　ごま葉枯病の項を参照。

＜防除上の注意＞

▷防除対策は移植前に。

　防除の基本対策は土壌改良と施肥改善であるから，移植前の農閑期に客土や堆厩肥，ケイ酸資材などを施しておく。施肥も移植前から分施を計画しておく。

イ　ネ　＜穂枯れ症状をおこす菌類病＞

＜その他の注意＞

▷種籾伝染による箱育苗での苗焼け。

穂枯れ発生水田から採った種籾を播くと，箱育苗では稚苗が発病して"苗焼け"をおこすので，種子消毒には充分気をつける。

＜効果の判定＞

▷病斑数の減少と病斑の拡大停止。

土壌改良や施肥改善などの耕種的防除，あるいは薬剤防除が合理的に実施されたばあいには病斑数は少なく，病斑は小さくて下葉の枯れ上がりが減少する。

▷籾がきれいで収量が上がる。

適切な防除対策を実施した水田では，籾の変色が少なく，熟色がきれいで，収量がふえる。

イ　ネ　＜穂枯れ症状をおこす菌類病＞

2. 褐色葉枯病菌による穂枯れ

病原菌学名　*Monographella albescens* (Thünen)
　　　　　　Parkinson, Silvanesan & Booth
英　　　名　Brown leaf spot, Leaf scald

〔診断の部〕

＜被害のようす＞

▷出穂期ころから褐色斑点と葉先枯れとが混じって発生する。

　出穂期ころから，葉に褐色で周縁がやや不鮮明な楕円形ないし菱形の病斑と，葉先や葉縁に灰褐色と暗褐色部が波状に重なった大型病斑があらわれる。発病は生育後期から下位葉にみられ，順次上位葉へと進み，ひどくなると下葉だけでなく止葉まで先端から枯れ上がる。

▷穂を侵して穂枯れをおこす。

　褐色葉枯病菌は葉だけでなく，イネのあらゆる部分を侵す。みご，穂軸，籾では，紫褐色の周縁不鮮明な小さな病斑があらわれ，のちに拡大，癒合して全面をおおうようになる。みご，穂軸，枝梗は枯れ，籾は紫褐変する。とくに出穂初期には籾が感染しやすい。また，多発生田では，穂首が止葉の葉鞘から抜けきらない出すくみ穂が多発し，これらの穂ではしいななどの不完全粒も多発する。

＜診断のポイント＞

▷葉の病斑には二つの型がある。

　一つは，長楕円形ないし長菱形の褐色病斑で，一見いもち病斑やごま葉枯病斑に似ている。しかし，褐色葉枯病斑はいもち病斑のような壊死線がない。また，ごま葉枯病斑のように病斑の最外層に赤褐色または黄色部を持つが，病斑の中に輪紋がない。

イ　ネ　＜穂枯れ症状をおこす菌類病＞

　もう一つは，葉先あるいは葉の縁から灰褐色部と暗褐色部が交互に波状に発達した大形病斑で雲形斑ともいわれるものである。
　▷みご，穂軸，籾では全面が紫褐変する。
　みご，穂軸では，淡紫褐色で周縁不鮮明な小さな汚斑が多数あらわれ，のちに全体が淡紫褐変する。籾では周縁のぼやけた褐色斑点があらわれるが，普通籾の一部または全体が褐変し，はっきりした病斑はみられない。

〔防除の部〕

＜病原菌の生態，生活史＞

　▷褐色葉枯病菌は被害わらや罹病籾で越冬する。
　褐色葉枯病菌は菌糸の状態で被害わらや罹病籾の組織中や表面に付着した分生子，子のう胞子で越冬する。また，罹病葉には気孔下の組織中に多数の子のう殻を形成するので，これで越冬することも考えられる。また，接種するとヨシやヒエ，コムギ，オオムギ，ギシギシなど多くの雑草，作物に発病が見られ，さらに洪水でイネが冠水した年には発病が多いので，それらの被害植物での越冬も考えられる。
　▷出穂期ころから急にふえる。
　本病はイネが若い頃や若い葉では発病しにくく，胞子が飛散してイネに付着しても，苗代や分げつ期までのイネではほとんど発病がなく，穂ばらみ期ころから葉に病斑があらわれる。
　▷分生子の飛散は夜12時〜2時に最も多く，昼間はほとんどないが，降雨時には昼間でも飛散する。また罹病葉にたくさん形成される子のう殻からも主に夜間に子のう胞子が飛散する。
　▷褐色葉枯病菌は低温多湿条件下で活発に活動する。
　本菌は15〜25℃でよく侵入し，他の多くの病原菌に比べて低い。また，侵入には長時間の水滴が必要で，また洪水でイネが冠水すると多発する。分生子は葉の上で2〜10個以上が互いに融合し，その分生子複合体から数本〜5，6

イ　ネ　＜穂枯れ症状をおこす菌類病＞

本の表面菌糸を生じ，気孔から侵入するが，葉に傷があるとそこからたやすく侵入する。本病原菌の侵入方法はイネ体表皮上のワックス結晶の有無と密接な関係にあり，ワックスの結晶のある葉や葉鞘の外面表皮では，気孔侵入，ワックスの結晶のない籾や葉鞘の内面表皮，穂首ではクチクラ貫通侵入である。

▷穂は穂揃期までがとくに感染しやすい。

穂首，みごはいつの時期でも感染するが，最も感染しやすいのは穂ばらみ期で黄熟期以降再び感染しやすくなる。籾は，穂ばらみ期，穂揃期で容易に感染するが，それ以降は感染しにくい。

＜発生しやすい条件＞

▷出穂期以降の低温と長雨。

本菌の生育適温が低く，侵入には長時間の水滴が必要なことから，出穂期以降冷涼で長雨にあうと，また洪水などで冠水すると発病がふえる。

▷多窒素，とくに減数分裂期の追肥は発病を助長する。

＜対策のポイント＞

▷窒素の多用をさける。

▷薬剤散布。褐色葉枯病の発生環境は，多くの点でいもち病の発生環境と類似し，両病害が一枚の水田に混合発生している例が多い。また，イネが洪水などで冠水したときには多発しやすく，白葉枯病との混発も多い。

＜防除の実際＞

▷別表〈防除適期と薬剤〉参照。

＜効果の判定＞

▷病斑数と変色籾が減少する。薬剤散布イネでは生育後期の葉の病斑数が減り，下葉の枯上がりも減少する。籾の褐変が減り，穂がきれいになる。

▷収量が増加する。

イ　ネ　＜穂枯れ症状をおこす菌類病＞

3. すじ葉枯病菌による穂枯れ

病原菌学名　　*Sphaerulina oryzina* Hara
英　　　名　　Cercospora leaf spot

〔診断の部〕

＜被害のようす＞

▷葉や葉鞘に紫褐色の条斑があらわれる。

葉では長さ約1cm，幅0.5～1.0mmで，両端のややとがった紫褐色条斑が一面にあらわれる。葉鞘では葉節部から下へハケで掃いたような紫褐色の病斑があらわれる。

▷発病は下葉からはじまる。

7月中下旬から下葉に発生しはじめ，しだいに上葉にひろがり，遅くなると下葉は枯れ上がる。病勢は生育期がすすむにつれて激しくなり，刈り取り時には上葉を残して下葉が全部枯れてしまうことがある。

▷穂を侵して穂枯れをおこす。

すじ葉枯病菌は，葉や葉鞘だけでなく，みご，穂首，穂軸，枝梗，籾を侵して穂枯れをおこす。みご，穂軸では紫褐色の長い条斑ができ，のちに穂は枯れる。籾では内外頴の合わせ目に沿って紫褐色の条斑があらわれることもあるが，一般には籾の一部あるいは全体が紫褐変するだけで，条斑は見えにくい。

▷熟色が悪くなる。

穂が侵されると，籾は紫褐変して熟色が汚くなる。減収は1割以内であるが，稔実が悪く米質への影響は見逃せない。

▷すじ葉枯病には常発地がある。

本病の発生は土壌，肥料条件と密接な関係があり，発生する地帯は限られるが，そこでは毎年発生する。

イ　ネ　＜穂枯れ症状をおこす菌類病＞

▷品種によって発病の差がいちじるしい。

＜診断のポイント＞

▷葉では紫褐色の短い条斑。

葉では長さ1cm以内，幅0.5～1.0mmの先端がとがった周縁がやや不鮮明な条斑である。このような条斑のあらわれる病気はほかにない。

▷葉鞘では葉節部から下へハケで掃いたように紫褐変する。

葉節部から下へハケで掃いたような紫褐色で下端のかすれた病斑が必ずあらわれる。よくみると，病斑は幅0.5～1.0mmの長い条斑が集まってできている。

▷みご，穂軸でも紫褐色の条斑となる。

いもち病，ごま葉枯病，小黒菌核病でも，みご，穂軸に条斑があらわれるが，すじ葉枯病の条斑は，これらに比べて長く，幅もやや広く，紫色が強いのが特徴である。

〔防除の部〕

＜病原菌の生態，生活史＞

▷被害わらや罹病籾で越冬する。

すじ葉枯病菌は，被害わらや罹病籾の組織中で菌糸の状態で越冬する。翌春気温が16℃前後になってから雨にあうと，被害わらの病斑上に分生子が形成される。また，子のう殻もでき，その中に子のう胞子が形成される。

分生子や子のう胞子が苗代や本田イネに第一次感染をおこす。そこにできた病斑上の分生子が秋まで二次感染をくり返す。病勢は登熟中後期から急速に増大する。罹病籾を播くと，箱育苗では苗に感染がおこる。

▷イネのあらゆる部分を侵す。

すじ葉枯病菌は，葉や葉鞘だけでなく，みご，穂首，穂軸，枝梗，籾などを侵す。

イ　ネ　＜穂枯れ症状をおこす菌類病＞

＜発生しやすい条件＞

▷砂質土壌で漏水の激しい秋落水田では毎年発生する。
▷リン酸およびカリの欠乏は発病を助長する。
▷リン酸およびカリ欠乏水田で，窒素をふやすと発病が多くなる。
▷早期・早植栽培では多発する。これは，感受性の高まる出穂期以降が高温に当たるためで，菌の活動が盛んで穂が侵されやすい。
▷乾田直播では，播種密度が高いほど発病が多くなる。
▷品種によって抵抗性がいちじるしくちがい，罹病性品種を栽培すると発病が多い。また，早生種は晩生種に比べて発病が多い傾向がある。しかし，現在の品種では抵抗性検定がなされていない。

＜対策のポイント＞

▷土壌改良
漏水の激しい常発田では，山土などの客土が最も効果的であるが，堆肥やケイ酸資材を施用して，出穂以降の生育の衰えを防ぐのも有効である。
▷リン酸およびカリを充分に補給する。
▷常発地では早期・早植栽培をさける。
▷乾田直播では厚まきにならないようにする。
▷常発地では抵抗性品種を栽培する。

＜防除の実際＞

▷別表〈防除適期と薬剤〉参照。
▷品種間で抵抗性に差があるが，現在の品種では調べられていない。

＜効果の判定＞

▷病斑数が減少し，下葉の枯れ上がりが減る。
▷熟色がきれいになって収量が上がる。

イ　ネ　＜穂枯れ症状をおこす菌類病＞

4. 小黒菌核病菌による穂枯れ

　　病原菌学名　*Helminthosporium sigmoideum* Cavara var.
　　　　　　　　irregulare Cralley & Tullis
　　英　　　名　Stem rot, Culm rot

〔診断の部〕

＜被害のようす＞

▷病斑は，はじめ水ぎわの葉鞘にあらわれる。

　小黒菌核病は，越冬した小黒菌核病菌の菌核が水に浮いてイネの葉鞘に付着するところからはじまる。葉鞘に病斑がみられるのは穂ばらみ期ころからである。黒色で周囲のぼやけた病斑ができ，のちに稈をも侵して黒色の病斑をつくる。

▷イネは倒伏しやすくなる。

　葉鞘や稈が侵されると，組織が破壊されて，地ぎわ部から倒伏しやすくなる。稈の中には，黒色の小さな菌核が多数できている。

▷穂を侵して穂枯れをおこす。

　小黒菌核病菌は水ぎわの葉鞘や稈を侵すだけでなく，葉，みご，穂軸，枝梗，籾なども侵し，穂枯れの原因となる。

▷穂枯れは登熟後期に激しくなる。

　水面に浮いた菌核，葉鞘や葉の病斑上にできた胞子が風や雨で飛散して，穂に付着する。水滴があると発芽して付着器をつくるが，イネへの侵入は出穂後10〜15日を経て，イネが老衰してからはじまり，出穂後遅くなるほど侵入しやすくなる。したがって，穂枯れの発生がひどくなるのは登熟の後期である。

▷みご折れが多くなる。

　みごが侵されると，はじめ黒色の細い条ができ，のちにみご全体が暗褐

イ ネ ＜穂枯れ症状をおこす菌類病＞

色となり，組織が崩壊して折れやすくなる。折れたみごを割ると中に黒い小さな菌核が多数形成されている。穂枯れによる被害はふつう5～10％であるが，ひどいときには30％にも達する。

＜診断のポイント＞

▷稈やみごの中に黒色の小さい菌核ができる。

小黒菌核病にかかった稈やみごを割ると，中に小さな黒色の菌核が多数みられるので，誤診することはない。小球菌核病も水ぎわの葉鞘や稈を侵して，中に黒色の菌核をつくるが，小黒菌核病菌に比べて形がやや大きく，球形で光沢がある。また，小球菌核病菌はみごや穂を侵すことはほとんどない。

▷止葉葉鞘に周縁のぼやけた黒色の大きな病斑ができる。

▷罹病したみごでは，組織が崩壊するので，登熟後期になると雨や風でみご折れがふえる。

〔防除の部〕

＜病原菌の生態，生活史＞

▷小黒菌核病菌は，被害わらや刈り株の中で菌核の形で越冬する。翌年の伝染源としては刈り株の役割が大きい。

田植え後，菌核は水面に浮いて，水ぎわの葉鞘を侵す。

田植えや代かきで水面に浮いた菌核は葉鞘に付着し，付着器をつくって侵入し，さらに稈をも侵して，稈の中に菌核をつくる。

▷穂への伝染は胞子による。

水面に浮いた菌核，葉や葉鞘の病斑上に形成された胞子が風雨で飛散して穂に付着し，侵入して穂枯れをおこす。

▷みごや穂へはイネの老衰をまって侵入する。

みごや穂に付着した胞子は，水滴があると発芽して付着器をつくるが，

イ　ネ　＜穂枯れ症状をおこす菌類病＞

イネが緑色を保っている間は付着器や菌糸の形でイネの体表面で生存し、出穂後10～15日を経てイネが老衰すると侵入を開始する。出穂後遅くなるほど菌は侵入しやすくなる。

▷胞子の離脱には光、飛散には風と雨が必要。

胞子が病斑上の分生子柄から離脱するには光が必要で、離脱した胞子の飛散は昼間の10時から2時の間に最も多く、夜間は少ない。風と雨は胞子の離脱と飛散を助長する。

＜発生しやすい条件＞

▷秋落田に発生が多い。

小黒菌核病菌の発生は、イネの老化と深い関係があり、土壌が老朽化した秋落田で発生が多い。

▷肥料切れは発病を助長する。

生育後期に肥料が切れるとイネの老衰が早まり、発病が多くなる。とくにカリが欠乏すると多発する。

▷早期・早植栽培で発生が多い。

小黒菌核病菌の生育適温は28℃くらいで、比較的高温を好む。イネの抵抗力の衰える登熟後期が高温に当たるような早期・早植栽培では、発生が多い。

▷早生種に発生の多い傾向がある。

▷気温の高い年に発生が多い。

＜対策のポイント＞

▷耕種改善が重要である。

客土、堆厩肥、ケイ酸資材の施用、カリの増施、深耕などの耕種改善により、生育後期の急速な老衰を防ぐことが肝心である。

イ ネ ＜穂枯れ症状をおこす菌類病＞

＜防除の実際＞

▷別表〈防除適期と薬剤〉参照。

＜効果の判定＞

▷みご折れが減る。
▷倒伏が少なくなる。

(執筆：大畑貫一・山口富夫，改訂：内藤秀樹)

イ　ネ 〈えそモザイク病〉

えそモザイク病

被害株：草丈がやや短く，分げつが少ない。株元は直立せずに広がる。

モザイク葉の初期(左)：淡緑色で長紡錘形の斑紋が少数現われる。
モザイク葉の後期(右)：斑紋は淡黄色になり，増加，拡大，癒合して葉全面に広がり，モザイク状になる。

株元のえそ：株元をむくと淡褐〜黒褐色のえそがある。

イ　ネ　〈トランジトリーイエローイング病・グラッシースタント病〉

トランジトリーイエローイング病（黄葉病）

葉の黄化症状

グラッシースタント病（褐穂黄化病）

株元の被害　　　（斎藤　康夫） 　　　　圃場の被害状況　　　（斎藤　康夫）

イ　ネ　＜えそモザイク病＞

えそモザイク病

病原ウイルス　イネえそモザイクウイルス
　　　　　　　Rice necrosis mosaic virus (RNMV)
英　　　名　Necrosis mosaic

〔診断の部〕

＜被害のようす＞

▷最高分げつ期ころから発病する。
▷草丈がやや短く，分げつが少なく，株元が直立せずに広がる。
▷下葉から上葉へと，葉身に縦長の斑紋が現われる。斑紋は幅1～1.5mmで，はじめは長さ0.1～2cmの淡緑色の長紡錘形斑紋であるが，のちには長さが十数センチにも及ぶ淡黄色条斑になる。斑紋は増加，拡大，癒合して葉全面に広がり，モザイク状になる。
▷株元付近の節，節間，葉鞘の付け根などに，縦長の淡褐色～黒褐色のえそができる。
▷発病イネは分げつ不良で穂数が少なく，穂が小さく，実張りが悪く，最高45％くらいの減収になる。
▷本病にかかったイネにはいもち病が特異的に激発することがあり，穂いもちの被害のために収穫皆無にちかくなることがある。

＜診断のポイント＞

▷草丈がやや短い発病株が健全株に混ざって，穂面が揃わない。
▷草丈がやや短く，株元が異常に広がったイネを選んで詳しく調べる。
▷葉のモザイクが肉眼による診断の決め手になるが，縞葉枯病や萎縮病

イ　ネ　＜えそモザイク病＞

の縞のようにはっきりとは見えにくい。葉の裏側から透かして見ると確認しやすい。モザイクは下葉からしだいに上葉に及び，出穂期ころには止葉にも出てくる。

▷ 葉鞘の内側の表皮をはぎ取り，ヨード・ヨードカリ液やフクシンなどで染色して顕微鏡で見ると，表皮細胞内に，核と同じくらいの大きさの球形かそれよりも長い楕円形をした小顆粒集塊状のX体が認められる。

〔防除の部〕

＜病原ウイルスの生態，伝染経路＞

▷ えそモザイク病は土壌伝染性のウイルス病で，発病イネが栽培された土壌を用いて育苗したイネは感染し，のちに発病する。

▷ 種子伝染はしない。人工汁液接種は可能だがかなり困難であり，圃場での接触伝染の危険性はまずないと考えられる。

▷ 病原ウイルスの土壌伝染の媒介者は，イネの根に寄生する *Polymyxa graminis* 菌である。すなわち，本病に感染したイネの根に寄生した *P. graminis* 菌がウイルスを獲得し，その休眠胞子がイネの残根や土壌中で長く生き残り，ウイルスの伝搬能力を保持する。そして，その休眠胞子から放出された遊走子がイネの根に侵入し，菌の寄生に伴ってウイルスの感染も成立するものと判断される。

▷ 主要感染期は種子の発芽直後から50日くらいの期間である。幼齢期ほど感染しやすいようである。

▷ 発病圃場の土壌は，深さ30cmの心土まで病原性を示す。しかし，イネの感染に直接関与するのは主に表層（3〜5cmまで）の部分である。

＜発生しやすい条件＞

▷ 土壌水分が低いほど感染しやすく，飽和状態では感染率がきわめて低い。したがって，陸苗代で育苗すると多発するが，水苗代や折衷苗代で育

苗すると，陸苗代育苗の1/5～1/10の発病率にとどまる。
　直播栽培では，乾田型は湛水型より発病が多く，耕起型は不耕起型より発病が多い。乾田耕起直播栽培は陸苗代育苗に準ずる多発タイプの栽培型である。
　▷感染に適する土壌温度は25～30℃だから，播種期を多少ずらしても発病を抑制できない。
　▷発病圃場の中では，苗代土壌の病原性が高いが，本田土壌も病原性を示し，苗代土壌と同程度のことがある。
　▷同一場所で陸苗代を3～10年も継続すると，本病が顕在化してくる例が多い。
　▷苗代期の窒素質肥料が少ないと感染率が高くなる。リン酸質肥料を多施すると感染率が多少低くなる傾向がある。
　▷イネの品種間で抵抗性の差があり，最弱のものからほとんど発病しないものまである。ミネユタカ，トヨタマ，日本晴，レイホウなどでは比較的発病が少ない。

＜対策のポイント＞

　▷土壌伝染を避ければ発病しない。そのためには，苗代地の転換による耕種的防除などの方法がある。
　▷感染期の土壌水分を飽和状態にしておけば，感染率がいちじるしく下がる。
　▷苗代期の窒素不足を避ける。
　▷罹病性の品種を避ける。

＜防除の実際＞

(1) 普通移植栽培
　▷発病圃場を避けて苗代を設置する。なお，発病地域では，苗代は同一場所で3年以上継続せず，できれば毎年転換する。

イ　ネ　＜えそモザイク病＞

　▷陸苗代をやめて，水苗代か折衷苗代にする。土壌水分を飽和状態に保つように水管理に注意する。

　▷苗代期は窒素不足を避け，リン酸質肥料を多用する。

(2) 稚苗移植栽培

　▷箱育苗の培養土に発病圃場の土壌を用いないようにする。

　▷移植後30日間は土壌が乾燥しないように水管理に注意する。

(3) 乾田直播栽培

　▷発病圃場では，できれば乾田耕起直播栽培をやめ，移植栽培か不耕起直播栽培にする。

　▷最弱の品種を避け，多少とも抵抗性のある品種を栽培する。

＜防除上の注意＞

　▷発病してからは防除の方法がない。ただし，いもち病の激発を防ぐことは大切である。

(執筆：藤井新太郎，改訂：本田要八郎)

トランジトリーイエローイング病
（黄葉病）

病原体　ウイルス
英　　名　Transitory yellow dwarf

〔診断の部〕

▷本病の病徴はわい化病に類似する。
　葉が横にねたように，開いた形で展開する。草丈が短縮し，分げつは減少し，下葉から順に黄〜橙黄色に変色する。1枚の葉では先端から変色する。変色した部分には褐色の斑紋が発生することもある。
▷発生の激しい株は葉が枯れ上がる。
▷生育後期に感染した株は，病徴が明瞭でないが，下葉の枯上がりが早く，稔実も悪い。
▷わい化病は坪状に発生するが，本病は散在し，畦畔ぞいに発生する。

〔防除の部〕

▷品種間差異はかなり明瞭である。
▷不耕起田に放置された発病再生株が伝染源となるので，発病株を耕起によって早く枯らす。
▷クロスジツマグロヨコバイ，ツマグロヨコバイで永続的に伝搬されるので，媒介虫の防除を萎縮病に準じて行なう。

（執筆：山口富夫，改訂：内藤秀樹）

グラッシースタント病

病原ウイルス　イネグラッシースタントウイルス
　　　　　　　Rice grassy stunt virus (RGSV)
別　　　名　　褐穂黄化病
英　　　名　　Grassy stunt

〔診断の部〕

＜被害のようす＞

▷病徴は黄葉病に類似する。
　発病株は萎縮し，分げつ数が多くなる。葉は幅が狭く，短くなり黄化する。葉は手でこすると剛い感じがする。また小褐点を生じることがある。
▷黄萎病にやや似ているが，両者の違いを表示すれば次のとおりである。

	グラッシースタント病	黄萎病
葉の手ざわり	剛い	柔らかい
葉幅	狭い	広い
葉色	黄色	黄色
分げつ	多くなる	多くなる。ヒコバエから鮮明な黄緑葉が出る
葉の小褐点	有	無
窒素の追肥	いくぶん緑色がもどる	黄色のまま

〔防除の部〕

▷品種間差異はかなり明瞭であり，あそみのり，ニシホマレ，トヨタマ，ツクシバレ，ニシミノリ，ヒヨクモチ，アカネモチでは症状が軽い。
▷トビイロウンカにより永続的に伝搬されるので，その防除を行なうこ

イ　ネ　＜グラッシースタント病＞

と。
▷本田での早期防除が重要である。

＜最近わが国で発見されたウイルス病＞

▷イネわい化病：1971 年，九州に発生したわい化病は，その後の研究によって，東南アジアに発生しているツマグロヨコバイ類により媒介されるツングロ病のうち，小球状ウイルス（イネわい化ウイルス　*Rice tungro spherical virus* (RTSV)）であることがわかった。

▷1977 年，台湾に常発しているツマグロヨコバイ類により媒介されるトランジトリーイエローイング病が石垣島や沖縄本島でも発見された。さらに 1978 年，東南アジアに広く発生するグラッシースタント病が福岡県で発見された。また，1979 年，鹿児島県下でラギッドスタント病が発見された。媒介昆虫であるウンカ，ヨコバイ類の長距離飛来や東南アジア諸国とのあらゆる場面での活発な交流が病原ウイルスの侵入を引き起こした原因と推定されるが，今後も充分な警戒が必要である。

（執筆：山口富夫，改訂：本田要八郎）

イ　ネ　〈葉しょう褐変病〉

葉しょう褐変病

ひどくやられた葉しょう：病勢がはげしく，出すくみ穂になる。

ひどくやられた穂：穂の籾が全面一様に黒褐色から灰褐色になる。

苗腐敗の病徴：6月上旬に発生する。

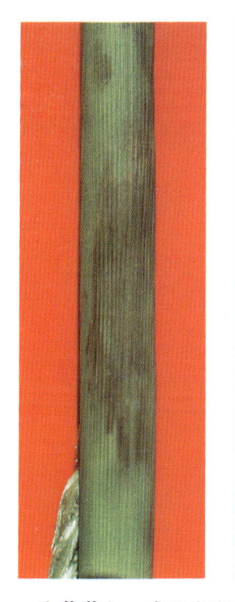

止葉葉しょうの初期病斑（左）：水浸状暗緑色の周辺不明瞭な斑紋があらわれる。
止葉葉しょうの後期病斑：灰褐色になり，著しく減収になる(右)。

イ　ネ　〈もみ枯細菌病〉

もみ枯細菌病

玄米の症状：病斑部と健全部との境界が帯状に褐変している。

被害のようす：穂と葉(左)，圃場(左下)，穂(下)。

イ　ネ　＜葉しょう褐変病＞

葉しょう褐変病

病原菌学名　*Pseudomonas fuscovaginae* (Tanii, Miyajima & Akita 1976) Miyajima, Tanii & Akita 1983
英　　　名　Sheath brown rot

〔診断の部〕

＜被害のようす＞

▷発病時期は，本田移植後の分げつ初期と穂ばらみ期の二期がある。

▷分げつ初期に発病すると，地際から水際の葉鞘部が褐色～黒褐色に変色し，さらに進展すると黄褐色～灰褐色になって軟化腐敗する。葉鞘の病斑が広がって葉節，さらに葉身に達すると，中肋に水浸状暗緑色～黒褐色の条斑を生じ，葉先は巻き，灰褐色になって枯死する。展開葉身は軽く引くと容易に抜けてくる。

▷株当たり1～2茎，ときには全茎が発病し，発病株は悪臭を放ち，水田の全面または一部に列をなして数株かたまってみられる。本病によって水田一面が黄色になると，遠くからでもわかるようになる。しかし，その後，本病は広がらず，7月以降にイネが大きくなると目立たなくなる。

▷穂ばらみ期に発病すると，おもに止葉葉鞘と穂が黒褐色～灰褐色になる。この病徴は，最初水浸状暗緑色の周辺不明瞭な斑紋として現われる。発病が激しい株では穂が出すくみ，乾燥枯死する。発病株は水田の全面やスポット状，あるいは畦畔沿いに現われることがある。

病斑は止葉葉鞘に多く現われるが，それほど激しくはないものの下位葉鞘でも，止葉葉鞘の節をおおう部分や葉鞘上部に，褐色の周辺不明瞭な斑紋が現われる。

153

イ　ネ　＜葉しょう褐変病＞

▷穂の病徴はもみに現われ，枝梗はほとんど発病しない。護穎は発病しない。穎花では周辺の不明瞭な斑紋や少なくとも内穎や外穎の全面が一様に黒褐色から灰褐色に変色するものがある。もみの発病が激しい場合には，不稔実粒になり，稔実しても不完全粒，青米，奇形米，茶米になって，収量や品質が低下する。

▷止葉葉身やみごも発病することがある。

葉身では，葉鞘の病斑が進展して葉節部に達すると，葉縁または中肋に沿って褐色条斑が現われる。日中は葉が巻いて，夕方回復するが，漸次発病が進むと灰褐色になって枯死する。

みごの発病は，葉鞘の発病が激しくて出すくみ穂のある茎に多い。おもに，みごの下部に水浸状黒褐色の条線が生じ，ひどくなるとみご全体に及び，組織は陥没壊死し，みごの伸長は止まる。

＜診断のポイント＞

▷分げつ初期の発病株では，最初展開葉身が退色萎凋し巻いている。水ぎわの葉鞘や葉身の中肋に水浸状暗褐色の条斑が現われ，悪臭がある。この病斑部を検鏡すると，菌泥が噴出するのがよく見える。

白葉枯病菌によるKresek（急性萎凋症状）においても菌泥が観察されるが，その場合には病徴が葉縁から現われることが多く，葉が蒼白色となるので区別できる。

▷穂ばらみ期の発病株では，止葉葉鞘に水浸状暗緑色の斑紋が現われ，その葉鞘の病斑部裏側では褐色に病変したもみが接していることが多い。この病斑を検鏡すると細菌泥が噴出するのが見える。この病斑は，後に糸状菌類が発生してわかりにくくなることがある。

なお，本病の発病部位は止葉葉鞘であるが，他の菌核病類，葉鞘腐敗病，葉鞘網斑病の病斑は，下位葉鞘から漸次上位葉鞘に上昇してくるので異なる。

穂では，穎花の全面が一様に黒褐色〜灰褐色になり，玄米は茶米になる。

イ　ネ　＜葉しょう褐変病＞

枝梗やみごの上部は発病しない。もみ枯細菌病の発病もみの玄米には，中央に褐色の帯が入るので区別がつく。

▷発病は，一般に穂ばらみ期が低温多湿の気象条件である場合に見られる。そこで，発病を早期に発見したいときには，早生種の株，あるいは早植えで穂ばらみ期が低温多湿にみまわれた株を探す，あるいは山間高冷地や海岸冷涼地帯などの冷害をうけやすい地域で穂ばらみ期の止葉葉鞘に現われる暗緑色の不定形斑紋を探すとよい。

＜発生の動向＞

▷本病に類似する症状は，大正7年に北海道で観察されており，その後も例年発生していた。しかし，発生程度は年によって異なり，7月下旬から8月上中旬に低温多湿の気象条件にみまわれたときに多発している。昭和40，41，51年，平成5年に多発した。

▷本病は，初め北海道でしか観察されていなかったが，昭和51年には東北地方，その後長野県でも発生が確認された。

〔防除の部〕

＜病原菌の生態，生活史＞

▷イネ葉鞘褐変病菌は，屋内においた被害もみや被害わらで越冬する。保菌種もみによる発病は環境条件によって異なり，穂ばらみ期が多湿であるときには発病するが，乾燥条件では発病しない。圃場放置被害わらや畦畔雑草での越冬については不明である。

▷本細菌は，外観健全なイネ体上で生存している。発病がみられるかなり前の6月下旬には，とくに田面水に垂れている下位葉からは，低濃度であるが検出される。また，畦畔や用水路の雑草（ヌカボなど）にも6月上旬には付着している。

▷本細菌は，イネに傷口がある場合にはそこから侵入し，苗，分げつ期，

イ　ネ　＜葉しょう褐変病＞

幼穂形成期，止葉期の時期でも発病する。しかし，傷がなければ，この時期には発病しない。また，この時期のイネ体上では，穂ばらみ期のイネ体におけるほどに旺盛な増殖はせず，低濃度で生存しているにすぎない。

本細菌は，葉鞘よりも穂において増殖しやすいので，葉鞘は発病しないが穂だけが発病することもある。

▷本細菌は，穂ばらみ期の止葉葉鞘裏面の気孔から侵入し，柔組織や通気腔で増殖する。

＜発生しやすい条件＞

▷本病は低温多湿条件下で多発生する。

▷移植後の低温は，発病を助長する。また，稚苗や厚まきの苗は発病しやすいようである。

▷穂ばらみ期～穂揃期の低温多湿は発病を助長する。多発生年は7月下旬から8月上旬が低温である。とくに最高気温が22～23℃以下に低下し，同時に曇天または降雨の日が3～5日続いたときに発生しやすい。

幼穂は本病に対してもっとも感受性が高く，また本細菌はイネ体内では高温（昼29℃，夜23℃）では増殖できないが，低温（昼23℃，夜17℃）では旺盛に増殖する。穂ばらみ期の低温は，本細菌を旺盛に増殖させるばかりでなく，幼穂の抽出を遅延させるため，感染・発病の機会を増大させ，出すくみ穂を生じさせる。

▷穂揃期に最高気温が低いと，葉鞘の発病は軽微であっても，穂は褐色～黒褐色になる。

▷多湿は発病を助長する。多湿条件が長時間続くほど発病は多く激しい。したがって，曇天や霧の多い山間地や，海岸沿いの地帯で発生しやすい。

▷施肥量との関係はないようである。

▷移植時期との関係はないようである。早植えでも晩植えでも，穂ばらみ～穂揃期に発病に好適な気象条件に遭遇すれば多発する。

イ　ネ　＜葉しょう褐変病＞

▷品種との関係はないようである。接種するとほとんどの品種は発病する。年次や地域によって，早生種あるいは晩生種で多発するが，一定の傾向はない。ただ，数品種については例年発生の少ないものがあり，今後の課題である。

＜対策のポイント＞

▷種もみは精選したものを使用すること。保菌種もみを使用しても必ずしも発病するものではないが，発病に好適な環境条件下では発病するので，種もみの精選や被害わらの処分が望ましい。
▷出穂の遅延，延引を少なくするよう努める。
▷薬剤防除は，予防的散布をすると効果が高いが，発病後の散布では効果は著しく劣る。予防的散布が肝要である。

＜防除の実際＞

▷別表〈防除適期と薬剤〉参照。

（執筆：宮島邦之，改訂：畔上耕児）

イ ネ ＜もみ枯細菌病＞

もみ枯細菌病

病原菌学名　*Burkholderia glumae* (Kurita & Tabei 1967)
　　　　　　Urakami, Ito-Yoshida, Araki, Kijima, Suzuki & Komagata 1994
英　　　名　Bacterial grain rot

〔診断の部〕

＜被害のようす＞

本病は，本田ではもみ枯れ症，育苗箱では苗腐敗症を起こす。
(1) もみ枯れ症
▷高温多湿の夏に多発するが，被害程度は年次変動が大きい。
▷主に関東以西，特に九州地方をはじめとする西南暖地で問題となる。
▷通常，出穂後のもみに発生する。もみは褐変するが，劇症の場合には白化して不稔になる。基部が褐変，先端が白化したもみも見られる。
▷1穂の発病もみ数は，わずかなものから全部発病したものまである。不稔もみが多い重症穂は直立したままである。
▷水田全面に均一に発生することはまれで，まとまった株に坪状に発生する。
▷高温多湿下では，まれに7～9月に葉鞘に不整形，暗褐色で周縁不鮮明な病斑を生ずることがある。この褐色病斑は，さらに葉身にまで伸びていることがある。
(2) 苗腐敗症
▷主に九州以外，すなわち育苗にビニールハウス，ガラス室を必要とする地方の箱育苗の苗に発生する。

イ ネ ＜もみ枯細菌病＞

▷育苗箱上の苗にまとまって坪状に発生し，ときには箱全面の苗が枯死するため，田植え用苗の不足を起こす。

＜診断のポイント＞

(1) もみ枯れ症

▷直立した重症穂が見られる場合には，本病の診断は容易である。いもち病と異なり，枝梗まで枯れることはない。

▷玄米では，病斑部と健全部との境界に，帯状の褐変が見られる場合がある。玄米は萎縮し奇形のものが多い。

▷穂軸や枝梗が変色することはないが，護穎は暗紫褐変することがある。

(2) 苗腐敗症

▷激発苗では，基部が褐色になって溶けるように腐敗し，苗全体が枯れて褐色になる。

▷やや軽度の発病苗では，不完全葉を第1葉として数えたときの第2～3葉基部に顕著な黄白化（クロロシス）が見られることがある。心葉が出すくんだ状態になることも多く，そのような苗はいずれ枯死する。

＜その他の注意＞

▷内穎褐変病でも，内外穎ともに褐変して，本病によるもみ枯れ症状と似た症状が現われることがある。白化した不稔もみが多く直立した重症穂が見られれば，あるいは玄米において，帯状の褐変が見られれば，もみ枯細菌病と判断できる。

▷まれではあるが，近縁の細菌 *Burkholderia gladioli* も，本田のイネに同様の症状を起こすことがある。それらの区別には，病原細菌の性質を調べる必要がある。

▷苗腐敗症による症状と，苗立枯細菌病（病原細菌：*B. plantarii*）による症状は，両者ともにクロロシスが見られるなど似ており，区別は難し

イ　ネ　＜もみ枯細菌病＞

い。ただ，苗腐敗症の苗は腐敗が著しく，心葉を引っ張ると切れて抜けやすく，褐色に枯れた葉身は柔らかく広がったままであるのに対して，苗立枯細菌病の苗は葉身が巻いて針状になり褐色に立ち枯れることが多く，心葉だけ切れて抜けることが少ない，という傾向の違いがある。

〔防除の部〕

＜病原菌の生態，生活史＞

▷もみ枯細菌病菌は，特に葯で著しく増殖し，内穎・外穎の中に入り，

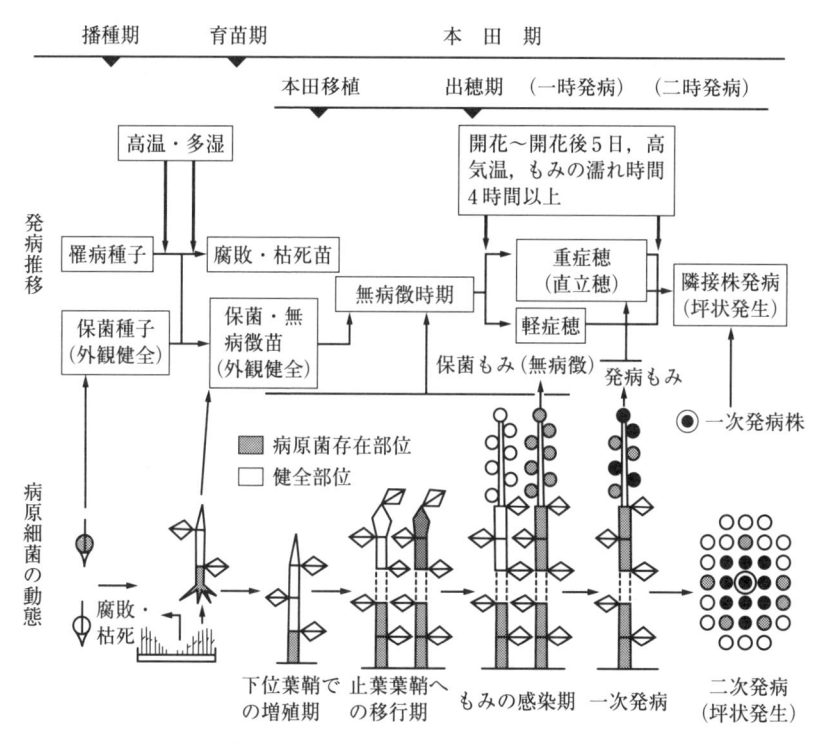

もみ枯細菌病の発病推移と病原細菌の動態（内藤，1989）

イ　ネ　＜もみ枯細菌病＞

種子伝染する。

▷本細菌は，発病もみばかりでなく，発病穂中の大部分の外見健全もみにも存在している。

▷翌春，保菌もみを浸種・催芽・播種・出芽して育苗すると，その間に急増し，苗腐敗症を起こす。

▷感染したが発病・枯死せずに済んだ保菌苗が水田に移植された場合，苗は発病しないが，本細菌は分げつ期には株元で生き残り，やがて止葉葉鞘に達してもみに感染を起こす（図）。

▷重症穂が出るような高濃度汚染株から周辺の株へ二次伝染し，坪状の発生を起こすことが多い。

＜発生しやすい条件＞

▷もみ枯れ症の発生は，6〜9月の気温が高めに推移する年に多い。出穂期を中心とする7日間の最低気温が22〜23℃以上で高い発病がみられ，また，九州地方では9月上旬の平均気温が25℃以上の年に多いとされる。

▷出穂前後の多雨は発病を助長する。

▷多肥も発病を多くする傾向がある。

▷苗腐敗症は，育苗期間中の苗が高温高湿条件にさらされたときに激発する。

＜対策のポイント＞

▷非汚染圃場から採種する。

▷塩水選と種子消毒をきちんと行なう。

▷箱育苗期間中，高温になりすぎないよう，苗床が常に浸潤した状態にならないよう，温度管理と灌水を適正に行なう。

▷本病に対する抵抗性品種はない。高温時に出穂するイネは発病が多いので，晩生品種を用いることができれば発病は少なくなる。

イ　ネ　＜もみ枯細菌病＞

＜防除の実際＞

▷別表〈防除適期と薬剤〉参照。

（執筆：畔上耕児）

イ　ネ〈すじ葉枯病〉

すじ葉枯病

葉身の病斑：長さ5〜10mm、幅0.5〜1mmの両端の尖った紫褐色の条斑を多数つくる。　　　（門脇　義行）

葉しょうの病斑（下左）：葉節の下に葉しょうを取り巻き、下端がかすれた紫褐色大型の病斑ができる。（門脇　義行）

みご、穂首の初期症状（上中）：ごま葉枯病に比べて、長く、紫みを帯びた褐色を呈し、周辺が不鮮明である。　　　　　　　　　　（門脇　義行）

穂軸、枝梗の病斑（上右）：細長い紫褐色の条線ができ、これに付着した籾は枯死する。　　　　　　　　　　　　　　　　　　（門脇　義行）

多発圃場における発生状況：葉に多数の病斑が形成され、みごをはじめ穂全体が枯死する。　　　　（門脇　義行）

イ　ネ〈褐条病〉

褐　条　病

正常苗と発病苗：多発時には初期から葉しょうが四方八方へと湾曲する。（矢尾板　恒雄）

初期の発病状況（左）：褐色の不規則な水浸状の条斑が葉しょうに発生する。（矢尾板　恒雄）

発生中期の状況（右）：褐色条斑が葉しょうから葉身に進展する。
（原澤　良栄）

激発時の状況（左）
　　（原澤　良栄）

褐条病細菌（右）
　（門田　育生）

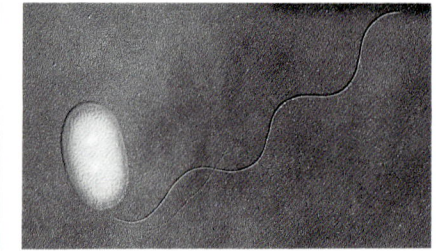

イ　ネ　＜すじ葉枯病＞

すじ葉枯病

病原菌学名　*Sphaerulina oryzina* Hara
　　　　　　（*Cercospora oryzae* Miyake）
英　　　名　Cercospora leaf spot, Narrow brown leaf spot

〔診断の部〕

＜被害のようす＞

▷葉身，葉鞘，みご，穂首，穂軸，枝梗，籾に発生する。
▷育苗床上で根上がりなどで籾が露出した場合には，鞘葉，不完全葉やその上位葉に周縁が不鮮明な紫褐色の病斑を形成する。
▷葉身では，はじめ葉脈の肩の部分に水浸状褐色の微細な楕円形斑点が現われる。この斑点はやがて脈間を上下に進展し，長さ5～10mm，幅0.5～1mmの両端が尖った周縁の不鮮明な紫褐色の条斑となる。症状がすすむと病斑は融合，拡大するとともに条斑の間が壊死し，灰白色となり，やがて葉は枯死する。
▷葉鞘では，はじめ葉節下部に，葉脈に遮られた幅0.5～1mmの紫褐色の条斑が現われる。この条斑はしだいに下方に進展するとともに葉脈を越えて葉鞘をとり巻くようになる。いずれの条斑も下端がかすれた状態になっている。病斑の色ははじめ紫褐色であるが，のちに赤褐色から灰褐色となり，やがて葉は生気を失い，枯死する。
▷みご，穂首，穂軸，枝梗では，はじめ水浸状の微斑点を生じ，維管束部に沿って進展し，長さ数センチの紫褐色の条斑となる。条斑はごま葉枯病菌によるものに比べて，長く，紫味が強く，周縁が不鮮明であるのが特徴である。症状がすすむと，穂全体が暗紫褐色に変色し生気を失って枯死

イ　ネ　＜すじ葉枯病＞

し，穂枯れ症状を呈する。このような圃場では屑米が増加し，収量を減ずるほか，品質が低下する。

▷籾では紫褐色のやや長い病斑を形成する場合もみられるが，病徴はほとんどみられないか，軽い紫褐色を呈するのが特徴である。

▷葉では7月中下旬に下位葉に初発生し，その後，上位葉に進展する。蔓延盛期は9月以降となることが多い。一方，穂では9月上旬に初発生することが多く，9月中下旬から成熟期にかけて急増する。

▷本病は一般に圃場中央部に比べて畦畔沿い，とくに畦畔から1～2列目の株で発生の多いのが特徴である。

＜診断のポイント＞

▷葉身では長さ5～10mm，幅1mm内外で両端の尖った周縁のやや不鮮明な紫褐色の条斑ができる。この条斑が他の病害にみられない本病特有の病徴であり，本病診断のポイントとなる。

▷葉鞘では，葉節の下に刷毛で掃いたような紫褐色の病斑が形成される。よくみると，幅0.5～1mmの条斑が集まって形成されており，下端がかすれているのが本病の特有の症状であり，診断のポイントとなる。

▷穂における病徴は症状がすすむと診断が困難なことが多い。そこで，みご，穂首付近の比較的新しい病斑を観察するとよい。すなわち，初期の病斑は維管束に沿って上下に進展し，長さ数センチ，幅0.5mm前後の紫褐色の条斑となる。条斑はごま葉枯病に比べて長く，紫味が強く，周縁がやや不鮮明であることが特徴であり，これも診断のポイントとなる。

▷籾では紫褐色のやや長い病斑や縫合部に沿って紫褐変する場合もみられる。しかし，はっきりとした病徴を示さないことも多く，籾の病徴だけでは診断は困難であることが多い。

＜その他の注意＞

▷穂全体が枯死すると類似病害との識別が困難なことが多い。しかし，

イ　ネ　＜すじ葉枯病＞

本病の場合は葉身の発病と穂枯れの発生との間に密接な関係があるので，穂枯れの診断には葉における発病状況が診断の一助となる。

〔防除の部〕

＜病原菌の生態，生活史＞

▷病原菌は子のう菌に属し，イネだけをおかす。

▷種子伝染を行ない，育苗床上で根上がりなどで籾が露出した場合にはここに分生子を形成し，鞘葉や不完全葉，さらにはそれより上位の葉に病斑を形成する。

▷本病菌は罹病稲わらや穂の組織内で菌糸で越冬する。翌年，気温が16℃前後になるとこの上に分生子を形成し，これが飛散して第一次伝染源となる。また，気温が20℃になる5月下旬ごろ，適当な湿度を得ると罹病組織内に子のう殻を形成し，この中に子のう胞子を生じ，これが飛散して第一次伝染源になるともいわれている。

▷第二次伝染以降は病斑上に形成された分生子が空中に飛散し，気孔から侵入して伝染をくり返す。

▷本病菌の発育には25～27.5℃，分生子の形成には30℃付近の高温が適している。分生子の形成には96％以上の高湿度が必要である。

▷分生子の形成は枯死葉で多く，また，近紫外光の照射によって形成が助長される。

▷本病菌にはイネの品種に対する病原性の異なる菌系のあることが知られているが，わが国では現在のところ明らかにされていない。

＜発生しやすい条件＞

▷還元田や漏水田などいわゆる秋落ち田で常習発生し，風土病的な性格が強い。

▷リン酸やカリ質肥料が欠乏すると発生が多くなる。生育後半の窒素質

イ　ネ　＜すじ葉枯病＞

肥料の多施用は発病を助長する。

▷品種によって発病に差がみられ，マンリョウ，ニホンマサリ，日本晴，近畿33号は多く，コシヒカリ，チドリなどでは比較的少なく，農林18号，農林23号，愛知旭，ヤマビコ，ヤシロモチ，コトブキモチはきわめて少ない。現在栽培の多い品種については明らかでない。

▷田植時期が早いほど，植付け期が早い作型ほど発生が多くなる。直播栽培では播種時期が早いほど，播種量が多いほど発生が多くなる。乾田不耕起直播栽培でとくに多い。

＜対策のポイント＞

▷漏水田や強還元田などの常習発生地では，漏水防止対策や排水対策を講じ，イネの健全な生育を図る根本的な対策が必要である。

▷ケイ酸石灰，転炉滓などの土壌改良資材の施用（1,000kg/10a）または客土（赤土20,000kg/10a）を行なう。

▷品種によって耐病性に差がみられるので，常習発生地では抵抗性品種を栽培する。

▷リン酸やカリ質肥料が欠乏しないように，また，窒素質肥料が多すぎないようにする。

▷田植時期が早すぎないようにする。直播栽培では極度の早まき，密植をさける。

▷薬剤を穂枯れを対象に適期に散布する。

＜防除の実際＞

▷別表〈防除適期と薬剤〉参照。

＜効果の判定＞

▷穂枯れはごま葉枯病など類似病害との区別が困難なことが多い。しかし，葉の発病と穂枯れの発生との間には高い正の相関がみられる。そこで，

イ　ネ　＜すじ葉枯病＞

成熟期に止葉，次葉など上位葉における発生が少なければ防除効果があったと判断してよい。

(執筆・改訂：門脇義行)

イ　ネ　＜褐条病＞

褐　条　病

病原菌学名　*Acidovorax avenae* subsp. *avenae* (Manns 1909) Willems, Goor, Thielemans, Gillis, Kersters and De Ley 1992
英　　　名　Bacterial brown stripe

〔診断の部〕

＜被害のようす＞

▷主に箱育苗で発生し，発芽障害，葉鞘の湾曲，中胚軸の異常伸長，葉鞘および葉身の褐色条斑を生じ，苗の立枯れを起こす。まれに浸冠水した圃場のイネに株腐れ症状や奇形穂を起こすことがある。

▷発芽障害は出芽直後の1cm程度に伸長した鞘葉に水浸状，淡黄褐色の不規則な条斑が生じ，これが鞘葉全体に拡大する。そのため苗の生育は停止し，そのまま枯死にいたる。

▷出芽時に枯死しなかった苗は，健全苗に比べ生育が劣り，生長ホルモンの異常分布によって次第に鞘葉から第1葉葉鞘の伸長が不均一になり，苗全体が湾曲する。湾曲苗では中胚軸が異常に伸長する場合が多く，根は二段根となる。湾曲苗は，育苗後期までにはほとんど枯死する。

▷本病の典型的な症状は，葉鞘から葉身にかけて現われる褐色条斑である。褐色条斑は，出芽後数日でわずかに認められるが，明瞭になるのは1葉期以降である。まず葉鞘で幅1mm以下の暗褐色の水浸状条斑が形成され，次第に明瞭となって上位へ進展する。激しい場合は葉鞘全体が褐変し，2～3葉期には葉身にも生じるようになる。1葉期以前に褐色条斑が現われた苗は，第1葉が展開しないままで早期に立ち枯れる。第2～3葉の葉

イ　ネ　＜褐条病＞

身に褐色条斑が生じた苗では，育苗後期までに箱内で立ち枯れることが多い。このような発病苗は地上部の生育が劣り，根の伸長や根数も抑制される。しかし，軽微な場合，褐色条斑は鞘葉部や第1葉葉鞘にとどまり，苗の生育はわずかに劣る程度である。褐色条斑は湾曲苗や中胚軸の異常伸長苗と併発してみられることがある。

▷第2葉の葉鞘以上に褐色条斑を認めるような重症苗は，本田植付け後まもなく枯死する。そのため，発生程度の高い場合は，欠株が生じるおそれもある。褐色条斑が第1葉葉鞘以下にとどまる軽症な苗では初期生育は遅れる傾向にあるが，次第に回復する。本田での病徴は，病斑部が枯れて次第に消失する。

＜診断のポイント＞

▷発芽障害はもみ枯細菌病菌による苗腐敗症でもみられるが，本病の場合は被害部の色調や腐敗をともなわない点で異なる。

▷出芽直後，幼芽が四方八方に湾曲してみられる場合は本病に感染していることが多い。これは発生程度が高いときの初期症状で，育苗しても正常な苗にはならない。

▷育苗期の褐色条斑は本病に特有なもので，これが確認できれば診断を誤ることはない。葉鞘部の褐色条斑は，苗をかきわけて観察するか育苗箱の側面から観察したほうがみつけやすい。

▷育苗箱内の発生様相はもみ枯細菌病菌による苗腐敗症と異なり坪枯れ状に発生することはなく，箱内全面に散在的に発生する特徴がある。

▷発病苗で病原細菌の増殖が盛んなときは，葉鞘や葉身の先端に病原細菌で白濁した露や細菌粘塊がみられることがある。

＜その他の注意＞

▷本病は畑苗代や水苗代でも発生するが，被害の程度は軽い。

▷本田期の株腐れ症状や奇形穂は，幼穂形成期頃に浸冠水にあうと発生

イ　ネ　＜褐条病＞

する。

＜最近の発生動向＞

▷全国各地の種籾は，程度の差はあるが広く病原細菌を保菌していることが確認されている。しかし，箱育苗での多発事例は，北陸近辺に集中している。

▷新潟県では1980年ごろから箱育苗で発生がみられるようになり，発生箇所数や発生箱数が年々増加した。この発生増加には，後述のシャワー循環式催芽機の使用が関係している。

▷新潟，富山県ほか数県で耐性菌の発生が確認されている。別表〈防除適期と薬剤〉の「注」参照。

〔防除の部〕

＜病原菌の生態，生活史＞

▷病原細菌はイネのほか，エンバク，アワ，キビ，シコクビエ，トウモロコシなどのイネ科植物に広く寄生する。

▷病原細菌の生育適温は36〜39℃と高く，増殖には酸素が必要（好気性菌）である。

▷第一次伝染源は病原細菌を保菌した種籾である。

▷箱育苗法の催芽から出芽の期間は，高温多湿条件であるため病原細菌の増殖に好適であり，健全籾への感染が起こりやすい。

▷育苗箱内における感染は，出芽直後までが主で，それ以降に感染しても枯死に至るような重症苗は生じない。

▷病徴が現われるのは育苗期に限定され，本田に植付け後の症状は隠蔽される。病徴消失後の病原細菌の動態は明らかでないが，イネの葉鞘内部で生存するなどして出穂開花期に穎に感染し，翌年の伝染源になると考えられている。

イネ　＜褐条病＞

▷籾の病徴は自然感染では出現することはない。感染籾の稔実程度も健全籾と差がない。

＜発生しやすい条件＞

▷発病苗を植え付けた圃場から採種した種籾は，病原細菌を保菌している可能性が高い。

▷育苗期間中の催芽や出芽時の極端な高温多湿条件は，本病の多発生をまねきやすい。

▷シャワー循環式催芽機（ハトムネ自動催芽機）の使用は，発生を著しく助長する。同機は30～32℃という高温保持と水のシャワー循環による酸素供給により，種籾の発芽を短時間で均一にできる利点がある。この条件は病原細菌の増殖に最も好適であり，健全籾への感染が促進される。

▷蒸気催芽も発病を助長する傾向があり，多発生した事例がみられる。

▷種籾の保菌程度が高い場合は，催芽，出芽時に極端な高温多湿条件にならなくても多発生することがある。

＜対策のポイント＞

▷発病苗を植え付けた圃場からは採種しない。

▷催芽，出芽温度が30℃を超えないようにする。出芽に温度をかけない無加温育苗は，発病を抑制する。

▷出芽以降の発病進展を抑制するために，育苗ハウス内の換気や採光を充分に行ない，健苗育成を心がける。

＜防除の実際＞

▷別表〈防除適期と薬剤〉参照。

＜その他の注意＞

▷本病に対する防除対策は予防的な対策が中心となる。発生後の対応策

イ　ネ　＜褐条病＞

はない。
　▷籾の病徴からは保菌の有無を判断できない。また，塩水選により保菌籾を除去することもできない。
　▷出芽直後から発芽障害や湾曲苗が多数認められる場合は，育苗しても多発生し植付け不能となるので，まき直しをする。
　▷発病苗の本田への植付けは，およそ発病苗率20％をめどとし，これを上回る場合は植え付けない。種子生産圃場での発病苗の植付けは行なわない。

　　　　　　　　　　　　　　　　　　　（執筆・改訂：原澤良栄）

イ ネ 〈擬似紋枯症〉

擬似紋枯症

赤色菌核病

病斑は紋枯病より長く，葉鞘を巻き込むように発病する。　　（平山　成一）

葉鞘組織内に形成された菌核。
（山形県）

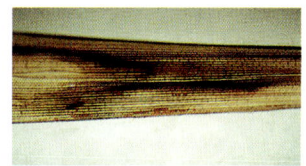

褐色菌核病

本病特有の病徴は病斑中心部に褐色の条線が1本形成され，明らかに識別できる。（〈株〉アグフォ）

古い病斑の葉鞘の内側に菌核がみられる。（山形県）

一つの葉鞘に多数の病斑をつくる。　（平山　成一）

イ　ネ　〈擬似紋枯症〉

一般には，明瞭な病斑は形成されないで葉鞘全体が紅色を帯びた淡い褐色となる。（〈株〉アグフォ）

灰色菌核病

病斑周辺の葉鞘に灰色の菌核が多数形成される。　（平山　成一）

褐色紋枯病

株元葉鞘に小形で暗褐色，不整形の病斑を形成し，出穂期以後の葉鞘には楕円形の大形病斑を生ずる。
（〈株〉アグフォ）

イ　ネ　＜擬似紋枯症＞

擬似紋枯症

1. 赤色菌核病
    病原菌学名　*Waitea circinata* Warcup & Talbot
    英　　名　　Bordered sheath spot, Rhizoctonia sheath spot
2. 褐色菌核病
    病原菌学名　*Ceratobasidium setariae* (Sawada) Oniki,
    　　　　　　Ogoshi & Araki
    英　　名　　Brown sclerotium disease
3. 灰色菌核病
    病原菌学名　*Ceratobasidium cornigerum* (Bourdat)
    　　　　　　D. P. Rogers
    英　　名　　Grey sclerotial disease
4. 褐色紋枯病
    病原菌学名　*Thanatephorus cucumeris* (Frank) Donk
    英　　名　　Brown sheath blight

〔診断の部〕

＜被害のようす＞

▷紋枯病とよく似た病斑を葉鞘に形成し，同時に菌核を形成するので紋枯病と識別しにくいものが数種ある。これら類似病害は総称として擬似紋枯症あるいは擬似紋枯病と呼ばれている。ここでは，農薬登録上の適用病害虫名に従い擬似紋枯症とする。

▷主要な擬似紋枯症として赤色菌核病，褐色菌核病，灰色菌核病，褐色紋枯病の発生が全国で認められているが，地域により発生する病害の種類の頻度や発病程度が異なる。

イ　ネ　＜擬似紋枯症＞

　▷紋枯病は，一般に最高分げつ期～幼穂形成期初期に初発生するが，擬似紋枯症は紋枯病より遅れ，出穂期～乳熟期から発病し始め，病勢は登熟期に入ってから進展する。

　▷成熟期における発病度を比較すると紋枯病は止葉ないし次葉まで病斑が達するが，擬似紋枯症はそれより下位葉鞘に病斑がとどまる。

　▷このため，紋枯病に比較し被害の程度は軽い傾向であるが，千粒重の低下による減収と，白未熟粒が増加し品質低下を引き起こす。

＜診断のポイント＞

1. 赤色菌核病

　▷出穂期以後発生が目立ち，初期の病徴は紋枯病と区別しにくいが，中位葉鞘での病斑は紋枯病より長いのが多く，楕円形というより平行四辺形に近くなる。

　▷色は病斑周辺部の濃褐色部分が幅広いため，一見すると黒い感じがする。また，一つの病斑で葉鞘を巻き込むように発病するのが特徴である。

　▷菌核は淡紅色～黄紅色で，紋枯病と異なり病斑部の表面に菌核はつくらず，葉鞘や葉身の病斑周縁部の組織内に形成される。

2. 褐色菌核病

　▷乳熟期近くから発生が目立ち，病斑は紋枯病より明らかに小さく（5～10mm），円形ないし楕円形の淡褐色である。一つの葉鞘に多数の病斑をつくる。

　▷本病特有の病徴は病斑中心部に褐色の条線が1本形成され，明らかに識別できる。

　▷紋枯病と異なり病斑部の表面に菌核はつくらず，葉鞘内部に褐色の球状ないし俵状の菌核を形成する。

3. 灰色菌核病

　▷登熟後期に発生することが多く，病斑は時に褐色菌核病に類似した褐色の小斑点となることもあるが，一般には明瞭な病斑は形成されないで葉

鞘全体が紅色を帯びた淡い褐色となる。

▷本病は病斑の形もさまざまで，病斑が不鮮明な場合が多く，他の菌核病との区別が難しい。しかし，病斑上に菌核が比較的よく形成されるので，これが診断のポイントとなる。

▷菌核は灰色ないし灰褐色の球形ないし楕円形の大きさ0.3～1.5mmで，葉鞘の表面病斑周辺に多数形成される。

4. 褐色紋枯病

▷出穂期頃から発生が目立ち，株元葉鞘に小形で暗褐色，不整形の病斑を形成し，出穂期以後の葉鞘には楕円形の大形病斑を生ずる。病斑の中心部は灰白色ないし灰褐色で紋枯病斑に似ているが，その外側に濃褐色の部分があり，そのため紋枯病より全体に黒っぽい感じがする。

▷赤色菌核病の病斑と似ており判別が難しいが，赤色菌核病は病斑形成によって葉鞘，葉身が枯死することはないのに対して，褐色紋枯病は病斑が葉鞘上部に形成されることが多く，葉身基部まで褐変し葉身は枯死する。

▷菌核は葉鞘表面に形成されることはなく，まれに葉鞘の組織内に形成され，濃褐色の長さ1～数ミリの菌核が形成される。

〔防除の部〕

＜病原菌の生態，生活史＞

▷擬似紋枯症の病原菌は*Rizoctonia*属と*Selerotium*属とに分類され，紋枯病菌と極めて近い類縁関係にある。

▷病原菌の生育適温は紋枯病菌が28～30℃であるのに対して，褐色菌核病菌，赤色菌核病菌は30～33℃とやや高く，褐色紋枯病菌，灰色菌核病菌は紋枯病菌とほぼ同じである。

▷擬似紋枯症の病原菌は紋枯病菌よりも菌糸伸長が緩慢なため，上位葉鞘まで菌糸が伸びて病斑を形成するのに時間を要する。また，イネに対する病原力が紋枯病菌より弱いため，抵抗性の強い上位葉鞘よりは抵抗性の

イ　ネ　＜擬似紋枯症＞

弱い下位葉鞘に発生しやすい。

▷多くの病原菌が被害わらや刈り株中の菌糸および菌核が地表や土壌中で越冬し、翌年の第一次伝染源となる。

＜発生しやすい条件＞

▷前年、多発生した圃場は発生しやすい。

▷擬似紋枯症に対する品種抵抗性や栽培法などの耕種的防除に関する研究はほとんど行なわれていないが、紋枯病と同様に高温多湿、密植、早期・早植栽培は発病を助長すると考えられる。

▷窒素肥料が多すぎると発生が多くなり、カリ肥料が不足すると発生を助長する。

＜対策のポイント＞

▷窒素肥料の多施用を避け、カリ肥料やケイ酸肥料を充分施用する。

＜防除の実際＞

▷別表〈防除適期と薬剤〉参照。

＜防除上の注意＞

▷通常年ではそれほど大きい減収要因とはならないが、登熟期の天候不良が予測される場合や紋枯病と混発している場合は防除の対象として配慮する必要がある。

▷粒剤を使用する場合は湛水状態（湛水3cm以上）でまきムラのないよう均一に散布し、散布後少なくとも3〜4日間は湛水状態を保ち、落水、かけ流しはしない。

▷防除は数種の紋枯病防除剤が有効であるので、紋枯病防除を行なう場合、擬似紋枯症に有効な剤を選ぶことにより、同時防除が可能である。

（執筆：早坂　剛）

イ　ネ　〈苗立枯細菌病〉

苗立枯細菌病

種々の症状：早期に発病した苗は，褐色になり（針のようになって）枯死する。第2葉または第3葉葉身の基部に顕著なクロロシス（退緑，黄白化）がみられることが特徴。ただし，イネもみ枯細菌病菌による苗腐敗症でもクロロシスが見られることがあるので注意。　　（畔上　耕児）

育苗箱における坪枯れ：育苗箱の上ではまとまった苗に発病することも多い。　　　　　　　　（畔上　耕児）

育苗箱における激発：激発時には箱全体の苗が枯死する。　　　　　　　　　　　　　　　　　（畔上　耕児）

イ　ネ〔苗立枯細菌病〕

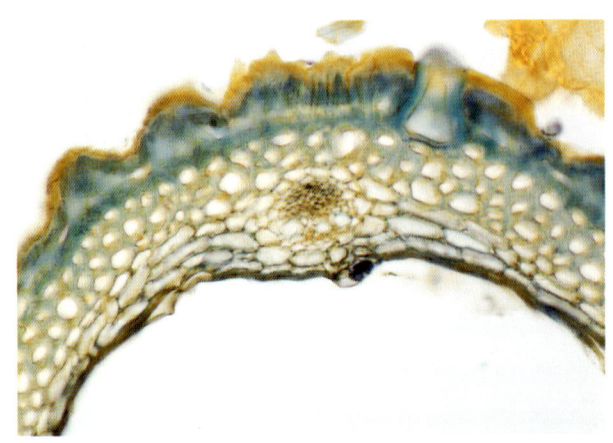

籾への感染：穎内側の気孔へ感染した病原細菌（暗い青紫色部分）。　　（畔上　耕児）

籾への感染：穎の下表皮内側にある柔組織の細胞間隙に沿って拡がった病原細菌（暗い青紫色部分）。　　（畔上　耕児）

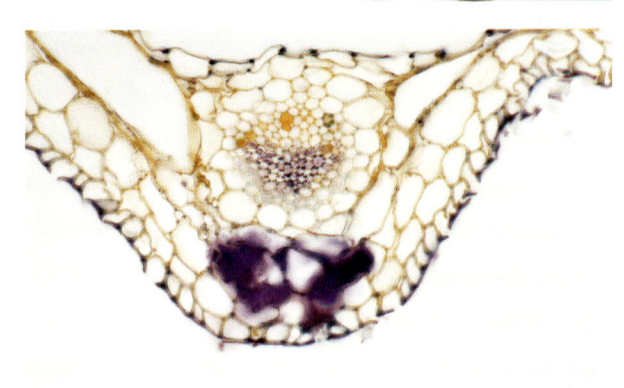

苗への感染：苗の柔組織細胞の間隙中の病原細菌（暗い青紫色部分）。　　（畔上　耕児）

イ ネ 〈内穎褐変病〉

内穎褐変病

発病穂：内穎だけ褐変した籾が多いことが特徴であるが，内外穎ともに褐変することもある。

(畔上　耕児)

発病穂の多い株：同一株の多くの穂に発病が見られる。

(畔上　耕児)

イ　ネ　＜苗立枯細菌病＞

苗立枯細菌病

病原菌学名　*Burkholderia plantarii* (Azegami, Nishiyama, Watanabe, Kadota, Ohuchi & Fukazawa) Urakami, Ito-Yoshida, Araki, Kijima, Suzuki & Komagata
英　　　名　Bacterial seedling blight

〔診断の部〕

＜被害のようす＞

▷本病はもみ枯細菌病と同じく機械移植に伴う箱育苗の普及で発病が顕著になった。

▷育苗期に苗立枯れを引き起こし，大きな被害をもたらす病害で，本田においても病原細菌は穂まで汚染するが，もみ枯細菌病のような穂枯れを起こさない。

▷育苗早期に発病した苗は褐変，枯死する。その後の発病苗は第2本葉の葉身基部に黄白化部が生ずることが多く，その苗はその後全体が萎凋，枯死する。これらの症状はもみ枯細菌病に似るが，もみ枯細菌病のような腐敗症状を示さず，全体が乾燥したように枯死する。

▷保菌苗を本田に移植すると，もみ枯細菌病のように病原細菌は移植株の下位部分で生存しておりイネの生育とともに穂まで移行し，籾で増殖，定着するが籾に病状が現われることはない。

＜診断のポイント＞

▷もみ枯細菌病の苗腐敗症状に似るが，腐敗しないので葉は容易には抜けない。

イ　ネ　＜苗立枯細菌病＞

▷本罹病苗は育苗後期に乾燥したような状態で枯死する。

〔防除の部〕

＜病原菌の生態，生活史＞

▷発病は高温多湿で促進される。

▷本病は種子伝染性で保菌種子が混在している種子を播種すると発病する。

▷枯死しない保菌苗を本田に移植すると，病原細菌は減少するが移植株の下位部分で生存し，イネの生育とともに上位へ移行し，籾に達する。

▷籾に達した病原細菌は葯で増殖し，内外頴に侵入する。この汚染種子が翌年の伝染源となる。

▷本病害は種子伝染するがコウヤワラビなどの雑草でも感染しており，それらの雑草から用水の中に病原細菌が泳ぎだし伝染源となる可能性もある。

＜発生しやすい条件＞

▷前年，発病苗の見られた育苗箱から移植した苗由来の水田から採種した種籾を用いると発病する可能性が高い。

▷種子消毒が不完全な種子では発病しやすい。

▷高温多湿条件の育苗環境では多発しやすい。緑化期以降25℃以上の高温で発病しやすい。

＜対策のポイント＞

▷健全種子を使用する。塩水選は必ず行ない種子消毒を徹底する。

▷育苗温度があまり高温にならないように管理する。

▷雑草が伝染源になる可能性があるので，用水や河川，池などの水を育苗時の灌水には用いない。

イ　ネ　＜苗立枯細菌病＞

＜防除の実際＞

▷別表〈防除適期と薬剤〉参照。

＜効果の判定＞

▷苗の枯死が生じない場合は効果があったと判定してよい。
▷苗立枯細菌病に特徴的な生育異常苗が生じないか，発生数が少ない場合には効果があったと判定する。

（執筆：内藤秀樹）

内頴褐変病

病原菌学名　*Erwinia ananas* Serrano 1928
英　　　名　Bacterial palea browning

〔診断の部〕

＜被害のようす＞

▷出穂後数日たつと，特に籾の内頴が褐変する。籾の内外頴全体が褐変することもある。
▷玄米も褐変し，不完全米になることも多い。
▷品質低下の原因になる。
▷発病は畦畔の近くが多く，水田中央になるに従い少なくなる。

＜診断のポイント＞

▷籾の内頴のみが褐変し，護頴や副護頴は変色しない病害は他にない。

〔防除の部〕

＜病原菌の生態，生活史＞

▷本菌は畦畔などの雑草で生息している。
▷籾の開花期に風などで病原細菌が運ばれ，頴内に侵入し発病する。発病機構の詳細は不明である。

＜発生しやすい条件＞

▷畦畔の雑草を放置すると発病が多い。

イ　ネ　＜内頴褐変病＞

▷出穂期の高温多雨で発生が助長される。また，窒素の多施用で発病が多くなる傾向にある。

＜対策のポイント＞

▷畦畔の雑草を刈り取るとともに，刈り取った草は水田の側に放置しない。
▷多窒素栽培をしない。
▷薬剤を散布する。

＜防除の実際＞

▷別表〈防除適期と薬剤〉参照。

＜効果の判定＞

▷内頴の褐変した籾の発生が少ないか無い場合は，効果があったと判定する。

（執筆：内藤秀樹）

イ ネ 〈着色米・変質米〉

着色米・変質米

〈斑 点 米〉

斑点米①：斑紋のほぼ中心部にカメムシ類による口吻痕がみえる。

斑点米②（黒しょく米）：頂部の黒褐変斑紋が特徴である。口吻痕もみえる。

トゲシラホシカメムシ：斑点米の起因となる。

コバネヒョウタンナガカメムシ：斑点米の起因となる。

アカヒゲホソミドリメクラガメ：斑点米（黒しょく米）の起因となる。左がオスで右はメス。

〈穿 孔 米〉

イネゾウムシによる被害米で、食害痕の周辺が褐変し、凹部はカビによって黒～赤変していることがある。

イ　ネ　〈着色米・変質米〉

〈黒　点　米〉

黒点米の籾：1日水浸したもので，黒点米のため籾が黒っぽくみえる。

被害粒と被害籾：縦型症状と横型症状。右端下2粒は水浸籾。

〈腹　黒　米〉

病原菌：腹黒米の病原菌 *Trichoconiella padwickii*。

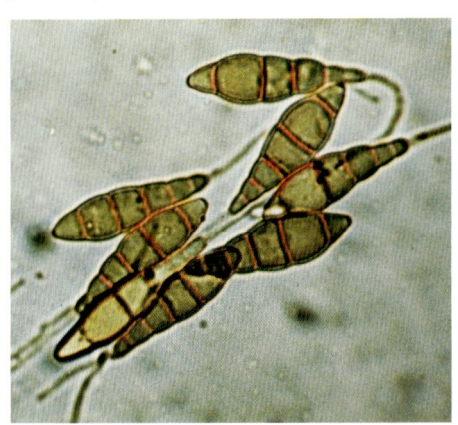

被害粒：腹側だけに黒褐色の周辺不明瞭な病斑がみえる。

イ ネ 〈着色米・変質米〉

〈紅　変　米〉

玄米の表面にできた典型的な症状。 　本病原菌によるイナ穂（籾）の褐変。

本病原菌による籾の褐変。
上：健全粒。
下左：褐変籾（甚）。
下右：褐変籾（軽）。

〈褐　色　米〉
玄米の症状：登熟期の気温が高いと玄米表面に多数の微少な斑点(微斑点)が形成される。

精白米の症状：精白しても微斑点の部分が残る。

イ　ネ 〈着色米・変質米〉

〈イネ斑点病による褐色米〉

玄米の被害(左上)：上段2列が被害粒。褐色米となるが変色はほぼ糠層にとどまる。
葉および穂の病徴（上）
病原菌，分生子（左下）

〈内穎褐変病による褐色米〉

イ　ネ　〈着色米・変質米〉

〈褐　色　米〉

左：出穂時に病原菌胞子を噴霧接種したさいに発生した褐色米。
C.lu.：カーブラリヤ　ルナータ，H.O：ごま葉枯病菌，A.A：アルタナリア　アルタナータ，cont.：対照，C.int.：カーブラリヤ　インタメディア，C.cla.：同　クラバータ。

右：出穂時にアルタナリア　アルタナータの培養胞子を噴霧接種したさいに発生した褐色米など。品種コシヒカリ。

左：サロクラディウム菌による籾の褐変。

右：サロクラディウム菌による玄米の被害。
健康米（左）と褐色米（右）。

〈収穫・乾燥調製の不適当による着色米〉

斑紋米：玄米の表面だけが褐変している。

不透明米：灰白〜白色に不透明となっている。

腐敗米：斑紋米，不透明米の進行したもので黒，黄，赤褐変色カビがみられる。

イ　ネ　〈着色米・変質米〉

黒変米

被害初期：主として胚芽部〜損傷箇所から着生を始める。湿性ガラス綿状の細く短い菌糸を伸ばして，先端に白〜空色の胞子をつける。

被害中期：菌の生育にともない胞子は空色から灰緑色に変化する。このころから黄色みの微小な物質（閉子のう殻）の形成をみる。

被害後期①：含有水分の少ない粒は鈍色〜褐色みを帯びる。

被害後期②：水分の多いものはさらに茶〜茶黒色になる。

シェイドモス米

はじめは胚芽部に濃緑色の胞子を形成するが，玄米が光沢を失うにつれて胞子も暗いオリーブ色となる。

イ　ネ　〈着色米・変質米〉

〈ベルジモス米〉

被害初期：胚芽部などに短い立毛菌糸が着生する。

被害中期：しだいに緑味白や薄黄緑色の分生子が多くみられる。

被害後期：菌の着生がすすむにつれてモス米状の変質米となる。

被害末期：玄米が光沢を失って褐色を帯びるころから，菌の着生の始まった部分からフケ状に白墨質化してゆく。

〈シロコウジ米〉

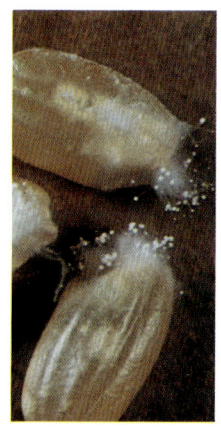

被害初期：胚芽や損傷部などの着生部分を白墨質化しながら白色の菌糸を伸ばす。

被害中期①：水分の多い穀粒では，白色菌糸の粒内での生育も速く，米粒を白墨質化する。

被害中期②：水分の少ないときは，着生部分はあまり広がらず白色分生子が盛上がる。

被害後期：全粒が白墨質化したときは，純白〜淡黄茶色を帯び，着生部は白麹状になる。

着色米，変質米

第一次起因　カメムシ類，イネシンガレセンチュウ，微生物，イネゾウムシ，収穫・乾燥調製の不適当（高水分籾，傷籾，カビ）など

英　　名　Discolored rice grains, Deteriorated grains

米粒の着色と分類

　近年，黒褐色斑紋のある玄米が全国的に発生し，その原因も一様ではないが，精白しても斑点がとれないので産米検査では着色粒の対象となり，品質・等級に大きな影響を与えている。

　さらに，昭和49年7月農産物規格規程の一部改正が行なわれ，国内玄米の検査規格に着色粒の項目が正規に追加され，その着色粒も内規的に全面着色粒，部分着色粒（直径1mm以上），斑点粒（直径1mm未満→被害粒扱い）に分けられている。

　着色米の個々の原因については種々論議されているものもあるが，その症状によって多くの名称が付けられ，すでに報告記載されているものと同一名があったりして混乱している。ここでは第一次起因に重点をおいて，発生状況，症状，対策などからみて同じとみられるものは同一項目としてまとめることにし，次ページの表のように分類した*。

＊日本植物病理学会の日本有用植物病名目録（Ⅰ）第2版（昭和50年版）などに記載されているものと若干異なる点もあるが，名称などの統一が日本応用動物昆虫学会，日本線虫研究会などのしかるべき機関で検討中であるので，ここでは暫定的に分類したことをお断わりしておく。

イ ネ ＜着色米, 変質米＞

第一次起因別の着色米・変質米とその種類

発生時期	第一次起因	着色米・変質米の種類	備考
栽培期	カメムシ類	斑点米〔黒蝕米, 尻黒米, 黒変米***, 黒斑米〕*	カメムシ類による被害米は斑点米に暫定的に統一 (1975)
	イネシンガレセンチュウ	黒点米〔くさび(楔)米, きれ米, 黒変米***〕* 〔目黒米〕	イネシンガレセンチュウによる被害米は黒点米に暫定的に統一 (1975)
	微生物（カビ） （細菌） （細菌） （細菌）	紅変米, 腹黒米, 褐色米, アルターナリア菌による褐色米, サロクラディウム菌による褐色米イネ斑点病菌による褐色米, 内穎褐変病菌による褐色米〔黒蝕米〕**〔黒蝕米, 尻黒米〕*〔目黒米〕**〔黒変米〕*	黒蝕米, 目黒米は学問的には病原菌は細菌であるが, ここでは黒蝕米は斑点米に, また目黒米は黒点米と同一症状・対策のため黒点米に分類した
	イネゾウムシ	穿孔米〔食害粒, 蝕変米, 穴あき米, かじり米〕*	統一名称はまだないが, イネゾウムシによる食害粒, 同被害粒とも呼ばれる
	その他（原因不詳）	黒点症状米, 背黒症状米	田村ら (1974) の報告によるもので, 黒点症状米・籾からはセンチュウが検出されない
収穫乾燥期	収穫・乾燥調製の不適当（高水分籾・傷籾・カビの存在による）	斑紋米, 不透明米, 腐敗米	山口ら (1969) により, 生籾の貯蔵下における変質米を外見的に分類したもの
	微生物（カビ） （細菌）	黒変病, にせいもちえび米, モナス性黄変米	えび米は国内での被害はない
貯蔵期	微生物（カビ）	ベルジモス米, ビルマモス米, 土臭黄変米, エクワドル茶米, ふけ米, 誤認黄変米, イスランジア黄変米, 黒変米, モス米, ニカラガ茶米, 黄斑米, 黄変米, ルグロモス米, 赤変米, シェイドモス米, 白こうじ米, タイ国黄変米	病変米の報告は百数十種を数える

*はここでは異名として分類した。
**は学問的な原因分類としてはすでに記載がある。
***の黒変米は微生物（カビ）による黒変米が正式に命名されており, 混同するので適当でない。

イ　ネ　＜着色米，変質米＞

穀物の調製・貯蔵と微生物

　自然界には形態・性質の異なる多種類の微生物が存在し，あるものは栽培中の植物，動物，あるいは食品類などと，それぞれは適応した生育源を求めている。このことは穀物も例外でなく，栽培中での各期別，収穫調製時，貯蔵へ移行した段階などで加害菌種の違いはあっても，被害を受ける可能性がある。

　収穫期をむかえた多水分を含む穀物には，数多くの微生物が着生もしくは付着して存在し，着生と着生度を高める機会をうかがっている。そのため，それら菌種が生育条件を満足するような環境で収穫調製を行なうと病変を生じ，収穫までの努力が水泡に帰してしまう。

　収穫時の穀物から検出される微生物の種類と数は，その年の気候とか，発生病害の状態とかによって異なるが，籾を例にとると通常1gに10〜100万，ときには1000万台を数える細菌と，1000〜1万台のカビ（ただし，一般には圃場性カビが大勢を占め，貯蔵に移行した穀物と着生関係の生ずる懸念のある貯蔵性カビは少ない）を認めることが多い。

　これら微生物群の生育要因として，温度，湿度，酸素量，栄養源などがあげられる。これらのうち主要因の温湿度状態をみると，生育可能な温度範囲は0℃以下から60℃ていどまでにわたっているが，適温範囲は初夏から晩秋にかけての20〜35℃の範囲にある菌種が多い。

　一方，生育にさいして関連的に満たされねばならない湿度条件は，菌種によってかなり異なり，相対湿度（R.H.）65〜100％にわたっている。この生育に必要な最低湿度要求状態のおおよそを菌群別に分けると，細菌はR.H. 90〜95％以上，圃場性カビ（アルテルナリア *Alternaria* 属，クラドスポリウム *Cladosporium* 属，クルブラリア *Curvularia* 属，エピコックム *Epicoccum* 属，フザリウム *Fusarium* 属，トリコデルマ *Trichoderma* 属など）は，R.H. 88％以上を，比較的乾燥した穀物に着生するアスペルギルス *Aspergillus* 属，ペニシリウム *Penicillium* 属ではR.H. 76〜88％

イ　ネ　＜着色米，変質米＞

以上を生育のために必要とする菌種が多いが，好乾性菌種（ユウロティウム *Eurotium* 属〔分生子世代アスペルギルス　グラウカス　グループ *Aspergillus glaucus* group〕，アスペルギルス　レストリクタス　グループ *Aspergillus restrictus* group などの菌種）では，R.H. 75～70―65％まで生育可能なものもある。

したがって，収穫時に水分含量の多い穀物では，多種属の菌種が着生可能であり，あるていど乾燥した穀物とか貯蔵に移行した穀物での着生カビはペニシリウム *Penicillium*，アスペルギルス *Aspergillus*，ユウロティウム *Eurotium* など比較的好乾性の菌種に限定されてくることが理解できよう。

こうしたことから，収穫時での多水分穀物については，乾燥空気の流通をはかって貯蔵性と商品性を高める必要があり，古くから地域ごとに経験と考案の積重ねによって継承されてきた自然乾燥形態の風景を，収穫期の田園に見ることができる。最近では，穀物の収穫調製が自然環境にさほど支配されることなく行なえるよう機械が導入され，米穀ではカントリーエレベーターなどの出現をみている。しかし，火力乾燥機の稼動能力に適応した計画集荷がなされないと，集荷した生籾，半乾籾が集荷場での堆積中に変質事故を生むことになる。このことは，気温が低いときでも堆積籾の呼吸による発熱で温床を生ずるので，充分留意する。また，急激な乾燥も品質低下につながるので，避けなくてはならない要因の一つである。

いずれにしても，収穫調製時での穀物の乾燥方法と，その仕上げ乾燥度は，商品としての価値を決定づけると同時に，以後の貯蔵性との関連も深く，貯蔵に移行した段階での品質保持性をも支配する要因となっている。

貯蔵に移行した穀物での品質劣化とカビ着生条件とは類似性がある。低温貯蔵（14℃・R.H. 74％以下）では問題ないが，常温貯蔵では生育環境にない好湿性微生物は徐々に減少するとしても，水分活性値が0.65～0.70を上回る度合の高い穀物ほど，高温期には短時日で好乾性カビが着生し，品質劣化をも伴う。そこで，低温付加のない倉庫での貯蔵穀物は水分

イ　ネ　＜着色米，変質米＞

主なマイコトキシンの毒性・融点

マイコトキシン名	毒性	融点℃
アフラトキシン B_1, B_2, G_1, G_2	肝癌（急性は肝壊死）	237～289
ステリグマトシスチン	肝癌・胆管癌	248
オクラトキシン A	肝癌・肝障害・腎障害	221
シトリニン	腎障害	170～172
トリコテセン化合物		
ディオキシニバレノール	白血球減少症・嘔吐	151～153
ニバレノール		222
ゼアラレノン	子宮筋細胞の異常増殖	164～165

活性値0.70～0.65以下とし，吸湿を防ぐことが賢明である。

　収穫後の調製・貯蔵の段階で穀類に関わる微生物は，穀粒や大気中の湿度などの関係から，加害は主にカビによることを先に述べたが，これらのカビのなかにはカビ毒（マイコトキシン：汚染した穀粒を食べた動物に何らかの病気をもたらす物質の総称）生産菌の多いことを認識していなければならない。

　100をはるかにこえる数のカビ毒には，発癌を含む臓器疾患や，神経障害，造血器機能障害など，さまざまな病気をおこすものがあり，現に国内産米でも汚染を認めた例や中毒の事例も報告されている。

　カビの加害した穀類を動物が食べたことによる中毒や中毒死の発生は，国内外で知られており，なかでも発癌性の強いことで有名なアフラトキシンは，穀類などを食・飼料にする際に多くの国で汚染状態を検査している。このように穀粒へのカビ加害は，外見の商品的価値を低下するだけでなく，栄養源としての穀類の安全性が失われることを銘記しておく必要が指摘されている。

　参考までに，主なカビ毒のいくつかを表に掲げておいた。普通の調理温度では壊れないことにも注目されたい。

（執筆：鶴田　理，改訂：斉藤道彦）

イ ネ ＜着色米，変質米＞

I 栽培期に発生する着色米

1. 斑点米

第一次起因　The Rice Sting Bugs
英　　名　Pecky rice

〔診断の部〕

＜被害のようす＞

▷本書・イネ害虫の項のカメムシ類を参照。
▷玄米の頂部，側部，胚部に直径1〜5mmの不整円形の斑紋を生じ，その外囲部は黒褐色〜褐色，灰褐色で斑紋の内部は灰褐色，灰黒色，灰白色でくぼむものもある。
▷重症のものは玄米全体が黒褐色に変わり，粒形も小さく，脱穀・脱稃作業のとき屑米として除去されることが多い。
▷斑点米の発生率はイネの登熟前期の加害で高く，また粃(しいな)になりやすいが，糊熟期から黄熟期になるにつれて精玄米中の斑点米は増加する。

＜診断のポイント＞

▷斑紋部のほぼ中央にカメムシによる口吻痕とみられる小褐点のある被害粒が見つかる。
▷カメムシの種類と斑点米の類型
　斑点米の症状からカメムシを判別することは困難であるが，井上らは玄米の斑紋の部位を次ページの表のように5型に分類した。この分類は原因究明，優占種検索の一助になる。

イ　ネ　＜着色米，変質米＞

玄米の斑紋の位置と事例 （井上ほか，1972）

斑紋の位置	摘　　要	事　　例
A.（頂　部）	玄米の頂部に斑紋の中心点を有する	アカヒゲホソミドリカスミカメの乳熟期の加害で多い。ホソハリカメムシも多い
B.（側　部）	玄米の側面に斑紋の中心点を有する	トゲシラホシカメムシなど一般的な発生
C.（両側部）	玄米の両側面に斑紋がまたがっている	オオトゲシラホシカメムシ，ブチヒゲカメムシなどに比較的多い。ヨツボヒョウタン，クロアシホソナガカメムシにも多い
D.（胚　部）	玄米の胚部に斑紋の中心点を有する	オオトゲシラホシカメムシ，イネカメムシ，エビイロカメムシに多い
E.（全変色）	玄米全体が変色している	ミナミアオカメムシ，アオクサカメムシに多い。一般に乳熟期加害で多い

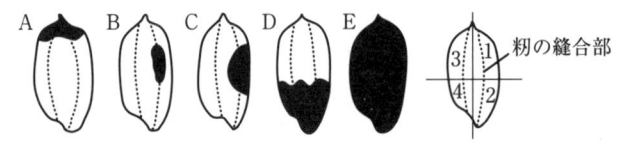

玄米の側面（両側面の斑紋除く）だけにみられる斑紋を図のように区分し，斑紋の中心点を有する位置を調査した。

▷開穎籾（割れ籾）との関係が深いものもある。

▷アカヒゲホソミドリカスミカメ，アカスジカスミカメなどのカメムシは口器が弱く，乳熟期頃までは籾頂部の隙間から，糊熟期頃からは割れ籾から加害する。

＜その他の注意＞

▷安永ら（1993）によれば，斑点米を起因するカメムシは9科65種である。

▷重要種としてはホソハリカメムシ，クモヘリカメムシ，オオトゲシラホシカメムシ，トゲシラホシカメムシ，シラホシカメムシ，アカヒゲホソ

イ　ネ　<着色米，変質米>

ミドリカスミカメ，アカスジカスミカメ，ミナミアオカメムシなどである。

〔防除の部〕

<虫の生態，生活史>

▷7月ころに雑草地から，越冬成虫と新成虫が出穂期ころの水田に移動し，イネを吸汁加害し斑点米をつくる。

▷同一種でも，地方によって世代数など生態・生活史が異なる。

▷同一地域でも年，時期や環境条件（雑草，栽培型ほか）などによって優占種や種の構成が異なるので，その地域の実態を把握することが大切である。

<発生しやすい条件>

▷雑草との関係が深い。

オヒシバ，メヒシバ，イヌビエ，エノコログサ，ササなどのイネ科雑草を好むもの（嗜好性の高いカメムシが多い）や，タデ科，カヤツリグサ科，キク科を好むものもある。とくにミナミアオカメムシは雑食性で，ダイズ，ナス，ジャガイモ，トウモロコシ，ハクサイなどにも多い。

▷休耕田では種類や生息数が一般に多い。

▷水田内では畦畔ぎわに多いが（ホソハリカメムシ，トゲシラホシカメムシなど），地域によっては内部に入るとふたたび多くなることもある（種類間の相違とみられる。クモヘリカメムシなどは比較的分布が均一）。

▷早生種や出穂期の早い栽培法ほど多い。しかし，地域によっては晩生種で再び多くなることもある。

<対策のポイント>

▷斑点米を起因するカメムシの優占種を明らかにしておく。

イ　ネ　＜着色米，変質米＞

▷カメムシ類の増殖は雑草への依存性が高いので，休耕田や農道などの雑草を刈り取っておく。

▷出穂期ころから2〜3回薬剤防除する。なるべく一斉防除的に防除する。

▷発生の少ない品種（一般に晩生種），開頴籾（割れ籾）の少ない品種をとり入れる。

＜防除の実際＞

▷カメムシ類の項を参照。

▷カメムシの種類によって有効な薬剤の系統は異なる。したがって，薬剤感受性の異なった優占種が混発するような地域では，混合剤を用いる。

▷散布適期は地域によって異なるが，穂揃期とその7日後の2回とする場合が多い。

▷畦畔と水田内3mぐらいの散布でも実際的にはよいという地域もある。

▷一斉防除がよく，とくに多発地では，品種を統一して出穂期を揃えて防除するのがよい。

＜防除上の注意＞

▷地域での防除の適期と回数に従うこと。都道府県によって要防除回数や穂いもち病との同時防除が示されているので，それに準ずる。

▷穿孔米防止のためのイネゾウムシとの併殺もできる。

▷農薬の散布回数や収穫前の散布日数がそれぞれ定められているので，安全使用基準を必ず守ること。

（執筆：奈須田和彦，改訂：八尾充睦）

イ　ネ　＜着色米，変質米＞

2. 穿孔米

（イネゾウムシによる被害米）

第一次起因　*Echinocnemus squameus* Billberg
別　　　名　食害粒，蝕変米，穴あき米，かじり米

〔診断の部〕

＜被害のようす＞

▷イネゾウムシの項を参照。
▷玄米の主として側面中央からやや頂部に寄ったところが，縦方向に不規則な長楕円形で，玄米の表皮を残すように内部ほど広がる形のえぐられ方をしている。痕底面は波状となっている。
▷食害痕の大きさは長径約2mm，短径1mmくらい，深さ0.4mm前後で，大部分のものは周辺部が褐変し，さらにカビのため黒色，赤橙色となっているものも多い。
▷食害部の位置は側部に最も多く，次いで腹部，胚部，背部である。
▷乳熟期の加害では屑米が多く，糊熟期では死米となり黄熟期の加害で穿孔米となる。しかも，食害痕の周辺部は高温多湿下で褐変化がひどい。

＜診断のポイント＞

▷食害痕は湾曲長楕円形，さらに痕底面の波状の有無をよくみる。
▷開穎籾（割れ籾），亀裂籾にだけ発生する。

＜その他の注意＞

▷北陸地方で，イネミズゾウムシ新成虫の穂部加害によっても，穿孔米

イ ネ ＜着色米，変質米＞

を発生させることがあると報告されている。

▷石崎（1974）によれば，コクゾウムシの立毛中の加害によっても被害粒（着色粒）を生ずる。しかし，食害痕は鋸歯状で，痕底面も湾曲状で波状でない。大きさも頭針大から長径1.8mm，短径0.5mmくらいで，イネゾウムシによるものより小さい。

▷バクガによる食害粒は登熟後期に被害を受け，頂部に小孔をあけ，内部は表皮を残して袋状に食われている。この小孔は玄米や穎にもみられる。

〔防除の部〕

＜虫の生態，生活史＞

▷生態は不明な点が多い。新成虫は北陸地方で8月上中旬，東北地方では9～10月，北海道では10～11月に現われる。北陸地方ではこれらの新成虫が登熟中の穂を加害する。

＜発生しやすい条件＞

▷山間，山沿い，山麓，休耕田，河川，農道周辺などに多い。
▷稚苗移植田，早植え田に多く，早生イネ＞中生イネの順に多い。
▷イネゾウムシの口吻構造からみて，0.27～0.3mm以上の割れ幅のある籾になると食害の危険性がある。

＜対策のポイント＞

▷早生イネに多く，しかも籾が開穎または亀裂していることが条件なので，中生イネや晩生イネで開穎籾（割れ籾）の少ない品種をとり入れる。
▷越冬成虫を少なくするため，本田初期の薬剤防除を行なう。

イ　ネ　＜着色米，変質米＞

＜防除の実際＞

▷本田初期防除には粒剤を水面施用するか，同時に発生するイネミズゾウムシを対象とした箱施薬を用いても併殺可能である（イネゾウムシの項を参照）。

▷被害米防止の防除時期は充分に明らかではないが，出穂期〜穂揃期の薬剤散布がよいとの試験例があることから，斑点米カメムシ類との併殺も可能と思われる。

（執筆：奈須田和彦，改訂：八尾充睦）

イ　ネ　＜着色米，変質米＞

3. 黒点米

第一次起因　*Aphelenchoides besseyi* Christie
俗　　　名　くさび（楔）米，きれ米

〔診断の部〕

＜被害のようす＞

▷イネシンガレセンチュウの項を参照。
▷黒点米は，本センチュウとある種の細菌との混合感染により発症すると考えられている。
▷縦型症状：玄米の腹側の稜角に沿って縦に黒い斑点を生じ，多くは割れ目を生じ内部の白い澱粉層がみえる。重症粒は全体が暗褐色となる。
▷正常米に比べて幅と厚さが劣るため，籾摺りのとき選別されることが多い。
▷横型症状：玄米の腹部から背側へ横軸方向に亀裂が入り，多くはクサビ状で，周辺部は黒褐色を呈し，ときには内部の澱粉層がみえる。
▷背面部にも生ずることがあるが，小黒点にとどまることが多い。
▷横型症状粒の長さは正常米にちかく，幅と厚さが劣り，奇形となるものが多い。
▷1粒に1個，ときには2～3個の斑点を生ずるが，縦・横型の両症状を有するものもある。
▷乳熟期～糊熟初期に発生するばあい，白～青色の死米となり，果皮の光沢もなく細い粒となる。縦型症状粒になるものが多い。
▷糊熟期～黄熟初期に発生すると横型症状粒になりやすい。

イ　ネ　＜着色米，変質米＞

＜診断のポイント＞

▷黒点米を内蔵している籾はやや黒っぽくみえ，不稔籾も多いが判別はむずかしい。しかし，雨などで穂が濡れるとわかりやすい。
▷縦・横型症状とも腹部に多く，しかも特徴ある症状なので判別は容易である。
▷本センチュウは，玄米からはほとんど検出されず，しかも籾が乾燥したりすると籾殻からも検出できにくい。また黒点米の発生の少ないときも検出しにくい。籾殻の内側を針などでかき取るようにして検鏡するとよい。

＜その他の注意＞

▷黒点米の原因種として，本センチュウのほかにアザミウマ類，セジロウンカが知られている（イネアザミウマの項参照）。
▷カメムシ類の加害によっても横型症状粒を生ずる例がある。

〔防除の部〕

＜虫の生態，生活史＞

▷黒点米は糊熟期末ころから発生し始め，完熟期まで急増し，その後は漸増傾向をたどる。
▷本センチュウの増殖は黒点米のみられ始めころから急増し，糊熟期ころに最高密度となり，それ以後は増加せず幼虫数は減少し，黄熟期には休止状態となる。

＜発生しやすい条件＞

▷箱育苗，陸苗代様式では発生が多い。
▷被害籾から幼苗感染し，発生源となる。

イ　ネ　＜着色米，変質米＞

▷出穂後の高温（25〜30℃）は，低温（20〜25℃）より発生が多い。
▷遮光すると少なく，多肥では多くなる傾向がある。

＜対策のポイント＞

▷無発生圃から採種し種子更新をする。
▷黒点米発生率と籾内の検出センチュウ数との間に高い相関があり，センチュウ防除が対策のポイントである。

＜防除の実際＞

▷イネシンガレセンチュウの項を参照。

（執筆：奈須田和彦，改訂：八尾充睦）

イ　ネ　＜着色米，変質米＞

4. 腹黒米

病原菌学名　*Trichoconiella padwickii* (Ganguly) Jain
英　　　名　Kernel discoloration

〔診断の部〕

＜被害のようす＞

▷玄米の腹側にややくすんだ黒～黒褐色の病斑がみられ，その周辺部はぼやけている。重症のものは胚芽部から背部にかけて全面的に黒変し，澱粉層の中心部にまで達しているものもあり，精白しても残る。軽症のものは精白すればほとんどわからなくなる。

▷1973年，石川県に多発生し問題となったが，1978年には，福井県で本菌によって褐色米が多発生した。

▷籾での判別は困難であるが，時に腹側が暗褐変することがある。正常米に比べて千粒重だけがわずかに劣るていどである。

▷早生，中生イネに多く，晩生種には少ない。

▷糊熟期から黄熟期ころに米粒を侵し，成熟期に急激に増加する。

▷発芽率は斑点米，黒点米に比べて，きわめて悪い。

＜診断のポイント＞

▷玄米の腹部にだけ病斑ができ，その周辺部は不明瞭である。このような症状は他の原因による変色米ではみられないが，本菌によって褐色米の症状をひきおこすことがある。

▷被害粒を湿室に保つと菌糸で覆われ，検鏡すれば特徴的な菌なので判別は容易である。

イ　ネ　＜着色米，変質米＞

〔防除の部〕

＜病原菌の生態，生活史＞

▷1972年，石川県で発見された病害粒で，田村（1974）によれば，本菌はほぼ全国的に分布するという。しかし，最近では被害はそれほど大きくない。

▷外国では葉身に病斑をつくるが，わが国での分離菌は葉身に対して病原力はきわめて弱く，玄米を発病させる。また，立枯れ症状を示す苗から本菌が検出されたこともある。

▷胞子形成は枯死したイネ葉身に最も多く，次いで黄化葉身，葉鞘に多く，生き生きした葉身には少ない。穂への主な伝染源はイネ葉上に形成された胞子と考えられている。

▷枯れた雑草での胞子形成はエノコログサ，サヤヌカグサ，チカラシバなどでやや多く，ミズガヤツリ，クサムネ（莢）でも少ないながら認められる。

▷胞子飛散は4月下旬からはじまり7月下旬から多くなり，8月中下旬～9月上旬にピークとなる。その後減少する。

▷胞子の多く飛散する日は朝から晴れた微風の日で，午前11～12時ころが最高となる。風がやや強くてもかなり飛散する。午前中雨の日はほとんど飛散せず，曇りの日でも比較的少ない。

▷籾内での胞子は外穎部に最も多く，次いで内穎部でしかも基部に多い。胞子は黄熟期ごろに発芽をはじめ，玄米を侵すようになる。

▷出穂期の接種は発病が多く，出穂5日以後でもわずかに発病がみられるが，それ以後では発病をみない。

▷胞子の発芽，玄米への感染，発病はアブサイシン酸によって誘起されると考えられている。

イ　ネ　＜着色米，変質米＞

＜発生しやすい条件＞

▷夏期高温の年に発生が多い。

▷下葉の枯上がりが促進されるような気象条件，栽培条件で多くなる。

▷石川県の調査では，海岸や潟の周辺の耕土の浅い水田や砂質土壌の水田，根腐れをおこしやすい秋落ち水田で発生が多い。

▷早生・中生種に発生が多く，出穂期の早い栽培法ほど多い傾向がある。しかし，福井県で発生した褐色米からは，早生種より中晩生種から本菌が多く検出されている。

▷ハツニシキに最も多く発生し，次いで越路早生で，ホウネンワセ，コシヒカリにも発生するが，品種間差なのか今後の検討を要する。

▷本田初期の過繁茂と後期の窒素欠乏は多発生の誘引となる。

▷収穫時の降雨，多湿条件で発生が多くなる。

＜対策のポイント＞

▷下葉の枯れ葉で増殖するので，枯上がりの少ない健全なイネつくりをする。

▷雑草の除去に努める（焼却など）。

▷少肥のほうがやや少ない傾向がある。

▷本病を対象とした農薬は登録されていない。

（執筆：奈須田和彦，改訂：本多範行）

イ　ネ　＜着色米，変質米＞

5. 紅変米

病原菌学名　*Epicoccum nigrum* Link
英　　名　Pink colouring of rice grains

〔診断の部〕

＜被害のようす＞

▷玄米の表面に紅色の斑点を生じる。
　玄米の表面や背部に沿って，あるいは胚部などが紅色〜赤褐色に変色する。形は円形，不整形，スジ状などいろいろである。この紅色は本菌が生産する色素のためである。
▷変色は糊粉層までで，澱粉層にまで及ぶことは少ないが，玄米の成熟前に激しく侵されたものは澱粉層まで侵されることがある。

＜診断のポイント＞

▷紅色の色素がはっきりしているものは本菌によることは確実であるが，褐色米や玄米の背部に沿って褐色の条斑を生じる背黒米や褐変穂の病原菌でもある。
▷籾では重症の場合，内外穎の縫合部を破って内部から黒色塊状の胞子層を突出することがあるが，一般には籾の症状で見分けることは難しい。

〔防除の部〕

＜病原菌の生態，生活史＞

▷発生の好適温度は 14〜23℃と比較的低温である。
低温地帯で発生が多く，北海道，岩手で多発の報告がある。出穂後低温

イ　ネ　＜着色米，変質米＞

で降雨日数の多いときに発生が多い。特に開花期の低温多湿条件は病原菌の活動を促進し，籾への感染を助長する。冷害年には中国地方の高冷地でも発生することがある。

▷本菌はイネの枯死葉上で胞子を形成し，胞子飛散は7月下旬～8月下旬に多く，日中によく採集される。

▷本菌は畦畔雑草やムギ類，マメ類などほかの植物上でも腐生的に生存できる。

▷本病の第一次伝染源は，前年の稲わら，畦畔の雑草などと考えられる。

▷病原菌の胞子は開花中の穎に入り，発芽して穎内で蔓延する。黄熟期以降に米粒に侵入して病斑をつくり，日数の経過とともに発生量は増加する。

▷品種間差が見られる。一般に割れ籾の多い品種で発生が多く，もち品種はうるち品種に比べやや発生が多い傾向にある。

▷成熟期前後に雨が多かったり，長時間結露があると多発生する。

▷収穫後の乾燥調製の遅れや乾燥不良は発生を増加させる。

▷開花期前のイネの下葉の枯れ上がりを促進するような条件は，発生を助長すると思われる。

＜対策のポイント＞

▷畦畔の雑草は出穂前に除去しておく。

▷感染時期である開花期および初発時期である黄熟期以降に薬剤を散布する。

▷収穫が遅れないように刈り取り，収穫後すみやかに乾燥調製を行なう。

▷紅変米の粒厚は一般に健全米と大差がないことから，粒厚選別により除去されることは困難である。

イ　ネ　＜着色米，変質米＞

＜防除の実際＞

▷別表〈防除適期と薬剤〉参照。

（執筆：山口富夫，改訂：本多範行）

イ　ネ　＜着色米，変質米＞

6. 褐色米

病原菌学名　(1) *Curvularia intermedia* Boedijin
　　　　　　　C. clavata Jain
　　　　　　　C. lunata (Wakker) Boedijn
　　　　　　　C. inaequalis (Shear) Boedijn
　　　　　　　C. ovoidea (Hiroe & Watanabe) Kurata & Kono
　　　　　(2) *Alternaria alternata* (Fries: Fries) Keissler
　　　　　　　A. oryzae Hara
　　　　　　　Alternaria spp.
　　　　　(3) *Sarocladium oryzae* (Sawada) Gams & Hawksworth
　　　　　(4) *Phoma* spp.
英　　名　Discoloured rice grains

〔診断の部〕

＜被害のようす＞

▷玄米の表面は褐色を呈する。褐色の色の濃淡の幅は大きいが，全面が一様に着色する。

▷気象条件によって着色粒に微細な黒褐色の斑点を生じることがある。症状の軽いものは，この斑点は玄米の腹部あるいは胚部に近いところに見られるが，症状の激しいものは微斑点が結合し，黒褐色の大きな斑紋に見えることもある。

▷褐色米の断面を見ると，全面の変色はぬか層にとどまるが，微斑点部分は糊粉層から澱粉層に達し，精白しても除くことができない。

▷褐色米の大きさはわずかに減少するが，粒厚選別により除去することは困難である。

イ　ネ　＜着色米，変質米＞

＜診断のポイント＞

▷1978年に北海道や日本海地方を中心に多発生し，地域によって黒色米，暗色米，茶米，濃茶米，淡茶米，褐点米と呼称されていた。

▷褐色米は上記の病原菌以外に内穎褐変病細菌，ごま葉枯病菌，斑点病菌，腹黒米菌，紅変米菌によっても発生する。

▷登熟期の気温が高いと黒褐色の微斑点を有する褐色米が多くなり，低温条件では，表面が着色する茶米が多くなる。

▷カーブラリア属菌によるものは，他の病原菌よりも，重症のものが多く，微斑点を多く生じる傾向がみられる。

▷ホーマ菌，サロクラディウム菌によるものの着色程度は比較的軽い。

▷サロクラディウム菌によるものは，玄米の一部が着色したり，背線，腹線にそって着色することもある。

▷病原菌以外に，気象・栽培・土壌肥料的要因に起因するイネの生理的変化によって玄米が茶褐色を呈することがあるが，褐色米との区別は不可能である。

▷褐変程度が濃く，褐変面積の多い籾から褐色米が出る率が高い。また，退色籾からも褐色米がよく出る。内穎だけの褐変籾からは褐色米は少ない。また，護穎が枯死している籾からは褐色米がよく出るが，健全なものからは出ない。しかし，籾の外部症状から褐色米を見分けるのは難しい。

〔防除の部〕

＜病原菌の生態，生活史＞

▷褐色米の原因となる病原菌は，カーブラリア属，アルタナリア属，サロクラディウム属，およびホーマ属に属するカビで，主要なものはカーブラリア属菌とアルタナリア属菌であるが，原因となる菌は産地，または年

イ　ネ　＜着色米，変質米＞

次により異なる。

▷カーブラリア属菌，アルタナリア属菌によるものは，北陸，山陰など日本海側の地方で発生が多く，1978年に多発生し，2000年にも多かった。

▷第一次伝染源は稲わらおよびイネ科雑草である。

越冬後これらのものから多量の胞子が検出された。胞子はイネの枯死葉やメヒシバ，エノコログサの枯死葉で形成されるが，時に除草剤で枯らした畦畔雑草で胞子形成量が多い。カーブラリア菌は畦畔の雑草でよく検出されるが，アルタナリア菌は雑草よりイネ葉身からよく検出される。

▷カーブラリア，アルタナリア属菌の胞子は6月中旬ごろから10月末まで飛散し，8月中下旬の日中（11～12時）に多く，イネの出穂・開花時間に重なる。飛散は晴天かうす曇の日に多い傾向がある。

▷褐色米の発生は，出穂期～10日後に感染したものに多い。

▷胞子は主に開花期に穎内へ飛び込み，直接玄米に侵入するが，強風などによる籾の傷口からの病原菌の侵入も考えられる。

▷褐色米の発生は出穂20日前後から見られ，熟期がすすむほど増加する。

▷サロクラディウム菌によるものは，岡山県の一部の地域で発生したが，その後ほとんど問題となっていない。

▷サロクラディウム菌の第一次伝染は保菌種子で，圃場に残された籾がら，稲株も伝染源となっている。

▷サロクラディウム菌は葉しょう腐敗病の病原菌で，穂ばらみ期～出穂期にかけて，止葉葉鞘に褐色斑紋を生じる。穂に発病すると籾全体が褐変し，激しいときは穂が出すくむ。

▷ホーマ菌の第一次伝染源は，稲わらおよびイネ科雑草と考えられる。出穂期頃のイネ葉身からもよく検出される。雨の多い年に褐色米からよく検出される。

＜発生しやすい条件＞

▷下葉の枯上がりを促進するような気象条件，栽培条件。

イ　ネ　＜着色米，変質米＞

▷出穂から登熟期にかけて高温，多照乾燥で，この期間にフェーン現象があると発生しやすい。
▷本田初期に生育がよく，後期に凋落するイネ。
▷早期落水した圃場。品種間差異もある。
▷刈取りの遅れや，雨天時の刈取り。
▷河川沿いで発生が多く，湿田より乾田で多い傾向がみられる。

＜対策のポイント＞

▷下葉の枯上がりを防ぎ，イネが早く老化することのないような栽培管理を行なうこと。
▷堆厩肥や土壌改良資材などによって地力を増強する。
▷伝染源となる畦畔の雑草は早めに（出穂1か月前）除去する。出穂直前の刈取りや除草剤散布はかえって多量の胞子を形成させる。
▷適正な施肥を行ない，過繁茂を抑えイネの秋落ちや老化を防止する。
▷出穂後の早期落水をひかえ，刈取り期まで間断通水し，イネの老化を抑制する。フェーン現象時には充分湛水し，適切な水管理をする。
▷夏期の異常高温あるいはフェーン現象にあったときは薬剤散布を行なう。散布適期はいもち病との同時防除を兼ねて，穂ばらみ期と穂揃期に行なう。
▷種子伝染するので，種子消毒を行なう。
▷サロクラディウム菌によるものは，葉しょう腐敗病を防除する。
▷適期に刈り取り，降雨時の収穫はさける。

＜防除の実際＞

▷別表〈防除適期と薬剤〉参照。
▷褐色米が多発した場合，粒厚による選別で除去できることもある。また，色彩選別機を利用する。

（執筆：本多範行）

イ　ネ　＜着色米，変質米＞

II　収穫・乾燥期に発生する変質米

斑紋米・不透明米・腐敗米

第一次起因　収穫・乾燥調製の不適当
　　　　　　（高水分籾，傷籾，カビの存在）

〔診断の部〕

＜被害のようす＞

▷生籾の貯蔵・乾燥調製中に発生する変質米（ヤケ米と呼ばれることがある）で，次のように外見的に分類できる。

斑紋米：玄米表面の一部に円形～不整形の斑紋を生じる。胚乳や胚の内部が淡褐色～黒褐色になることもある。斑紋は玄米の表層だけにとどまっている。

不透明米：玄米表面の一部あるいは全体が不透明となり，光沢もなく淡灰色～白色を呈する。

腐敗米：斑紋米・不透明米の症状が進行し，変質が玄米表面の大部分に及び，澱粉質組織も変色し，外観は淡灰色，黄色，褐～黒褐色，紫色あるいはその混合色となり，へこむものもある。

＜診断のポイント＞

▷斑紋米には，斑点米に類似するものがあるが，カメムシによる吸汁痕はない。

▷これらの変質米には軽微な斑紋米が必ず混入しており，斑紋部を静かに削ると斑紋がとれ，前記の各種の着色米とは区別できる。

イ　ネ　＜着色米，変質米＞

▷不透明米の軽度のものは腹白米と見分けにくいが，かなり進行したものは粒全体が不透明になる。そして湿室にするとカビ類（*Aspergillus* sp. など）がよく見える。

▷腐敗米を通気性の悪い状態におくと菌糸に覆われる。

▷これら変質米生成には圃場性菌（*Alternaria* sp., *Curvularia* sp., *Helminthosporium* sp., *Cladosporium* sp.など）や貯蔵性菌（*Penicillium* sp., *Aspergillus* sp.など）の関与が大きいといわれているので検鏡する。

〔防除の部〕

＜発生しやすい条件＞

▷生籾が高水分状態で脱穀され，機械的衝撃による玄米表面への付傷，さらに高温条件のもとでは各種圃場菌によって容易に斑紋米，腐敗米を生ずる。

▷圃場菌は出穂期～収穫期までに籾へ侵入するが，とくに登熟期以降の侵入が多い。

▷刈取り直後の生籾は水分含量にムラがあるので，長時間堆積，または袋に入れたままにしておくと，発生しやすい。

▷朝露や降雨，倒伏した稲など，水分が高い籾は多くなりやすい。

▷生籾貯蔵中または乾燥調製中に，病籾からほかの籾へと菌の伝染が行なわれると考えられる。

▷不透明米は，生理的変化を受けて変質した玄米が籾貯蔵中に *Aspergillus* sp.などの侵害を受けやすくなり，病変がいっそうすすむものと考えられている。

＜対策のポイント＞

▷堆積籾の含水率と貯蔵安全限界日数は収穫の月や温度によっても異なり，8月刈りは短く，10～11月刈りは長いが，おおよその関係は次のよ

イ　ネ　＜着色米，変質米＞

うになる。
　23％以上で1日，22％で1〜5日，20％で3〜10日，18％で3〜30日，16％で10〜30日である。しかし5〜8℃でも症状を完全に抑えることはできない。
　▷貯蔵安全限界日数に準じて，できるだけ早く低水分籾に乾燥調製するのがよい。
　▷コンバインで刈り取った籾は，4時間以内に乾燥機に張り込み，乾燥するまで常温通風を行なう。
　▷出穂後の立毛イネに殺菌剤を散布すれば，低水分籾では若干の効果が認められるが，高水分籾では不充分である。

＜その他の注意＞

　▷コンバインなどで収穫調製するさい，降雨などで作業が1日以上延びるときとか，カントリーエレベーターのバケット内やシュートの曲がり部分などに高水分籾が1日以上貯蔵されるようなときには，これが伝染源となって斑紋米，不透明米，腐敗米の生成を助長するので注意する。

（執筆：奈須田和彦，改訂：本多範行）

イ　ネ　＜着色米，変質米＞

Ⅲ　貯蔵期に発生する変質米

1. 黒変米

病原菌学名　*Eurotium chevalieri* Mangin
分生子世代　*Aspergillus equitis* Samson & W. Gams

〔診断の部〕

＜被害のようす＞

▷比較的乾燥した貯蔵穀物に発生する被害として知られている。
▷常温貯蔵玄米では，気温が上昇し始める雨期ごろから被害を見受けるようになる。
▷貯蔵玄米への着生は，主として胚芽部・損傷部から始まり，湿性硝子綿状の細く短い菌糸の立生をみたのち，その先端に白～空色味の分生子の形成をみる。
▷この分生子の色が空色からしだいに青緑色をおびるようになると，着生部分は多少ひろがり，分生子の色が灰緑色をおびてくるころから，着生部分より黄色味の微小物質（子のう胞子を内包する閉子のう殻）の形成がみられるようになる。
▷着生がすすむと玄米粒は活性を失って鈍色となる。その後の玄米の変色は，玄米の水分含量の多少と関係が深く，少ないときにはしだいに褐色～茶褐色をおびる程度にとどまるが，生育条件のよいときには茶～茶黒色となる。また，形成を認めた黄色の微小物質（閉子のう殻）も被害度の進行するに伴って数を増すとともに，うこん色をおびたのち，くすんでくる。

イ　ネ　＜着色米，変質米＞

＜診断のポイント＞

▷病変米の病原菌を肉眼判定するさいに，黒変米の表面に存在する黄色～うこん色の微小物質（閉子のう殻）が判断の材料となるが，擦れると簡単に落ちるので，病変米の発生をみたときには，摩擦を避けて試料採取し，ルーペで胚芽部の凹部をよく観察する必要がある。

＜その他の注意＞

▷病変米の発生条件が類似し，しかも病変米に黄色～うこん色の微小物質（閉子のう殻）を形成する病原菌に，*Eurotium amstelodami*（不完全世代*Aspergillus hollandicus*）〔黄斑米〕，*E. repens*（不完全世代*A. repens*），*E. rubrum*（不完全世代*A. rubrobrunneus*）などがある。

▷黄斑米は形成される微小物質（閉子のう殻）の色が，ほとんど変化なく鮮黄色～黄色，分生子が濃緑色で，病変米は鈍色になるため区別しやすい。

▷しかし，分類学的に同グループの他菌種とは病徴が類似していることもあり，肉眼的観察だけでは，黒変米が茶褐色～茶黒色になっていないときには分別の困難なことがある。

▷以上のような病徴を示す場合には，黒変米のことが多いが，正確を期すためには*Eurotium*属菌あるいは*Aspergillus glaucus*グループによる病変米としたほうが間違いない。

〔防除の部〕

＜病原菌の生態，生活史＞

▷本菌の分生子世代はコウジカビ属，子のう胞子を包含する閉子のう殻を形成した完全世代はユウロチウム属の菌種として分類される。

▷比較的乾燥した工業製品，食品と原料貯蔵の場などのほか，ふつうの大気中にも認められる。

イ　ネ　＜着色米，変質米＞

▷水分活性（以下 a_w*）値 0.65〜0.73 を生育に必要な最低値としている。

▷玄米の a_w 値と着生温度との関係は次の表のようであり，温度が適温から遠ざかるにつれ，同じ a_w 値のものでも着生日数がかなり長期化する。

玄米の a_w 値・温度と関連した着生日数

温　度	28℃			18℃		
玄米の a_w 値	0.86	0.81	0.75	0.87	0.81	0.76
本菌の着生日数	5	9	26	13	32	154

＜発生しやすい条件＞

▷常温貯蔵玄米の a_w 値 0.65（平衡水分値ほぼ 15％，ただし 105℃乾燥

---

*穀粒の水分活性（Water activity：略して a_w）値＝穀粒の相対湿度（Relative humidity：略して R.H.）/100 でえられる。したがって，文中にでてくる穀粒の a_w 値 0.80 とは，R.H. 80％に湿気平衡する水分含量を含んだ穀粒のことを指している。

☆穀粒の水分含量でなく，水分活性値を用いている理由

　穀類の種類とか品種などが違うと，カビの生えてくる水分含量は同じでない。このことは，カビの生える生えないは穀粒に含まれている総水分量の価によっているのではなく，含まれている水のうちカビの生育に利用できる量がどのくらいあるかによっているためである。

　カビの生育に利用できる水がどのくらい穀粒に含まれているかは，その穀粒を密閉容器内に入れたときに，空間の湿度（穀粒の中に含む自由水によって形成される水蒸気圧）を測定することで求められる。また，定めた湿度容器（たとえば 80％）内に，さまざまな穀粒を入れて湿気平衡させたとき，それらが個別の総水分値（たとえばコムギ 17％，精米 16.0％，ヒマワリの種子 10％）を示しても，それらの a_w 値は 0.8 で並列であり，カビの生える生えないは湿度の点からは同一視される。このように穀粒の水分含量でカビの生える生えないを論議すると「これは水分含量何％でカビが生え，あれは水分含量何％でカビが生える。」といった表わし方をしなければならない。これに対して a_w 値によれば，価が同じであれば水分含量が異なっても並列に論議できる便利さがあるので，食品の品質保持関係で広く用いられている。

イ　ネ　＜着色米，変質米＞

によって水分を測定しているばあいにはほぼ14％）を上回る度合が高いほど，初夏から晩秋にかけて着生する可能性が高い。

＜対策のポイント＞

▷貯蔵玄米の a_w 値を0.65～0.70以下とし，吸湿を防ぐ貯蔵管理を行なうこと。

▷低温倉庫（温度13℃・R.H. 73％）に玄米を貯蔵する。

▷玄米を常温倉庫に貯蔵しているさいには，庫内の乾燥を心がけ，穀温が上昇しないような配慮を必要とする。夏期に品温が20℃にちかづいたころから，とくに貯蔵玄米の胚芽部分をよく観察して，わずかでも菌糸の伸長している米粒があったら，ただちに陰干して風乾することが望ましい。

＜防除の実際＞

▷穀物貯蔵倉庫では，これまでも殺カビ・殺害虫兼用剤として認定されていた薬剤のメチルブロマイドは使用しないことを建前に，常温倉庫での無くん蒸保管の管理，低温倉庫利用の対応がはかられてきたが，2005年から使用が禁止されることになったので，従来にも増して適切な保管管理が求められる。

＜防除上の注意＞

▷わが国では収穫後の米では殺カビ用の農薬の使用は認められていないので，農家では穀物はよく乾燥して吸湿を防ぐ環境で，しかも年間温度変化の少ない土蔵などに貯蔵することが品質保持の面からも好ましい。最近では米穀用の簡易な低温貯蔵庫などを利用することが可能になっている。

（執筆：鶴田　理，改訂：斉藤道彦）

イネ　＜着色米，変質米＞

2. シェイドモス米

病原菌学名　*Aspergillus restrictus* Smith

〔診断の部〕

＜被害のようす＞

▷比較的乾燥した玄米に着生する代表菌種といえ，国内の全域調査でも，貯蔵期間の長期化に伴って，着生試料の検出頻度と，その着生粒率の高まりを認めている。
▷着生は主として玄米の胚芽部から始まるが，まばらに濃緑色味の分生子を形成したころに着生を知ることが多い。
▷この病徴はあまり進行せず，玄米粒が鈍色〜鈍淡褐色に黒ずんだ状態となっても，分生子形成は胚芽部にやや多いていどで，穀粒面では粗であり，分生子も暗いオリーブ緑色になるにとどまる。

＜診断のポイント＞

▷一般には，農家貯蔵玄米では半年以上，常温倉庫貯蔵玄米では2〜3年以上経過したさいに，玄米が鈍淡褐色にくすみ，胚芽付近に暗オリーブ緑色の分生子を認めれば，本菌の加害といえよう。

＜その他の注意＞

▷本菌による被害玄米の脂肪酸度値はあまり上昇せず，他菌種によるばあいと異なっている。

イ　ネ　＜着色米，変質米＞

〔防除の部〕

＜病原菌の生態，生活史＞

▷本菌はコウジカビ属の一種で，低湿性（好乾性）菌群に含まれる。
▷a_w値0.65〜0.70を生育のために必要な最低値としている。
▷玄米へ着生するさいの，玄米のa_w値と温度との関係は次の表のようであり，温度が適温から遠ざかるにつれ，同じa_w値のものでも着生日数はかなり長期化する。

玄米のa_w値・温度と関連した着生日数

温　度	28℃			18℃		
玄米のa_w値	0.86	0.81	0.75	0.87	0.81	0.76
本菌の着生日数	5	12	36	18	40	117

＜発生しやすい条件＞

▷常温貯蔵では，玄米のa_w値0.65（平衡水分値ほぼ15％，ただし105℃乾燥法で水分測定のときはほぼ14％）を上回る度合が高いほど，初夏から晩秋にかけて着生の可能性が高まる。

＜対策のポイント＞＜防除の実際＞＜防除上の注意＞

▷黒変米の項を参照されたい。

（執筆：鶴田　理，改訂：斉藤道彦）

イ　ネ　＜着色米, 変質米＞

3. ベルジモス米

病原菌学名　*Aspergillus versicolor* (Vuill.) Tiraboschi

〔診断の部〕

＜被害のようす＞

▷比較的乾燥した穀粒をモス米状*にする。

▷常温貯蔵の玄米では，気温が上昇し始める雨期ころから被害を見受けるようになる。

▷貯蔵玄米への着生は，主として胚芽部・損傷部から始まり，短綿毛状菌糸を伸ばして先端に帯緑白色の分生子を着生する。

▷生育に伴って着生部に小集落を形成するころから，分生子の色は帯緑白色，薄黄緑色となり数を増す。

▷このころから玄米は肌ずれが散見されるようになり，光沢を失う。さらに病徴がすすむと玄米は白墨質化し，しだいに褐色をおびてくる。そのころになると，形成された分生子はやや緑色の濃い鈍灰黄緑色となり，その量を増してモス米状となる。

＜診断のポイント＞

▷病変玄米の全体，もしくは着生個所が部分的に白墨質化（多少褐色をおびていることもある）していて，鈍灰黄色か，緑色やや灰味色あるいは

---

*モス米とは古くから用いられている名称であり，玄米が*Penicillium commune*の着生によって青緑～緑色の分生子を形成した状態をさしている。語源はmoss（むら状の苔の生えた状態）とも訛言葉とも明らかでないが，着生カビが異なっても類似した病徴を示すものが少なくないため，特徴的な菌によるばあいの分別として，ベルジモス米，ルグロモス米，ビルマモス米などの名称を付している。

イ　ネ　＜着色米，変質米＞

暗緑色～鮮緑灰色の分生子形成箇所に黄色部分の混在を認めたら，本菌による被害といえよう。

▷本菌による病変米の肉眼判定には，類似の病徴を示す他病原菌との区分の困難さがあるうえ，本菌種のなかには分生子色を多少異にする菌株もあって，分別困難なことがある。しかし，一般には，くすんだ淡い緑色の分生子を形成していることが多いため，これが特徴といえよう。

＜その他の注意＞

▷通常の貯蔵玄米が常温倉庫内で本菌の被害をみるのは，比較的多水分を要することから，湿気を吸着しやすい床に近い部分（最下段）に積まれた袋内玄米のことが多い。したがって，台木だけの使用で拼付(はいつけ)を行なっているさいには，貯蔵している途中で床面に面している部分から試料を採って調べることが，被害の早期発見につながる。

〔防除の部〕

＜病原菌の生態，生活史＞

▷本菌はコウジカビ属の一種で，中湿性菌群に含まれる。

▷普遍的に検出され，穀物着生菌として知られているほか，多くの食品類，ゴム，プラスチック製品，美術工芸品などの加害菌にもあげられている。

▷本菌は穀物に生育する過程で，動物が摂取することによって発癌を生ずる毒素（ステリグマトシスチン）を産生するので，病変米は動物飼料とすることも避けなくてはならない。

▷a_w値 0.76 ていどが生育に必要な最低値とされている。

▷玄米へ着生するさいの，玄米の a_w 値と温度との関係は次の表のようである。a_w 値 0.75 では，28℃のもとで 250 日を経過しても着生は認められていない。

イ　ネ　＜着色米，変質米＞

玄米の a_w 値・温度と関連した着生日数

温　度	28℃			18℃		
玄米の a_w 値	0.86	0.81	0.75	0.87	0.81	0.76
本菌の着生日数	7	22	−	14	37	−

＜発生しやすい条件＞

▷常温状態では玄米の a_w 値0.76（平衡水分値ほぼ16.5％，ただし105℃乾燥によって水分を測定しているばあいにはほぼ15.5％）を上回る度合が高いほど，初夏から晩秋にかけて着生する可能性が高い。

＜対策のポイント＞＜防除の実際＞＜防除上の注意＞

▷黒変米の項を参照されたい。

（執筆：鶴田　理，改訂：斉藤道彦）

イ　ネ　＜着色米，変質米＞

4. シロコウジ米

病原菌学名　*Aspergillus candidus* Link

〔診断の部〕

＜被害のようす＞

▷着生玄米の水分状態が生育条件を充分満たしていないときには，玄米の胚芽部～損傷部に短綿状菌糸を認めたのち，白色分生子を形成しても，集落部はほとんど拡大しない。

▷生育条件を満足する玄米では，着生し始めた胚芽部～損傷部分から米粒内に菌糸を伸長し，着生部分の白墨質化が目立ち，粒面での白色分生子形成がさほどでないことも多い。

▷着生玄米の水分状態で病徴は多少異なるが，部分的もしくは全粒が白墨質化されたのち，その部分は鈍白～淡黄茶色をおび，はなはだしいときには風化した感じとなる。そして着生部分は白色分生子の形成により白こうじ状となる。

＜診断のポイント＞

▷病変米の粒面に，さほど菌糸状のものを認めないで白色分生子形成をみたときには，本菌の加害と判断できよう。

〔防除の部〕

＜病原菌の生態，生活史＞

▷本菌はコウジカビ属の一菌種で，白色の分生子を形成する。培地上では紫色～黒色の菌核形成を認めることが多い。

▷a_w値 0.70 ていどが生育に必要な最低値とされている。

イ　ネ　＜着色米，変質米＞

▷玄米へ着生するさいの，玄米 a_w 値と温度との関係は次の表のようであり，a_w 値 0.76・18℃のもとでは200日を経過しても着生は認められていない。

玄米の a_w 値・温度と関連した着生日数

温　度	28℃			18℃		
玄米の a_w 値	0.86	0.81	0.75	0.87	0.81	0.76
本菌の着生日数	6	15	78	28	42	－

＜発生しやすい条件＞

▷常温貯蔵玄米の a_w 値 0.70（平衡水分値ほぼ15.5％，ただし105℃乾燥によって水分測定している値ではほぼ14.7％）を上回る度合いが高いほど，初夏から晩秋にかけて着生する可能性が高まる。

＜対策のポイント＞＜防除の実際＞＜防除上の注意＞

▷黒変米の項を参照されたい。

（執筆：鶴田　理，改訂：斉藤道彦）

イネ害虫

イ　ネ　〈ニカメイガ〉

ニカメイガ

流れ葉：本田初期にみられる被害。

サヤ枯れ葉：中に小幼虫が群生する。

第1世代末期の心枯れ茎：こうなっては手おくれ。

イ ネ 〈ニカメイガ〉

白穂：第2世代幼虫による被害。

成虫と卵：成虫は灰白色の蛾で、体長約12mm。卵はかたまって産みつけられる。長さ約1mm。

ふ化幼虫
茎に食入するところ。

虫糞：第2世代虫加害株の刈りあとに残る。

イ　ネ　＜ニカメイガ＞

ニカメイガ

学　名　*Chilo suppressalis* Walker
別　名　ニカメイチュウ
英　名　rice stem borer, striped stem borer, striped riceborer

〔診断の部〕

＜被害のようす＞

▷第1世代幼虫による被害は次のとおり。
・本田植付け後の若いイネの葉鞘に黄褐色に変色したところができ，その葉がしおれて枯れたり，折れてたれ下がり水面に浮かんだり，その株全体が枯れたりする。このようなとき，葉鞘を割いてみると，虫糞といっしょに小さい幼虫が入っている。幼虫は早い時期には多いが，おそくなると少なくなり，被害のすすんだものにはいないことが多い。
・株の心葉だけが黄色（初期）または汚白色（後期）に枯れているので，引きぬくと簡単に抜け，下部に黄褐変した食いあとがあり，虫糞といっしょに幼虫の入っていることもある。これを心枯れ茎とよんでいる。
・外見は健全なものと見分けがつかないが，茎の下部にわずかに変色した部分がある。割いてみると，虫糞といっしょに幼虫の入っているものもある。年によっては，心枯れよりも，こうした茎の多いことがある。
・第1世代の被害株は生育の盛んな時期なので，立ち直ろうとするが，草丈は低く，おくれて出る茎が生き残り，有効な穂をつける割合が低いため，食害の程度によっては減収となる。
▷第2世代幼虫による被害は次のとおり。
・穂ばらみ期間近なころから葉鞘の下部に変色部ができ，これを割く

イ　ネ　＜ニカメイガ＞

と，虫糞といっしょに幼虫集団が見つかる。これは，孵化後集団で食い込んだまま，まだ分散しない時期の被害茎である。

・穂ばらみ期から出穂期ごろにかけて，育ちの悪い穂が出る。軟弱で細く，出穂しきっていない，いわゆる出すくみ穂がそれで，茎の下部を調べると，虫糞といっしょに幼虫が入っている。

・出穂後，白穂となる。簡単に引き抜け，その下部には幼虫の食害のあとがある。ヒメクサキリによる白穂は引き抜けない。

・ひどい被害になると，食害部分から茎が折れて穂は水面にたれこみ，田面全体が枯白色となり，地面部分をはう，たくさんの幼虫が見られる。

・収穫期ごろ，茎に穴があいて虫糞が出かかっている。割くと穴より上の茎内に幼虫がいる。このような茎や穂は，たいてい枯れかかっているか，あるいはすでに枯れている。

・第2世代期の食害は，株の発育がすすんでおり，実を稔らせる時期になってからおこるので，回復はむずかしい。加害の激しいときには，収穫皆無となる。わずかに残った穂は粃となり，あるいは稔実が途中でとまって，未成熟米となる。

＜診断のポイント＞

▷株の下部をよく観察し，葉鞘に変色した部分があるかどうか調べ，あったら割いてみて，中に小さい幼虫が群生していれば，第1，第2世代とも分散前の初期被害と考えてよい。

▷田植え直後または直播イネの初期に，葉鞘が水面から折れて浮いているのは，流れ葉といって，第1世代幼虫による被害の特徴のひとつである。

▷イネの生育が少し進んでからは，心枯れを見つけて歩き，引き抜いたり割いてみるのがよい。ただし，年次やつくり方によっては，明瞭な心枯れとならないこともあるので，心葉がいくらかしおれぎみになっていたり，下茎部にわずかでも変色しているらしい部分があったら，割いてみ

るのがよい。

▷第2世代期には,出すくみ穂や白穂を割いて調べるとよい。

▷第2世代期のひどい被害は,食痕部からの茎折れ,倒伏がはっきりあらわれるから,ひと目でわかる。

▷出穂期後に田を見渡して1～2m^{2}ぐらいの場所が,倒伏しかけ落ちくぼんで色変わりしているところが見られるときは,この虫による被害であることが多い。

▷白穂をおこすのは,ニカメイガ第2世代幼虫のほか,サンカメイガ,イネヨトウ(ダイメイチュウ),ヒメクサキリ,コバネササキリ,穂いもち,台風などがあるが,サンカメイガは淡い黄緑色で,やわらかい感じのする幼虫なので,割いてみればわかるし,ダイメイチュウの幼虫は赤褐色でやや太く短く,糞を外に押し出している。ヒメクサキリやコバネササキリは,茎の下部がササラになったかじりあとがあったり,穂を引っぱっても抜けないのでよくわかる。穂いもちは,穂首に枯渇部があり,籾にも褐斑がみられる。台風直後の乾燥した北風は,水分をうばうので,1～2日で白穂を多発させるが,この白穂は純白で引いても抜けず,茎の変色部もなく,台風直後に突発するのでわかる。

▷台風直後に,ニカメイガによる白穂の多発することもある。この幼虫は,台風でイネがゆれると食入場所からはいだして葉先や穂先にのぼり,風がやむと穂首に食い込むからである。この場合は,穂首の食痕に虫糞があり,中に幼虫がいるので容易に判定できる。

〔防除の部〕

<虫の生態,生活史>

▷年2回の発生が普通。しかし,北日本北部や標高の高い地区では1回しか出ないところもあり,また,暖かい地方では3回出る。

▷幼虫が稲わらや刈り株内で越冬するのが普通であるが,樹園地の敷わ

イ　ネ　＜ニカメイガ＞

らやマコモなどの茎内などでも越冬する。

▷越冬幼虫が蛹になるのは，早い地方で4月初め，おそい地方でも5月初めからである。

▷第1回の蛾は，1か月半から2か月にもわたって出るが，その出はじめは，早い地方で4月末，たいていは5月上中旬からである。発蛾盛期は，早い地方で5月中下旬，普通は6月中下旬とみればよい。

▷卵は，葉表に塊で産みつけられる。雌の蛾は，羽化した晩か翌晩に交尾して，つぎの晩から産卵をはじめ，平均約300粒を，数個の卵塊にわけて産む。

▷卵は1～2週間でかえり，幼虫は，はじめ葉鞘に食い込んで，集団生活をするが，やがて分散して何本かの茎を移動して摂食し，3～7週間で蛹になる。蛹は約10日で蛾になる。

▷2回目の蛾が出るのは，早い地方で7月中旬，普通は8月上中旬で，それから約2週間の間に最盛期となるのが普通であったが，最近はダラダラ発生で最盛期のはっきりしない地方が多くなった。

▷2回目の蛾の産卵数は平均約280個で，葉の元や葉鞘に塊で産まれ，6～7日たつと幼虫になる。

▷孵化した幼虫は，葉面をはいまわり，やがて，葉鞘の内側に集団で食い込んで育つが，そこが枯れかかると他の茎に移って成長し，幼虫のまま越冬に入る。

＜発生しやすい条件＞

▷越冬前の9～11月が多雨で日照の少ないとき，厳寒期12～2月の気温が高いと，蛾の発生がふえるところが多い。

▷越冬幼虫の体重が重い（50mg以上）と越冬中の死亡が少ないので，翌年の発生もふえがちとなる。

▷多雪地方では，積雪日数や根雪期間が少なく雪消えが早いと，多発傾向になる。

イ　ネ　＜ニカメイガ＞

▷イネ品種のうち，長葉で幅広，茎葉の生長が早く，葉からの溢液が多く，葉緑素が多く，窒素分の吸収が多いものは，第1回の蛾が集まりやすく産卵がふえがちなので，被害もひどくなる傾向がある。

▷第1回の発蛾がおくれたり，田植え後の発蛾が多かったりすると，2回目の蛾も多くなるという関係がある。

▷梅雨が明けても急に気温が高くならないような年は，幼虫の死に方が少ないので，被害がふえがちになる。

▷機械移植では，1株本数がふえがちになるので，その年の気象に適応した肥培を行なわないと繁茂ぎみになり被害が拡大するおそれがある。

▷多発地から畑用のわらをもち込む地帯は注意したほうがよい。

＜対策のポイント＞

▷都府県の病害虫防除所から発表される発生予察情報に注意すること。

▷低温年には幼虫発育がおくれるが，適温がくると一斉活動に移り短期間に被害を拡大するから警戒が必要。

▷少発傾向の地区では防除の主体を5～6月の1化期に向けるのが合理的。

▷孵化したての幼虫が食入前に葉面をはいまわるとき，虫体にふれるように薬剤をまいておく。この薬剤は長効きのものがよい。

▷幼虫が葉鞘内に集団食入後，分散しないうちに液剤や粉剤をかけるか，または粒剤の水面施用をする。

▷葉鞘内での集団食入幼虫は，被害部が枯れかかると，ほかの茎に分散するために，はい出すので，この時期をねらって薬剤をかける。普通食入後2～3週間が，この適期である。

＜防除の実際＞

▷別表〈防除適期と薬剤〉参照。

▷乳剤は第1世代には1000～2000倍液を10a当たり100～150l，第2

イネ ＜ニカメイガ＞

世代には800～1000倍液100～150*l*を，蛾の発生最盛期から5～6日後に散布する。粉剤は10a当たり3～5kgを乳剤同様に散布。

▷粒剤は第1世代は蛾の発生最盛日後5～15日，第2世代は蛾の最盛日～10日後に，10a当たり3～4kgを水面施用。浅めの水をためておき，施用後も落水しない。

▷各薬剤とも他の薬剤との混合剤が多いので，目的に合わせて選ぶことができる。

▷昭和30年代中ごろ以降ニカメイガの有機リン殺虫剤に対する抵抗性発達がしだいに明らかにされた。使用薬剤の選定にあたっては各県の指導方針をよくきくことが大切。

▷第1世代幼虫防除は梅雨期にあたるが，霧雨ぐらいなら散布剤をまきつづけてよい。液剤なら，いったん乾けば，直後にかなり強い雨があっても降る時間さえ短ければ，それほど効きめがおちない。

▷最近は成虫の出方が不規則で，発生最盛期もはっきりしないため，防除適期は県の指導によったほうが賢明である。

▷空散用薬剤も登録されているので，散布するには使用基準を守る。

＜その他の注意＞

▷いずれの薬剤も，容器や袋に記載されている使用法をよく読み，これに従うこと。殺虫剤どうし，殺虫剤と殺菌剤などの混合農薬を使うには，薬剤の性質，対象害虫の発生相をよく調べたうえで応用すること。省力的な新しい薬剤散布機も出ているので，よく性能をわきまえたうえで利用する。

▷細稈品種の普及，作期が早くなったこと，稚苗機械移植，収穫作業の機械化に伴ってニカメイガの発生は非常に減っており，薬剤防除の実施要否が問題にされている。1世代の薬剤防除をしなくてもよいと思われる目安について試験例を概括してみると，1）予察灯による前年1世代成虫の総誘殺数が100以下のとき，2）前年1世代末期の心枯れ株率が5％以下

のとき，3）その年のまだ防除する前の葉鞘変色株率が10％以下のとき，などという資料をあげることができる。

＜効果の判定＞

▷第1世代期では心枯れ茎，第2世代期では白穂が効果判定の決め手になるが，できれば数か所で茎内食入虫数やその生死を時期別に調査するとよい。

▷粒剤など水面施用剤は，効き始めるのが散布剤よりいくらかおくれるので，施用7～10日後ぐらいに被害茎の出方，茎内生き残り幼虫数などを調べ，よく効かないようなときは，さらに2回目を行なうか，散布剤にきりかえるかなどを考えればよい。

▷新しく開発された多くの殺虫剤は，ニカメイガに試験されているので，散布方法さえ誤らなければ，たいてい，すぐれた効きめをあらわすと考えてよい。

▷ただし，一部には薬剤に対して抵抗性をもつようになっており正しく使用しても効かないような場合は，その地区のものが薬剤抵抗性かどうかを研究機関で調べてもらい，薬剤をかえていく必要がある。

(執筆：田村市太郎，改訂：平井一男)

サンカメイガ

白穂：1か所にかたまって発生するのが特徴。第3世代幼虫による被害。

心枯れ：食入した幼虫が根ぎわまで食い下がるので，心葉が枯れる。第2世代による被害である。

イ　ネ 〈サンカメイガ〉

成虫：上がオスで体長約8 mm。下はメスで，羽に黒点があるのが特徴。体長約10 mm。

卵：50～60粒の塊で産みつけられる。毛でおおわれている。

蛹：茎の中にまゆをつくって蛹化する。すぐ上にあらかじめ脱出孔を準備している。右はまゆを除いたもの。

イ　ネ　＜サンカメイガ＞

サンカメイガ

　学　　名　*Tryporyza incertulas* Walker
　別　　名　サンカメイチュウ，イッテンオオメイガ
　英　　名　yellow rice borer, paddy borer

〔診断の部〕

＜被害のようす＞

▷苗の心葉が白っぽくしおれたり褐色に枯れたりしているので，引き抜くか茎を割ってみると，根際近くに幼虫がいる。これが第1世代の被害である。孵化幼虫がいきなり茎に食い込み，根際まで食い下がってそこに住むので，心枯れをだすのが特徴。

▷本田期の株の心葉やその下の葉までが，青いまましおれたり白っぽく褐色に枯れたりして，茎はたやすく引き抜け，茎下部に幼虫がみつかるのは第2世代の被害である。このような被害茎は，たいてい出穂しない。

▷1か所に集団となってかなりの白穂があり，引き抜くと穂首の下から切れて抜けるのは，第3世代期の被害である。この世代の幼虫は，孵化するとすぐ葉鞘から食い込み，穂の節の下部を食い切るからである。食い切られても白穂にならない茎もあるが，これらもふくめて，減収は白穂率の1倍半ぐらいと見当をつければよい。

＜診断のポイント＞

▷この幼虫は，卵の産まれたイネを中心にして，その付近に広がるから，心葉のしおれ，心枯れ，白穂などが1か所にかたまってでるのが特徴である。

イ　ネ　＜サンカメイガ＞

▷穂を出さない時期に食い込んだ幼虫は，若い籾のなかの花粉や柱頭を食べているし，出穂後何日もたってから食い込んだものは茎の内壁を食べているので，どちらも，白穂になりにくかったり，白穂のでる時期がおくれたりすることがある。

▷穂揃期に食い込むと，被害穂は早く白穂となり，その数も多い。

＜発生動向その他＞

▷これは暖地系害虫で，北海道，東北，北陸，関東の大部分や，裏日本その他冬期に厳寒のくる地域では，越冬中に死に絶えるため発生できず，四国，九州，山陽，東海，近畿および関東のごく一部などの温暖地方だけに被害があらわれる。

▷第1～2世代期の被害程度は，被害株の立ち直りに関係のある肥培や環境条件によってちがうが，白穂は直接減収の原因となるので影響が大きく，白穂率が70％以上になると，残りの穂はすべて被害穂となり，ほとんど収穫皆無とみてよいほどの大減収になる。

▷細稈品種の普及，イネ生育期間の短縮など栽培法の進歩によって，どの地域でも発生が非常に減っている。

〔防除の部〕

＜虫の生態，生活史＞

▷1年に3回発生するのがふつうであるが，2回で終わることもある。

▷イネの刈り株の中にもぐった生育のすすんだ幼虫で冬を越す。

▷4月下旬ごろから白い繭をつくり，その中で蛹になるが，蛹になる前に茎を内側からかじって薄くしておき，繭からの出口をそこにあわせて繭をつくる。

▷5月中旬から6月中に成虫がでて前夜半に活動，交尾し，葉に50～60粒ぐらいずつかためて卵を産み，その上を蛾の腹端にある黄褐色の毛

イ　ネ　＜サンカメイガ＞

で覆っておく。卵期間は8日から19日とみればよい。

▷孵化幼虫は，葉先から糸を吐きブランコをして散り，下方の葉鞘の葉脈の間から食い込み，心葉の根元を食って苗を心枯れにする。

▷幼虫は，1頭が数本の茎を食うが，移るときは，茎を体長ぐらいに食い切りその中に入って，水に流されながら茎から茎にたどりつく。

▷2回目の成虫は7月中旬から8月中旬に出現する。

▷成虫は葉先近くに産卵，7日前後で幼虫になり，茎に食い込むが，このころは茎が太く，1本の茎で充分生育できるため，他の茎へ移り歩くものは少ない。幼虫は8月下旬から9月中旬にかけて蛹になり，約10日で3回目の成虫が出てくる。

▷成虫は葉先近くに卵を産み，卵は1週間ほどで孵化し，葉鞘から食い込んで白穂にする。生育するにつれて茎の下方に移り，刈り株の中で越冬に入る。

＜発生しやすい条件＞

▷冬期に幼虫体液が凍らないような暖地でないと発生しない。この幼虫は，一度体液が凍ると生きかえれないからである。

▷幼虫はイネだけしか食べられない。ほかのイネ科植物があっても，イネがなければ死ぬ。そのため，耕耘機，田植機の開発や育苗技術の進歩によって移植が早まると，この虫がふえるのによい条件をあたえることになるが，一方では越冬に入る幼虫が充分生育しないうちに収穫されるので，発生は減ることになる。

▷8月上中旬が低温だったり，育ちがおくれたりすると，2回しかでないで終わる虫がふえる。一方，高温で育ちが早く，発育のよい年は，多発生になる。

▷イネがあってもあまり幼い苗ではよく育たず，少なくとも種まきしてから2週間以上たったものでないと餌にならないらしい。したがって，イネの作期が早くなり，育ちのよい苗がどこにもあるようになると，この虫

イ　ネ　＜サンカメイガ＞

が育つのによい条件をつくってやることにもなる。

＜対策のポイント＞

▷刈り株内で冬を越すから，刈り株を水田に放置せず集めて処理するか，または深く掘りこんで，中の幼虫が死ぬように仕向ける。

▷薬剤は，ニカメイガ防除剤と同じでよいが，その散布適期はニカメイガと同時期とはいえない。

＜防除の実際＞

▷最近は少発生状態をつづけていることと，有効薬剤があるため，実施は少ない。

▷別表〈防除適期と薬剤〉参照。

1) 食込みの直前期には，浸透性はなくても長く葉表についており，雨や露でおちないような薬剤を選ぶのがよい。

2) 第1，第2世代の食込み幼虫は，ニカメイガとちがって，茎のかなり下部に入っているから，散布剤は，株の下方によくかかるように工夫する必要がある。水面施用剤も有効と思われるが，イネの発育時期や幼虫のいる位置などによく合わないと，効きムラがでることもあろう。

3) ただ，この虫の蛾の発生最盛期は，第1，第2世代ともニカメイガより5〜7日ぐらいずつ早いので，ニカメイガと併殺するにはわずかに難点のあることをわきまえて，防除設計を立てねばならない。

4) 第3世代期の蛾の発生最盛期は，9月上旬ごろになる。これについては，人畜に対する毒性が低い薬剤で単独の散布をしなければならない。

＜その他の注意＞

▷収量にひびく直接のものは白穂であるが，白穂を出す第3世代期は，食込み幼虫のいる位置が穂の育ち具合でちがう。早い時期には，穂が下の方にあるため幼虫は下から食い込むので，薬剤をイネの下半身によくかか

イ　ネ　＜サンカメイガ＞

るようにする必要がある。穂が出たものには，イネの上半身によくかかるように工夫することがたいせつである。

＜効果の判定＞

▷下茎部を割いて生き残り幼虫数で判断するほか，次世代の卵塊を調べても見当をつけられる。幼虫は淡い黄色で，全体が緑色がかっており，頭部は暗褐色，育ちきると2cmほどになるが，腹脚が非常に小さいことなどでニカメイガとは容易に区別できる。卵塊は前記のように成虫の体毛をかぶった塊で葉先ちかくに産みつけられている。

▷誘蛾灯に入る次世代の成虫数でも防除効果はわかる。成虫の雌は，黄色くて，体長で10mmほどあり，翅を開いた幅が25〜30mm，前翅の中央に黒い点がある。このため，イッテンオオメイガともよばれる。雄は灰褐色で体長8mm，翅を開いた幅が約21mmあり，前翅の先から斜めに暗褐色の線がついている。

(執筆：田村市太郎，改訂：平井一男)

イ　ネ〈トビイロウンカ〉

トビイロウンカ

被害圃場(坪枯れ)(上)：出穂期から登熟期にかけて数十～数百株が円形に倒伏し，波うつようにみえる。
坪枯れの株(右)：茎葉はかさかさに乾き，地面に近い部分はすすが発生して真黒になっている。

イ ネ 〈トビイロウンカ〉

メスの成虫：左は長翅型，右は短翅型。オスに比べずんぐりしている。卵を多数蔵しているので腹部は肥大し，ダンゴと呼ばれることもある。短翅型はほとんど移動しない。

オスの成虫：左は長翅型，右は短翅型。長翅型は一般に色が濃い。オスでは長翅型がふつう。短翅型は8月末〜9月上旬に割合多く発生し，ほとんど移動しない。

産卵痕：葉脈間の柔らかい部分に卵塊を産み込み，先端は外からみえる。

卵塊：イネの組織を切り開くと1列に卵が並んでおり，すでに赤い眼点がみえる。

ふ化直後の幼虫：卵は10日くらいでふ化する。

5齢幼虫：3齢ころから特有の油ぎった黄褐色を示す。

イ　ネ　＜トビイロウンカ＞

トビイロウンカ

　　学　名　*Nilaparvata lugens* Stål
　　英　名　brown planthopper

〔診断の部〕

＜被害のようす＞

▷出穂期から登熟期にかけて水田内に雷が落ちたときの状況を思わせるように数十株から数百株がまとまって不規則な円形に倒伏する。これが坪枯れで，最も明らかな被害の特徴である。

▷多発生の年や地方では田面全体の株が倒伏し，波うったようにみえる。

▷倒伏したイネの茎は灰白色になり，かさかさに乾き，地面に近い部分はすすが発生してまっ黒になっている。

▷出穂後1か月以内に枯れた場合には収穫はほとんどなく，1か月半くらい後では60～70％の減収，収穫期の枯込みでも20～30％の減収となり，品質も低下する。

＜診断のポイント＞

▷出穂後トビイロウンカの多発生に気がついたのでは，たいていは手遅れである。できるだけ早期に発見することが必要である。

▷海外から飛来する長翅型成虫が増殖源であるが，飛来・定着地帯はほぼ決まっているから，例年の発生期が近づいたら株を分けて下方部を注意して探すことが大切。

▷初期の飛来成虫の密度を予察灯や黄色水盤，読取り法などを併用し

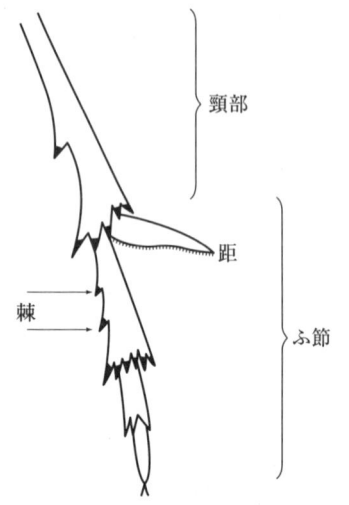

イ　ネ　＜トビイロウンカ＞

第1図　トビイロウンカ属の後脚
（頸部／距／棘／ふ節）

て，異常多発生が予想されるかどうかを判断する。

▷多発生が予想されるときは7月末，8月末の2回の防除適期をつかみ，薬剤を散布する。

▷ウンカの見分け方のポイントは以下のとおり。

▷トビイロウンカは全体が脂ぎった褐色で，前翅の合わせ目の中央に黒褐色の小斑紋がある。体長は4～5mm。

▷雄，雌ともに正常な長さの翅をもった長翅型と，翅が腹部の半分までにしか達しない短翅型とがある。長翅型は概して色が濃く，短翅型は淡い。

▷短翅型は8月から9月前半にかけて多く，株元にひそんでいるので，注意しないと見おとす。

▷水田内で見られるウンカのなかでは一番大きく，幼虫や成虫の密度も一番高くなる。

▷飛来初期に予察灯や水田で少数の成虫を採集したときは，顕微鏡かルーペで種の同定を正確にしなければならない。まず，トビイロウンカらしいものを選び出す。そのウンカがトビイロウンカ属であるかどうかの判定には後脚の第1ふ節（距から先の部分で実際に歩くときに植物体にふれる部分）に小棘が2～3本以上あるかどうかをたしかめる（第1図参照）。

▷次に雄では生殖節（腹の一番端の黒褐色の部分）を検鏡して，把握器（図中で黒いかげをつけた部分）で見分ける。雌では腹部を見て外側板（図中黒点をつけた部分）で見分ける（第2図参照）。日本にはトビイロウンカのほかにニセトビイロウンカ，トビイロウンカモドキという近縁種2種がイネ科植物のアシカキの中にすんでいて，予察灯によく飛来する。

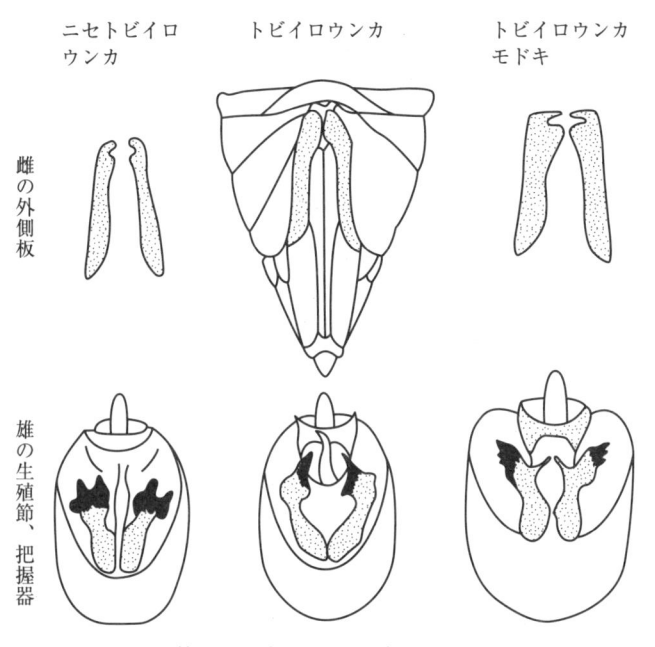

イ　ネ ＜トビイロウンカ＞

ニセトビイロ　　トビイロウンカ　　トビイロウンカ
ウンカ　　　　　　　　　　　　　モドキ

雌の外側板

雄の生殖節、把握器

第2図　ウンカの区別のしかた

＜発生動向その他＞

▷近年飛来数は少なく，セジロウンカの1割にも達しない年が多い。

〔防除の部〕

＜虫の生態，生活史＞

▷卵は非常に小さく，1mmたらずである。数個から十数個の卵を，イネの葉鞘部の，中肋から2～3列目の葉脈と葉脈の間の柔らかい部分に縦に1列に産み込む。卵は基部だけが外から見える。産卵後数日たつとこの部分が褐色に変わり，よく注意すると肉眼で見える。

▷卵は産みつけられた直後は乳白色であるが，1週間くらいすると基部

イ　ネ　＜トビイロウンカ＞

に近いほうに赤い眼点が見えるようになる。10日くらいで孵化する。

▷孵化直後の幼虫は黒っぽく，非常に小さいのでよく注意しないと見えない。株の下の水際を好んで住んでいる。

▷幼虫は脱皮をくりかえしながら5齢をへて成虫になる。3齢ころからはトビイロウンカ特有の脂ぎった黄褐色を示すようになる。脱皮殻は水面に一面にちらばっている。

▷成虫には雌にも雄にも翅の長い型と短い型とがあり，短翅型はほとんど動かず産卵に適した型である。大発生したときには長翅型が出現し，よく飛び立ち，灯火などに多数集まる。

▷日本ではイネ以外に適当な餌植物は見あたらず，池畔などのアシカキの中でみられるのはニセトビイロウンカかトビイロウンカモドキである。

▷発生の推移は以下のとおり。

▷苗代末期から本田初期に現われる長翅型が発生の始まりである。このときはセジロウンカと同時に出現するのがふつうであるが，密度ははるかに低く，数株から数百株に1頭くらいである。

▷このときの長翅型は，梅雨前線上を北東進する低気圧に向かって吹き込む温湿な南西風によって，海外から運ばれてきたものであり，これが増殖源となってつぎつぎとふえていく。

▷飛来はふつう6月末から7月はじめが多いが，7月中下旬の梅雨末期にみられることもあり，1か月以上の幅がある。九州南部や離れ島では5月からすでに飛来がはじまる年もある。

▷飛来からほぼ1か月後の7月末から8月上旬にかけて次世代が出現する。このときは雌はほとんど短翅型ばかりで，あるていど集中しており，その場所が後になって坪枯れになる。

▷さらに1か月後，8月末から9月につぎつぎと世代が出現する。はじめのうちは短翅型が多く，出穂後は長翅型が多くなる。

▷9月中下旬から幼虫がふえ，イネを吸汁加害しつつ，生育がすすむにつれて被害がではじめる。

イ　ネ　＜トビイロウンカ＞

▷飛来数の多い年や地方では8月中下旬に坪枯れができることがあるが，普通は9月下旬から10月にかけて坪枯れができる。

▷この害虫は，各地に土着して発生をくりかえしているものとはちがい，海を越えて海外から飛来する害虫であるので，その発生量を日本内地だけで予想できないところに大きな問題点がある。飛来源とみられている中国大陸などの気象状態，稲作型，その他の変動によって毎年の飛来の時期や量がちがうとみなければならないからである。

＜発生しやすい条件＞

▷トビイロウンカの発生しやすいところは地域的にも場所的にもきまっており，「つぼ」と呼ばれることがある。これは最初の飛来が起こりやすいような地形のところであったり，飛来後の後世代の増殖に好都合な条件がそろっているためであって，その場所でウンカが越冬したり，秋になってそこへ集まってきたりするわけではない。

▷早生種よりは晩生種，ウルチよりはモチ，瘠せ地よりは肥沃地，乾田よりは湿田のほうが，飛来虫の定着や増殖に好都合であって，発生しやすく，被害も大きくなりやすいので，注意を要する。

▷第3世代幼虫が生育する以前に収穫期となるイネでは被害はおこりにくい。

＜対策のポイント＞

▷トビイロウンカは大面積にわたって発生する傾向がある。いわゆる「ウンカ年」という年には西日本広域にわたって大発生する。したがって，例年飛来数が多く，被害が多い九州地方の動向に注意し，多発生の年には多発地帯では予察灯やネットによるすくい取り調査を行なう。

▷6月中旬から7月中旬，梅雨中末期に天気図を見ると，中国大陸の中南部に現われた低気圧が，東シナ海を越え，日本列島に沿って東北に進む場合がよく見られる。この進路が日本列島の真上またはすぐ北側に当たる

イ　ネ　＜トビイロウンカ＞

とき，生暖かい南西の強い風（20～22℃，風速5～15m/秒）が数時間にわたって吹走する。この風がトビイロウンカ，セジロウンカその他のウンカ類を海の向こうから運んでくるのである。

▷このようなウンカ類の長距離飛来の様相は全国的規模で調査されており，各県の研究機関へも伝えられているので，県が出す予察情報に気をつけていればわかる。

▷飛来数調査や低気圧の通過の様子などから，飛来の起こった時期や規模を知ったうえで，多発生が予想されるときには，それから20～25日後に第1回の防除（前期防除）を行なう。これは次世代の短翅型雌の発生や産卵を根絶するためである。たいてい7月末から8月はじめにあたる。

▷第1回の防除を行なわない場合は，飛来後25日くらい（8月上旬）から3日ごとに稲株のかきわけ調査を行ない，短翅型雌の発生密度を知る。この世代は発生密度も低く，しかもかなり集中分布しているので，できるだけ多数株を調査する必要がある。平均して100株当たり30～50頭以上の短翅型雌が発見されるときは出穂後坪枯れになる危険性がある。そこで，この短翅型雌の産んだ卵がほぼ全部孵化し終わるのを待って第2回（後期防除）の防除を行なう。

▷第2回防除は8月末にあたる場合が多い。このときは1回の防除では一部残るものが発生することが多いので，効果をたしかめて，1週間か10日後にもう1回防除を行なえば万全である。

＜防除の実際＞

▷別表〈防除適期と薬剤〉参照。

▷突発型の害虫であるから，防除適期は発生予察情報によること。

▷出穂後はウンカが実際に加害している株の基部に薬剤が到達しにくい。とくに粉剤をパイプなどでイネの上から散布した場合にはこの傾向が強いので，基部によくゆきわたるよう注意する。

（執筆：岸本良一・田村市太郎，改訂：平井一男）

イ　ネ〈セジロウンカ〉

セジロウンカ

被害圃場：不定形に黄変し、トビイロウンカのようなくっきりした円形の坪枯れにはならない。

メスの成虫（左；短翅型，中；長翅型）：メスはオスに比べややずんぐりしている。短翅型は7月末から8月に出現し，全体はほとんど真白。

オスの成虫（右）：白斑がはっきりし，すんなりと翅がよく伸びている。

産卵痕（下左）：葉脈に沿って裂けている産卵痕は褐変しているが，中の卵はほとんどみえない。

卵塊（下中）：1mm前後の卵が数個から十数個，1列に並べて産み込まれている。

5齢幼虫（下右）：幼虫期間は2〜3週間で，5齢を経て成虫になる。

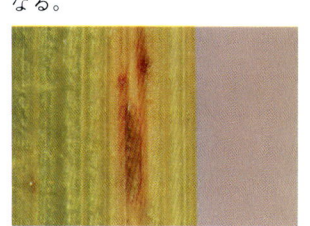

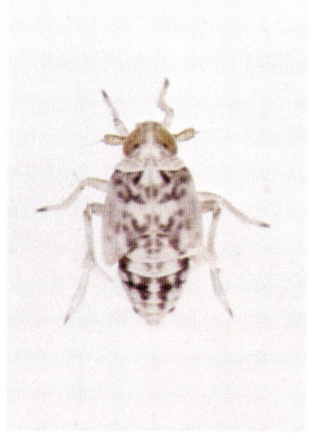

イ ネ 〈ヒメトビウンカ〉

ヒメトビウンカ

長翅型の成虫：上がオスで下はメス。セジロウンカによく似ているが，小型でオスの胸部背面は真黒である。

短翅型の成虫：上がオスで下はメス。メスは一年中みられ，オスは越冬あけに多い。

夏期の幼虫(左)：色は一般に淡黄色から橙黄色である。
越冬期の幼虫(右)：秋から春にかけての幼虫は休眠しており，褐色から黒色である。

イ　ネ　＜セジロウンカ＞

セジロウンカ

　　学　　名　　*Sogatella furcifera* (Horváth)
　　英　　名　　white-backed planthopper

〔診断の部〕

＜被害のようす＞

▷田植え後間もない本田や1か月以内の分げつ初期のイネの葉鞘部に黄褐色の縦斑が現われ，しだいに下葉が黄化し，株が絶えて植えなおす必要が起こったりする。時にはいもち病とまちがったりする。

▷8月上中旬に分げつ後期～穂ばらみ期のイネの下葉から黄褐色に枯れはじめる。株をかきわけてみると，白地に灰黒色の斑紋のある幼虫や成虫がむらがり，水面には白い脱皮殻が散らばり，株の基部はウンカの排泄物でべとべとし，すす病で真黒になっている。

▷被害はトビイロウンカの場合と異なり，円形の坪枯れにはならず，不定形で，田の一方にかたよったり，全面にうすく広がったりする。枯れ上がった場合でも，倒伏するよりは突っ立って枯れる場合が多い。

▷出穂後はトビイロウンカと混発することもあるが，単独で大発生することもある。

＜診断のポイント＞

▷田植え後，トビイロウンカの項で示すような，飛来に好適な気象が続いたり，予察灯への飛来数が異常に多いときは，例年発生の多い地帯の水田ではすくい取り調査を行なったり，水田に入って目で確かめたりする。

▷6月末から7月中旬にかけて若いイネの下葉が黄変したり，株絶えに

イ　ネ　＜セジロウンカ＞

セジロウンカ　　ヒメトビウンカ

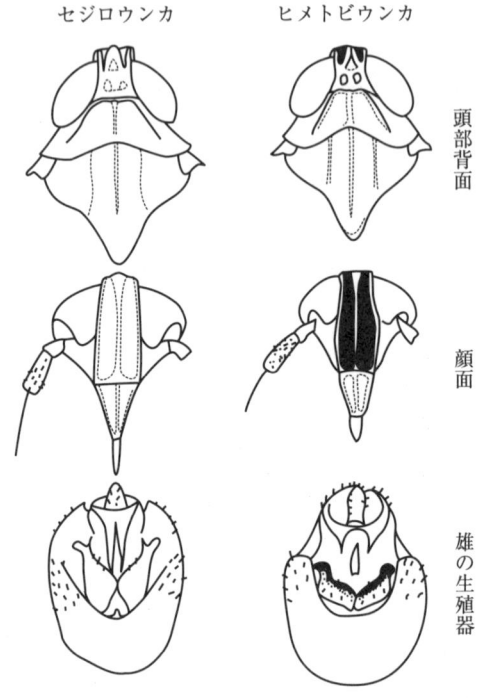

頭部背面

顔面

雄の生殖器

セジロウンカとヒメトビウンカの区別のしかた

なっている場合は，葉鞘に産卵痕があるかどうか，若い幼虫がいるかどうかを，イネを手ではらってみて調べる。

▷ウンカの見分け方のポイントは以下のとおり。

▷セジロウンカ成虫は4～4.5mmで，胸部背面に白斑が目立つのでこの名がある。体は灰褐色ないし黒褐色で，雌ではやや淡色である。雄では白斑もはっきりし，体型もすんなりして，翅がよく伸びた感じがする。翅の端が黒化することが多い。雌はややずんぐりして，ヒメトビウンカと混同されやすいが，やや大きく，次の識別点に注意すれば区別はむずかしくない。

▷雄では生殖節の把握器を検鏡するとよくわかる。また，頭の頂が，複眼の線よりやや突出しているので区別できる。

▷雌では頭頂の突出が大きいとともに，顔面（頭部を腹側から見た場合，大きな両複眼の間にある長方形の部分）の縦の二つの溝が褐色であるが，ヒメトビウンカでは真黒である。

▷雌には長翅型，短翅型があり，短翅型は7月末から8月に出現し，全体がほとんど真白である。雄には短翅型は見つかっていない。

▷幼虫は長い菱型で，白地に黒ないし灰褐色の雲型紋があり，水面に払

イ ネ ＜セジロウンカ＞

いおとすと，後脚を左右に水平に伸ばす特徴がある。

〔防除の部〕

＜虫の生態，生活史＞

▷卵は非常に小さく1mm以下で，葉鞘部，中肋から2～3列目の葉脈の間の柔らかいところを縦に割き，その中に数個～十数個を縦に1列に並べて産み込む。卵の基部は鋭く尖っていて，互いにくっついてはいないし，外からは組織の割れ目だけが見えて，卵は見えない。割れ目は産卵後まもなく褐変し，葉鞘部全体も褐変しやすい。卵は約1週間で孵化する。

▷孵化直後の幼虫は黒っぽく微細で，よく注意しないと見おとす。

▷幼虫は成長するにつれて，セジロウンカ特有の白地に黒褐色の不定形の斑紋を生じ，形も長菱型となってくる。ほとんど白地のままのものから黒化の強いものまで変異が大きい。2～3週間で，5齢をへて成虫になる。

▷セジロウンカはイネのほかにヒエなどでも生育できるが，実際にはイネの上だけで経過する。ヒエにはヒエウンカ，メヒシバにはセジロウンカモドキがそれぞれ生息しており，やや似ているが，上に述べた特徴に注意すれば区別できる。

▷発生の推移は以下のとおり。

▷セジロウンカの発生は，梅雨期，田植え後まもないころの本田へ飛来する長翅型成虫にはじまる。

▷梅雨前線上を低気圧が東北進するとき，前線の南側を湿った暖かい南西の風が吹き，これによって海の上を運ばれてくるものと考えられる。

▷この飛来のあった当夜や次の夜には予察灯に多数のセジロウンカが飛び込む。これを異常飛来と呼び，発生量の目安にする。異常飛来数は九州西海岸でとくに多く，東へ行くにつれて少なくなるが，東北地方や北海道でもみられることがある。

▷異常飛来のあった地方では，若いイネに株当たり数頭から数十頭もの

イ　ネ　＜セジロウンカ＞

成虫がすみついて吸汁し，交尾産卵する。九州西海岸地方では，このため株絶えが起こり，植え直しの必要が起きることもある。

▷風の流れ具合では平野部よりも山麓地帯で飛来数が多いこともある。

▷飛来は何波も起こる年があり，九州南部や離れ島では5月からはじまる年もあるが，普通は6月下旬から7月中旬にかけてである。

▷飛来虫は飛来後2〜3日で産卵をはじめ，条件がよければ2〜3週間で次世代の成虫が出はじめ，軟弱なイネでは短翅雌が混じって出現する。8月上中旬にあたる。

▷この8月の世代で水田から離れることが多いが，最近もう1世代水田内で増殖する例が多く，分げつ後期から穂ばらみ期のイネを吸汁，加害する。

▷トビイロウンカと同じく海外から飛来するので，全国の発生予想に注意する必要がある。

＜発生しやすい条件＞

▷飛来成虫は九州西岸地帯に非常に多く，本田初期の加害もこの地方で重大である。

▷平野の奥まった地帯や，山麓地帯で飛来虫が多い例もあり，このようなところでは8月上中旬の被害もでやすい。

＜対策のポイント＞

▷セジロウンカの飛来世代による被害は，飛来後2〜3日で現われはじめるので，異常多飛来を観測した場合には急いで対策を講じる。

▷年によっては飛来が数波にもわたって起きることがあるので，1回の防除で安心してはいけない。

▷例年発生の多い地帯では飛来成虫の次世代幼虫が1〜2週間後に出はじめるので，株元をよく観察し，幼虫の孵化が終わる時期を見はからって薬剤散布を行なう。

イ　ネ　＜セジロウンカ＞

▷近年飛来源でも薬剤を散布することが多くなっているので，薬剤抵抗性個体群が飛来してくることも念頭に防除対策を考える必要がある。

＜防除の実際＞

▷別表〈防除適期と薬剤〉参照。「ウンカ類」および「ウンカ類（ヒメトビウンカを除く）」「ウンカ類幼虫」の薬剤表も適用できる。

（執筆：岸本良一・田村市太郎，改訂：平井一男）

イ　ネ　＜ヒメトビウンカ＞

ヒメトビウンカ

学　名　*Laodelphax striatellus* Fallén
英　名　small brown planthopper

〔診断の部〕

<被害のようす>

▷ヒメトビウンカの害は，吸汁による直接害よりも，縞葉枯病や黒条萎縮病を媒介することのほうが重要である。
▷ウイルス病の病徴を認めたときはすでに手遅れであり，回復はしないので，予防がたいせつである。

<診断のポイント>

▷本田初期にムギ畑や雑草地から侵入する最も普通のウンカで，セジロウンカによく似ているが，小型で，とくに雄では胸部背面がまっ黒である。体長は約3.5mm。
▷セジロウンカとの区別は，セジロウンカの項で示した。
▷ヒエウンカはヒエの中に，セジロウンカモドキ（ウンカの一種）はメヒシバの群落の中に多くみられることもあるが，水田やムギ畑に入ってくることはあまりない。

<発生動向その他>

▷近年発生は少ないが，ムギ作地帯を中心に春～初夏の世代の発生数は比較的多い。

イ　ネ　＜ヒメトビウンカ＞

〔防除の部〕

＜虫の生態，生活史＞

▷卵の形や産まれ方はトビイロウンカによく似ている。

▷幼虫は楕円形で，セジロウンカやトビイロウンカにくらべて小さい。夏の間は一般に色は淡黄色ないし橙黄色であるが，秋～春は褐色ないし黒色で，とくに脱皮直後の4～5齢幼虫はまっ黒いものが多い。

▷卵期間や幼虫期間もやや短く，3～4週間で1世代をおくる。

▷成虫には長翅型，短翅型の2型がある。雌では短翅型は1年中みられるが，雄では越冬明けのものの中にとくに短翅型が多い。

▷食草の範囲は広く，オオムギ，コムギ，イタリアンライグラスのほか，メヒシバ，ヒエなどイネ科雑草を広く食草とする。トウモロコシにも飛来してウイルス病を媒介するが，トウモロコシだけで育ちきることはできない。

▷発生の推移は以下のとおり。

▷トビイロウンカ，セジロウンカとはちがい，海外から大量に飛来する種類ではない。

▷1年の発生経過は，まず4齢（一部3齢）の休眠幼虫が，2月下旬から3月にかけて発育を開始する。3月下旬から4月にかけて羽化した成虫はコムギやオオムギの畑へ移動するが，畦畔や雑草地にとどまるものもある。この時期には雄，雌ともに短翅型がみられるが，雄では1年のうちで一番多い。

▷ムギ畑では5月中旬から6月にかけてのムギの登熟期に幼虫，成虫の密度が高くなり，晴天の日には盛んに飛び立って飛散する。この時期にイネが活着から分げつ盛期にあたると，飛来数がとくに多くなるので，イネのウイルス病感染も多くなる。

▷イタリアンライグラスなどの牧草や各雑草の中でも増殖するものがあ

イ　ネ　＜ヒメトビウンカ＞

る。
　▷水田へ飛来したものは吸汁に伴ってウイルス病を伝播し，また産卵するが，次世代以降の密度はあまり高くならない。夏から収穫するまでずっと低密度で経過する。
　▷水辺のヒエや，メヒシバの群落の中で夏の間かなり高密度に達することがあり，また陸稲の中でも増殖しやすいが，陸稲ではウイルス病の発生はほとんどない。
　▷9月下旬以降孵化した幼虫は，短日・低温の影響で4齢で休眠に入る。休眠幼虫は水田の畦畔や土手，雑草地などで越冬する。

＜発生しやすい条件＞

　▷水田へ飛来する成虫は，幼虫期をムギ畑，とくに熟期のややおそいコムギの中ですごすので，コムギ作地帯では一般に発生が多い。
　▷コムギ畑やイタリアンライグラス畑に接した早植え田では，収穫や刈取りに伴ってヒメトビウンカの幼虫がなだれ込み，数列から十数列にわたってとくに激しい吸汁害をだすことがある。麦間直播はウイルス病大発生の原因となった例がある。

＜対策のポイント＞

　▷ヒメトビウンカ対策は，この虫が伝えるウイルス病を防ぐ有効法がないため，保毒虫を殺してウイルスの発生を減らそうとするのが主目的であるから，対策も他のものとはちがってくる。
　▷まず地域全体として，ある程度までウイルス病の発生が予想されるかどうかの判断をする。ウイルス病は突発するというよりは，流行の盛衰に波があることが多いから，この波の動向を知る必要がある。このためには過去の発生状況や保毒虫率などを考慮する必要がある。
　▷防除を行なうとすれば，規模と適期をつかまなければならないが，航空散布を行なうにはウンカの飛翔・分散のはじまる直前がよい。これはコ

イ　ネ　＜ヒメトビウンカ＞

ムギ畑でのすくい取り調査などから判断する。

▷個人による地上防除を主とする場合には，田植え期を中心に，なるべく広い面積を共同して行なうのがよい。

▷縞葉枯病が大流行した場合は，縞葉枯病抵抗性の品種を栽培し，その地帯の保毒虫率の低下を待つのが根本的対策である。近年はヒメトビウンカの発生数は少なく，保毒虫率も低下し，縞葉枯病の発生も少ない。食味との関係もあり抵抗性品種は育成されているが栽培されるに至っていない。

＜防除の実際＞

▷別表〈防除適期と薬剤〉参照。「ウンカ類」および「ウンカ類幼虫」の薬剤表も適用できる。

▷地上防除の場合は，発生の激しい地帯では1回の防除では効果は十分でない。速効的な粉剤や液剤で田植え直後の防除を行なうとともに，粒剤によって残効を長くする工夫も必要である。

▷機械植えを行なうときには，田植え直前に育苗箱に施薬する方法も推奨できる。

(執筆：岸本良一・田村市太郎，改訂：平井一男)

ツマグロヨコバイ

ツマグロヨコバイの排泄した甘露に発生したすす病：成幼虫に吸われて早くて2日，おそくても10日ほどで発生し，ついには真っ黒によごれてしまう。
（平井　一男）

幼虫：幼虫の期間は短いと20日，長いと1か月あまり。幼虫が7～8割のときが防除適期。
（平井　一男）

イネの葉に寄生する成虫：翅端までの体長は雄は約4.5mm，雌は5.5mm。複眼は黒色，単眼は黄色。雄成虫の翅端は黒色で，雌は全体緑色であるが，まれに雄のように黒斑を呈する個体もいる。
（平井　一男）

イ　ネ　〈イネツトムシ〉

イネツトムシ

ツト状のつづられた葉の中にいる幼虫：頭が黒く，体長約20～35mm。　　　　　（平井　一男）

イネツトムシの被害：上位葉の先が折れ曲る。さらに2～3枚の葉が寄せ集められて白い糸で円筒状につづられる。　　　　（平井　一男）

成虫：5月下旬～6月上中旬に第1回目がでて来て，早植えのイネに卵を産む。
（平井　一男）

イ　ネ　＜ツマグロヨコバイ＞

ツマグロヨコバイ

　　学　名　*Nephotettix cincticeps* Uhler
　　英　名　green rice leafhopper

〔診断の部〕

　＜被害のようす＞

▷本田のごく初期に，幼苗を黄変させてしまうこともあるが，こうした直接害は比較的少ないほうで，幼苗期には萎縮病や黄萎病などを伝播することで注目されている。

▷本田期でイネの育ちが盛んなころ，葉が先から赤黄色になり，田面が赤っぽくみえることがある。こうした害徴は，ほかの原因でも起こるが，ツマグロヨコバイの群生がみられたら，この虫の吸汁による害を考える必要がある。裏日本では，よくこうした害徴がみられる。

▷穂ばらみ，出穂，乳熟期にかけて，茎葉が色あせてきたり，止葉や上位の葉が葉先から赤黄色に変わってくるのも，被害の特徴である。

▷被害穂は，穂首，枝梗，籾などの表面に褐点がたくさんつき，籾は，黄褐色のマダラをつけた変色籾になってしまう。

▷減収程度は地域でちがい，太平洋側よりも日本海側一帯のほうがひどくなりやすい。被害が大きくでる北陸で調べた例によると，穂ばらみ期から引きつづいて加害すると，1株に10頭ついても3割以上の減収，100頭つくと6割ほどの減収となる。

▷吸汁による減収度合いは，雄によるよりも雌によるほうが大きい。

▷この虫に汁液を吸われると，早くて2日，おそくても10日ほどすると，吸われた茎葉や籾にすす病がはびこるため，まっ黒によごれてしま

イ　ネ　＜ツマグロヨコバイ＞

う。

▷試験によると，すすがついただけで減収する割合は非常に少ないから，減収は虫の吸汁害が直接の原因であると考えられる。

＜診断のポイント＞

▷葉の色変わり，株の発育不振，穂の褐点やマダラ，まっ黒なすすなどの症状はツマグロヨコバイがついたときだけ出るとはいえない。したがって，こういう害徴は大まかな見当をつけるのに使うとして，決め手は，やはり加害者を調べなければならない。この虫は，ウンカなどと混生するからである。

▷成虫は緑色で，雌は6mm，雄は4～5mmの大きさである。翅端が黒いもの，つまりツマグロなのは雄で，雌の羽先は黒ではなく薄い褐色である。稲株に近づいたり，ゆさぶったりすると，さかんに飛び立つのですぐわかる。

▷幼虫は，成虫の翅をとったような形で，淡緑色かわずかに黄褐色がかっており，縦に1対の黒線がある。

▷どれくらいついているか見当をつけるには，虫とり網で株の上面をすこし押し倒すようにしながら，面積を決めてすくい取ってみることである。

＜発生動向その他＞

▷葉が赤黄色に変わるのは，青枯病，原因不明の下葉枯れ，茎内や葉鞘内につく害虫の害徴などもあって，見ただけではまぎらわしいこともあるから，それぞれ加害者の実態や原因，その特徴などをくらべてみる必要がある。

▷すすは，ウンカによってもひどくでるが，ウンカが主原因のときは，かならず別に記したような枯れがみられるから，区別できる。しかし，明らかな被害は出ないでウンカもツマグロヨコバイもいるときは，どれが主

イ　ネ　＜ツマグロヨコバイ＞

体か判定はむずかしいが，そういうときの対策としては，両方を併殺できる薬剤を使えばよい。

〔防除の部〕

＜虫の生態，生活史＞

▷1年間の発生回数は，北日本では2回，南日本では6回までのところがある。しかし，予察灯にくる実際の成虫数は第1世代だけがわかるだけで，第2世代から先は重なって発生するため，明瞭な山にならず，ともかく9月までには，第4世代から第5世代までの成虫が出てしまうということになる。

▷各世代の出かたにも地域差があり，北寄りの地域では第1世代は少ないが第2，第3世代が非常に多く，中部日本では第1世代よりも第2世代，第2世代より第3世代が多いが，南日本では，第1世代は早く出て多いが第2～第3世代は非常に少なく，第4世代がやや多くて第5世代は少ない，というのが普通である。

▷暖地では成虫で越冬するところもあるが，たいていは幼虫で越冬に入り，若齢虫はつぎつぎと死に，4齢虫が春まで生き残る。

▷越冬幼虫は，イネ科雑草について冬を越す。冬中緑色を保っている雑草を好む。

▷越冬幼虫は，その場所で育って成虫になり，早い地方は5月下旬になるとあらわれる。

▷卵は，細長くてバナナ状をしている。イネの葉鞘に産卵管をさしこんで，14～15粒ずつきれいにならべて卵を産み込む。卵は拡大しないとよく見えないが，産卵痕は，なれると見つけられる。

▷卵の期間は季節によってちがい，夏期は短く初夏や秋期は長いが，だいたい1～2週間と思えばよい。

▷幼虫の期間も季節によってちがい，短ければ約20日，長いと1か月

イ　ネ　＜ツマグロヨコバイ＞

あまりもかかる。

▷成虫の寿命も世代でちがうほか，個体でも差があり，飼って調べると，短いのは2日，長いのは45日などとなるが，平均すると，21日から25日ぐらいである。

＜発生しやすい条件＞

▷冬暖かいことは，越冬幼虫の死亡が少ないので多発条件となる。

▷積雪地では，最高積雪量が少なく，根雪期間が短いと暖冬で，幼虫の生き残りが多いため多発生になりやすい。

▷また，雪の量は少なくても，消えぎわに極端な気象の変化のあるような年は，越冬幼虫が死にやすくなるが，急激な気象変化がなくて春になるような年は，ひとまず，発生も多いものと予想したほうがよい。

▷6月から7月に高温多照の年は，秋の発生がふえるといわれている。しかし，山形では，多発生年の原因を，7月2～4半旬の最高気温が低いことを繁殖好適条件としている例もあるので，地域差もあるだろうから，どこでも同じと考えることはできないのかもしれない。

▷イネ品種では，ウルチよりモチに多く付くようであり，窒素がよく効いて柔らかそうにのびたイネにも，この虫が集まりやすい。

▷極端に早いイネと極端に遅いイネとがあったときは，遅いほうに集まる習性があるので，段階的に時期をずらしてつくるような場合は，防ぎ方の計画も，それに合わせる必要がある。

＜対策のポイント＞

▷吸汁による害は西日本ではほとんど問題ないといわれている。萎縮病，黄萎病対策としては育苗箱施薬がよい。

▷成虫よりも幼虫のほうが薬剤に弱いから，幼虫をねらうとよい。ただ水田では成虫期と幼虫期とがはっきりわかれておらず，いつも両方が混発しているから，幼虫が7～8割とみられる時期に防除するのが有効。

イ　ネ　＜ツマグロヨコバイ＞

▷多発世代は地域差があり，暖地では第1世代，北日本各地では第3世代が多いから，これら世代の前期に防除して，多発世代の虫数を減らすとよい。

▷多くは成虫をめざして薬剤防除をしてきたが，成虫期には他からの"ナダレこみ"があるため，小面積防除では効果が低い。なるべく大面積を共同で一斉防除するのがたいせつなコツ。

▷薬剤散布は株の上表ばかりでなく，下茎部にまでよくいきわたるように工夫すること。

▷マラソン剤に対する抵抗性は昭和35年以降，カーバメート剤に対する抵抗性は昭和42年以降，とくに西日本〜関東にかけて明らかになってきた。抵抗性の程度は地方によってちがうので，各県の指導方針に従うのがよい。

＜防除の実際＞

▷別表〈防除適期と薬剤〉参照。

＜その他の注意＞

▷発生回数や時期が各地でちがうため，防除適期をきめるには，虫を捕虫網ですくいとり，その数や成虫・幼虫の比などで判断し，幼虫の多い時期に薬剤をかけるのがよい。

▷薬剤の効きめは，長いものでも10日前後で，日がたつにつれて効きめは落ち，短いものは2〜3日ぐらいしか効かない。しかも成虫は無散布地からたえずやってくるから，薬剤によっては，3回ぐらいまかないと充分に防げないこともある。

▷この虫は同じ薬剤を長年使いつづけると耐性がつき死なないものがふえる。適期がずれたり施用法がまずかったりしても，そういう薬剤抵抗性の虫をつくりだす。生き残りが年々ふえるようなときは，ちがう主成分の薬剤に変える必要がある。

イ　ネ　＜ツマグロヨコバイ＞

▷薬剤を変えるには専門技術者の指導によるのがよい。ある薬剤に強くなると，それと似た化学構造のものすべてに強くなるため（交差抵抗性），何に変えるかの選択がむずかしいからである。

▷効きがわるいとしても，適期のずれ，散布機や散布法不良だけが原因のときもあるから，よく検討したうえで抵抗性かどうかを判断する必要がある。

▷少発年や少発地区では薬剤散布をとりやめることも合理的である。

▷早生品種を刈ると，中晩性品種に飛来して急に被害が増加するから，時期をはずさず防除することが肝要である。

＜効果の判定＞

▷2～3日おきに，静かに株に近よって，ついている虫の数をかぞえるか，捕虫網で株の表面をすくう。その数の動きで，効いたか効かなかったかを判断するとよい。

▷成虫や幼虫が一時的に減っても，散布後10日ごろに小さい幼虫が出かかっているときは，死ぬ前の成虫がかなり卵を産んでいた証拠だから，さらに防除し，その後のようすで判定することがたいせつ。

▷ツマグロヨコバイは吸汁性害虫なので，未熟時期から穂の汁を吸うため産米は粒張りや粒重が劣り，味にも当然影響をあたえる。「うまい米づくり」の現代にあっては，被害程度別に食味テストをし，銘柄米としての質の面からも効果を判定する必要がある。

（執筆：田村市太郎，改訂：平井一男）

イ　ネ　＜イネツトムシ（イチモンジセセリ）＞

イネツトムシ（イチモンジセセリ）

　学　　名　*Parnara guttata* Bremer et Grey
　別　　名　ハマクリ，カラゲムシ，チマキムシ
　英　　名　rice-plant skipper, paddy skipper, rice skipper,
　　　　　　straight swift

〔診断の部〕

＜被害のようす＞

▷上位葉の先が折れ曲がってつづっているので，開いてみると，頭が黒く体がいくらか緑色がかった虫がいるのは，若齢幼虫による被害葉である。

▷2～3枚の葉が寄せ集められて白い糸で円筒状につづられ，付近の葉に段列状の食痕があり，この円筒状のつづり葉をひらくと，淡緑色の紡錘形で頭は平たくて褐色をした3～4cmの幼虫がでてくるのは，終齢幼虫による被害である。

▷前記のような円筒状のつづり葉がたくさんあり，しかも，それらがほかの葉といっしょにかなりの株どうしでつづり合わされ，1株を動かすと付近の株もいっしょに動くほどで，つづられない葉には中央の太い脈だけ残して両側を不規則に食ったあとがあるのは，終齢幼虫によるひどい害の場合である。

▷3～4本から4～5本の穂が寄せ集められてつづられており，開くと中から終齢幼虫が出てくるのは，前記よりさらにひどい被害の場合である。こんなときは，葉の食痕はいっそう大きく，食い残された太い葉脈だけがホウキのように突っ立っている状態にもなる。

イ　ネ　＜イネツトムシ（イチモンジセセリ）＞

▷こうした加害のため，被害株は穂が出せなくなったり，穂の出たものでも稔りが悪く，品質は落ちて減収する。

＜診断のポイント＞

▷つづり葉，つまりツト（蛹室）の数は幼虫数をあらわすことにもなるが，ツトの多いほど食われかたもひどい。幼虫1頭で約4〜5gの減収量になるという計算例もある。

▷減収量は食われる時期でもちがい，かりに2割の葉を食われた場合を例にとると，8月中下旬ごろなら5％，9月上旬なら9％，9月中下旬なら12％ぐらいの減収で，被害時期が遅いほどひどくなる。

▷また，虫の発生数でも1頭当たりの減収量はちがい，多発生年は減収量が少なく少発生年は多いという研究もある。多発生年は虫の勢力が強いため，つづり葉の数も食葉量もふえがちであるが，反対に，寄生虫などの天敵が多かったり，気象がよくてイネの回復力が強いような年は，死ぬ幼虫も多いので少発生となり，食われたイネもよく回復するためであろう。

▷葉を巻いて加害するものには，イネツトムシのほかに，コブノメイガなどもある。これらは，葉の巻き方や住んでいる様子などがちがうから，それぞれの項を参照して区別すればよい。

＜発生動向その他＞

▷収穫期が近づくほど，穂のすぐ下の葉である止葉の働きが大切になり，止葉の長さや面積が大きいほど収量も多いという関係が強くなる。したがって，止葉やその下の葉などがつぎつぎと害をうけると減収もいっそう大きくなるから，早い時期に防ぎたい。

イ　ネ　＜イネツトムシ（イチモンジセセリ）＞

〔防除の部〕

＜虫の生態，生活史＞

▷1年に3回発生するのが普通であるが，4回発生する場合もある。

▷越冬は，幼虫で，イネ科の雑草，イネのヒコバエ，マコモ，タケ類などで行なう。

▷越冬した幼虫は5月中下旬に蛹となり，6月上中旬に第1回の成虫が出て早植えのイネ葉に卵を産み，かえった幼虫はイネを食うが，このころの被害はごくわずかで問題にするほどではない。

▷この幼虫は7月中旬に蛹となり，7月中旬から8月上旬に第2回の成虫が出てイネに産卵する。卵は半円まんじゅう形で直径は約1mm，生まれたては淡い桃色がかっているが，しだいに薄紫がかってきて，やがて幼虫がかえる。この幼虫がひどい加害をし，老熟して8月下旬から9月上旬に蛹になる。蛹はツトの中にいて，体長約2cmの淡紫色をし，体表に白い粉状のものをつけている。

▷こうして，9月中旬から10月はじめにかけて第3回の成虫がでるが，これがイネ科雑草，イネのヒコバエ，タケ類などに卵を産み，それからかえった幼虫が育って越冬に入る。

＜発生しやすい条件＞

▷12月から3月までの平均最低気温が高いときは，幼虫の発生数が多いので，これから発生予察のできるところが多い。

▷第1世代幼虫期にあたる6月中旬から7月上旬ごろ，晴天が多く高温であると，幼虫の育ちがよく死ぬのも少ないから，たくさんの成虫が出ることとなり，盛夏の多発生につながる。

▷成虫つまりイチモンジセセリは移動性が高く，好適な稲田をもとめて飛ぶ。この成虫数を知る方法として，7月中下旬に15日間ぐらい，毎日

イ　ネ　＜イネツトムシ（イチモンジセセリ）＞

一定時刻に赤クローバあるいは濃青色香料トラップに集まる成虫を数える。それから計算すると、やがて出る幼虫の数やその発生相などがよくわかる。

▷葉色の濃い品種には卵がたくさん産まれるので，被害もひどくなる。

▷早植えのイネよりも晩植えのイネのほうが，産卵が多く，被害もひどい。

▷田の周辺より内側に産卵が多いので，多被害となりがちである。

▷肥料が効きすぎ，軟弱で遅出来のイネは，被害もふえる傾向になる。

▷旱害，水害その他災害をうけてイネの生育がとどこおり，遅出来になると，それに集中産卵をする習性があるため，大被害を起こすことがある。

＜対策のポイント＞

▷中齢～終齢幼虫は薬剤に強くなり，効き方が非常に悪くなるから，なるべく小さい時期に防ぐことである。

▷それには，事前予察が大切で，クローバや前述のトラップに集まる成虫数で見当をつけたり，産卵数を適時調べることができれば，いちばんよい。

▷葉先が小さく巻きだすころから，ツトがごくわずかに見つけられるころまでに，薬剤散布をはじめる必要がある。幼虫が育ち，ツトがふえ，葉が全面につづられてしまってからでは，薬剤の効果を期待できなくなる。

＜防除の実際＞

▷別表〈防除適期と薬剤〉参照。

＜その他の注意＞

▷この幼虫は夜間活動性であるから，日中はツトの中に入っており，日没後にはいだして，付近の葉を食ったりつづったりする。しかし，曇天に

イ　ネ　＜イネツトムシ（イチモンジセセリ）＞

は，日中でも葉面に出て食害するものもある。したがって，幼虫体に直接薬剤をかけようとすれば，夜間散布するほかはなく，有効薬剤の少なかった以前は，こうした方法をとった。しかし，現在は，すぐれた殺虫剤が多いから，日中葉面に散布することでよくなった。

▷この虫は，比較的株の上面を渡り歩くから，株の下方までまく必要はなく，むしろ，上部の葉表によく付着するように散布するのがよい。

▷散布時期は，株の育ちざかりのころから穂の出るころまでに当たるので，液剤なら10a当たり150l，粉剤なら3〜4kgの見当で使う必要があろう。

▷この虫の発生期は，第1世代のニカメイガとは少しズレがあるので併殺効果は期待できないが，第2世代期やツマグロヨコバイやウンカなどとは併殺でき，いもち病，紋枯病などに効く殺菌剤との混用も効果をあげることが多い。

▷特別な条件による突発例をのぞけば，この虫の発生地区，発生田，出やすい場所などが例年決まっているので，発生源をおさえるため，そうしたところを優先的に防除する。

▷成虫は8〜9月ころにかなりの集団で海を渡ることが知られている。今年が少発生だからといって，来年も少発生だろうと安易に考えるのは危険である。

＜効果の判定＞

▷防除後に，ツトの数がふえなければよく効いたことになる。

▷試験例から計算すると，全体の葉に対する巻き葉数の割合，つまり巻葉率が5％以下ならば，ほとんど減収しないか，減収したとしても0.5％以下で問題にするほどではないが，巻葉率が10％だと2％の減収，20％だと4％以上，30％だと7％以上の減収という数字がある。しかし，穂がつづられるほどになると，減収はもっとひどい。

▷ツトをひらいて，中に幼虫のいないのがほとんどであれば，非常によ

イ　ネ　＜イネツトムシ（イチモンジセセリ）＞

く効いたものと考えてよい。
　▷上記とあわせて，被害葉の数や食われ方も効果判定の参考にするとよい。
　▷前記のように巻き葉の割合が多いと減収量もふえる。この減収とは，重さや容積の減り方であるから，いいかえれば粒が軽く粒張りが悪いということにもなる。加害期は稲作後期にあたるから，粒の充実つまり品種独特の風味構成に影響する。

（執筆：田村市太郎，改訂：平井一男）

イ　ネ〈フタオビコヤガ〉

フタオビコヤガ

加害盛期の状況：矢羽根状の食痕。
　　　　（小池　賢治）

成虫(左)：体長7〜11mm。
　　　　（小池　賢治）

幼虫(右)：体長20〜22mm，シャクトリ状に歩行。
　　　　（小池　賢治）

寄生蜂のホウネンダワラコマバチのまゆ
　　　　（小嶋　昭雄）

類似種のシロマダラコヤガ：黄褐色の幼虫。
　　　　（小嶋　昭雄）

イ ネ〈イネドロオイムシ〉

イネドロオイムシ

被害葉：白いカスリ状の食痕があり，泥のかたまりのようなものが付着している。
（宮川）

幼虫：虫糞を背負っているので，泥のかたまりのようにみえる。　（湖山　利篤）

成虫(左)：成虫も葉を食うが幼虫ほど大きな被害はない。体長約5mm。
卵(右)：長さ約0.8mm。
（湖山　利篤）

フタオビコヤガ

学　名　*Naranga aenescens* Moore
別　名　イネアオムシ
英　名　green rice caterpillar

〔診断の部〕

<被害のようす>

▷加害は幼虫のみである。若い幼虫（1～2齢ごろ）はイネの葉の表面を片側からかじる。幼虫が3齢以上になると，葉の縁から蚕のように蚕食する。加害初期の被害は葉身に白いカスリ模様の食痕ができ，中期以後の被害は階段状の食痕になる。

▷多発生した水田では，葉身が食い尽くされるほどの被害を呈することがある。北陸地方では，1年で最も多発生する時期が出穂前後にあたることが多く，葉の中肋と若い穂だけが直立している状態になることがある。

▷被害は幼虫の発育が速いので急速に進展する。1匹の幼虫の加害期間は2週間程度である。若齢幼虫は摂食量が少ないが，4～5齢に成長すると摂食量は加速度的に増加するので，被害は急激に拡大する。

▷多発生しやすいのは里山・山間・山沿い地域，集落周辺，堤防沿いなど風通しの悪い水田である。イネの品種では草型の大きくなりやすい品種であり，そのような栽培をしている水田である。年次的には，孵化から幼虫発生初期に曇天や雨の日が多い年に発生しやすい。

▷収量への影響は，出穂前後に加害された場合に最も大きくなりやすい。

イ　ネ　＜フタオビコヤガ＞

＜診断のポイント＞

▷成虫は前翅長7〜11mm。前翅の色は越冬世代成虫は黄褐色，第1世代以後は明るい黄色で，暗褐色の2本の横帯がある。幼虫は淡緑色でシャクトリ状に歩行し，成熟した幼虫の体長は20〜22mmとなる。老熟した幼虫はイネの葉でちまき状のツト（蛹室）をつくり，その中で蛹になる。

▷被害発生の有無や発生時期をいち早く知るには，加害初期のカスリ模様の食痕の発生に注意する。この期間は1週間程度である。階段状食痕を呈するようになってからでは防除適期を過ぎている。発生初期の被害をいち早く見つけることが大切である。

▷幼虫はつねに葉の上にいるので見つけることはやさしい。幼虫はイネの葉と同じ色をしているので，わかりにくい場合には稲株を軽くポンポンとたたくと容易に地面に落下する。幼虫の発生程度を簡易に知るのに便利である。

▷6〜7月に捕虫網ですくい取りをしても，幼虫は容易に捕獲できる。

▷幼虫の類似種としてシロマダラコヤガ（シマメイレイ）が発生することがある。この幼虫はフタオビコヤガの幼虫よりやや太く大きく黄緑色で，成長すると黄褐色になる。食害痕も階段状にならず不規則な形を呈するので区別は容易である。

▷幼虫は昼間はイネの下部の葉に多く，夜間上部の葉に多くなる。曇天や雨の日には昼間でも上部の葉に比較的多く見られる。発生量の診断にあたってはこの点も考慮する。

＜発生動向その他＞

▷近年の発生はほぼ全国的に少ない状態が続いている。その要因は明らかでない。この害虫が単独で殺虫剤散布の対象になることは，最近ではほとんどない。

▷局地的には少面積での多発生状態がみられ，被害が心配されることがある。

イ　ネ　＜フタオビコヤガ＞

〔防除の部〕

＜虫の生態，生活史＞

▷越冬は蛹で，北陸～関東では4月下旬～5月上旬にかけて1回目の成虫（越冬世代成虫）が羽化する。多化性の害虫で，1年間の発生回数は地域変動が大きく，2～6回までの変化がある。北陸では3～4回発生し，西日本では5～6回発生する。

▷世代別の発生量は，第1世代が少なく，第3世代（幼虫の加害盛期は8月上旬）が最も多く，第4世代は発生量が減少するか年によっては発生しない。西日本では6月上中旬に幼虫が発生する第1世代虫が最も多いという。

▷発育は速く，夏期には卵期間は5日，幼虫期間は15日，蛹期間は12日程度である。被害の進展も速く，加害初期の被害に気づかずにいると思わぬ害を被ることがある。

＜発生しやすい条件＞

▷幼虫は高温を好むが，乾燥には弱い。特に若齢幼虫の発生期に乾燥した晴天がつづくと幼虫の発育が極度に阻害され，発生量は減少する。

▷幼虫の発生量は若齢幼虫の発生期に曇天や雨の日が多く，湿度の高い日が続くと多くなる。同じ理由で，山林・山間・山沿い地や堤防沿い，あるいは集落周辺の風通しの悪い水田で多発生しやすい。

▷繁茂度が高く，株間の湿度が高いイネ，晩植えなどの理由で生育が遅れたイネ，遅くまで緑色の濃いイネでは多発しやすい。

＜対策のポイント＞

▷殺虫剤による防除効果が上がりやすい害虫である。幼虫の発育が速く被害の進展が速いので，防除適期を失すると思わぬ多害を被ることがある。

イ　ネ　＜フタオビコヤガ＞

▷殺虫剤の散布適期はカスリ模様の食害痕が見られる時期である。散布がこれより遅れても殺虫効果は充分に期待できるが，食害量が急激に増加するので，被害は日ごとに拡大する。

▷イネの生育量を適正に管理する。過繁茂をさけ，基盤整備などで遅植えになった水田では初期被害を見落とさないよう注意する。

＜防除の実際＞

▷別表〈防除適期と薬剤〉参照。

▷薬剤防除の対象は若齢幼虫である。防除適期はカスリ模様が見られるときである。防除効果は上がりやすい。適期に防除すれば多被害をまねくことはない。

▷農薬の散布は，乳剤は所定の濃度で10a当たり100～150lを，粉剤は3kgまたは4kgを散布する。

＜その他の注意＞

▷殺虫剤に対する抵抗性発達の事例は認められていないが，今後抵抗性を発達させる可能性は否定できない。常発地域ではできるだけ異なる農薬を交互に使用する。

▷農薬の散布は害虫の発生実態に見あった必要最低限とする。

▷繁茂程度の高いイネや生育の遅れたイネで多発生しやすい。イネの肥培管理に注意し，健全に育てる。

▷風通しの悪い地域や水田では多発生しやすい。初期の被害発生に注意し，対策が手遅れにならないようにする。

＜効果の判定＞

▷防除効果があれば幼虫が見られなくなる。幼虫を観察するには稲株を軽くたたくと，幼虫が敏感に反応して田面に落下するので容易に判定できる。

(執筆：小嶋昭雄，改訂：平井一男)

イ ネ ＜イネドロオイムシ（イネクビホソハムシ）＞

イネドロオイムシ（イネクビホソハムシ）

学　名　*Oulema oryzae* Kuwayama
英　名　rice leaf beetle

〔診断の部〕

＜被害のようす＞

▷葉に，先のほうから葉脈に沿うように白い断続線があり，その大部分は線状となる。これは成虫による被害である。付近を探すと，約5mmの青藍色の甲虫がいる。

▷幼虫に加害されると，葉に細長いがわりあいに幅広で断続したいろいろな大きさの白斑を生ずる。幼虫に泥の塊状の排泄物がついており，この寒天のような泥状物をはぎとると，中から裸虫がでてくる。

▷このような被害葉は，あとで乾いて穴があいたり，強風などで縦に裂けて，数枚の裂片となることが多い。

▷発生が多いと，水田全面が白くみえるほどになる。ひどい被害株は枯れるが，普通はあとからおくれて出る葉や茎がのびるので，盛夏のころには回復したかと思うようになる。だが，草丈は短く，茎や穂の数も少なく，穂は短く，粒数は減り，稔実が悪く，米の質も落ちてしまう。

▷低温性の害虫なので，冷害年には発生も多いが，こうした被害は株の勢力を劣化して冷害のほうもいっそうひどくなる。

＜診断のポイント＞

▷この虫は，北海道，東北，北陸，北関東，山陰地方に多く，その他の地方では，山間地，高冷地などのような低温地帯にでる。こうした地帯で

イ　ネ　＜イネドロオイムシ（イネクビホソハムシ）＞

も発生地はたいてい決まっているから，そのようなところに着目して，早期に発見する。

▷葉に食痕のあらわれるのは，苗代から本田の初期，直播イネでもそれに該当する初期である。

▷強い風が吹くと，葉がすれ合って葉脈間が白く枯れ，この虫の食痕に似た症状を出すが，この虫の食痕は，一面から表皮や葉肉をけずりとるように食って反対側にうすい膜を残したものであるほか，かならず汚泥の塊のような幼虫がいるからすぐ区別できる。

＜発生動向その他＞

▷中山間地の水田では恒常的に発生するが，暖冬年には発生数は増える。

〔防除の部〕

＜虫の生態，生活史＞

▷1年に1回発生する虫で，成虫が草むらや山すその枯れ葉などにもぐって越冬し，翌春出てイネやマコモの葉を食い卵を産む。寿命は，普通の年でも7月中旬ごろまでであるが，低温年には8月までも生きている。

▷卵は，葉面に産まれ，黄色で長さ約0.8mm。しだいに褐色から黒っぽくなり，1～2週間たつと幼虫がかえる。

▷幼虫は，背中に虫糞を背負っているのが特徴で，2週間もたつまでには育ちきって約5mmの大きさになり，やがて蛹となる。

▷蛹は葉面につくった繭の中にいて，5mmほどの大きさである。繭は白い綿毛でおおわれている。

▷7月初めから8月初めにかけて，蛹から出てきた成虫をみることができるが，この成虫はそのまま越冬場所に移っていく。

イ　ネ　＜イネドロオイムシ（イネクビホソハムシ）＞

＜発生しやすい条件＞

▷早まきをしたり，早植えをすると成虫が集まりやすく産卵もふえるから，幼虫の数も多くなる。
▷平坦部の山寄り地区やマコモが自生している地方は，越冬や幼虫発育に適するので多発しやすい。
▷肥料が効いて伸びすぎたような株にも，虫が集まりやすい。
▷1月から4月ごろまでの平均気温が高いような年は，越冬成虫が早くから活動をはじめ，水田にやってくる時期も早いので，被害も多くなる。
▷5月下旬から6月に，多雨で湿度の高い日がつづくと，幼虫の発生期間は長く多発生になりやすい。
▷サクラの花の早く咲く年も，発生数の多いことがわかっている。
▷水路のマコモやサヤヌカグサに早くから越冬成虫が集まるような年は，幼虫の発生数も多い。
▷幼虫は乾燥に弱くフェーン現象がおこると急に数が減り，被害が止まることが多い。

＜対策のポイント＞

▷葉に成虫の食痕が出はじめ，葉表に産まれた卵がふえたころ，つまり産卵最盛期が薬剤散布の最初の適期である。
▷卵の大多数が充分に黒ずんで幼虫のかえる時期，つまり幼虫の孵化最盛期は，もっとも有効度の高い薬剤防除適期である。
▷以上の防除時期をはずすか，またはだらだら発生で，あとから出たものや防除もれなどのときは，ニカメイガ第1世代防除と同時に行なう薬剤散布で，かなり防ぐことができる。

＜防除の実際＞

▷別表〈防除適期と薬剤〉参照。

イ　ネ　＜イネドロオイムシ（イネクビホソハムシ）＞

＜その他の注意＞

▷幼虫に対しては，虫体によく付着するように散布するつもりでやれば，稲体にもよくついて，食痕がふえるのを防ぐことができる。

▷薬剤を水面にまくときは，2～3日たってから効きはじめるから，その日数を計算に入れておく必要がある。

▷冷害年には，とかくこの虫の被害が発生しやすく，正常年ならたいした問題にならない程度の発生数でも，イネの回復力が低いのと冷害による影響が加わるのとで，被害はいっそうひどくなる。こんな年は，防除とともに冷害対策としての肥培管理をおこたらないようにすること。

▷この虫は，越冬場所との関係もあるので，年による差はあるにしても，いままで発生したところには，たいてい毎年発生するものである。このような常発地点では，ほかよりも発生時期が早いから，よく調べておき，翌年の早期防除のための目安を立てておくとよい。

＜効果の判定＞

▷成虫は，羽があるのと分散するため，どれだけ死んだかは判定しにくいが，直接成虫に効いた場合は卵の産まれ方が少なくなる。

▷幼虫は，死ぬとたいてい葉から落ち，たとえ葉についていても乾いて小さくしぼみ，しまいには落ちるから，薬剤防除後早ければ1～2日，おそくも5日ぐらいのうちには，効いたかどうかがわかる。

▷少発生年の幼虫は，水田全面に平均に発生するものではない。したがって，防除効果を判定するには，かなりくわしくみないと，防除もれに気づかないことがある。

（執筆：田村市太郎，改訂：平井一男）

イネカラバエ

成虫:体長2.2～3.0mm。開張時は5～6mm。体は鮮黄色。
（平井　一男）

蛹:体長は約6mm。体形はやや扁平。紡錘形。蛹化時は乳白色，以後淡黄褐色に，羽化前は黄褐色にかわる。
（平井　一男）

幼虫による葉の傷跡:幼虫がイネの茎の中に食入し，生長点や幼穂を食害する。（平井　一男）

卵:長楕円形で白く，長さ0.8mm。
（平井　一男）

被害を受けた傷穂:減収の要因になる。
（湖山　利篤）

イ ネ〈イナゴ類〉

イナゴ類

<コバネイナゴ>

成虫（上右）:体長は雄26～34mm，雌約39mm。全体に黄緑色。
幼虫（上左）:5～6月に孵化してイネの葉を食害する。　　（平井　一男）

卵:黄色でバナナ型を呈し，長さ約4mm。その集団は膠質物に覆われて不整円筒形の卵塊となり，1卵塊には16～58卵粒。春に代かきすると水面に浮いてくる。　　　　　　　　　　（平井　一男）

<ハネナガイナゴ>

イネ葉上の成虫:体長は27～37mm，5月下旬から9月にかけて稲の葉を食害する。　　　　　　　　　　　（平井　一男）

イ　ネ　＜イネカラバエ＞

イネカラバエ

学　名　*Chlorops oryzae* Matsumura
別　名　イネキモグリバエ
英　名　rice stem maggot

〔診断の部〕

＜被害のようす＞

▷イネキモグリバエともいう。北陸や関東地方以南の年3化地帯の第1世代期には，稚苗時期に発生して，幼虫がイネの生長点付近にすみ，伸びてくる幼い葉を加害するので，あとから傷穴のあいた葉が伸びてくる。

▷年3化地帯の第2世代期や，年2化地帯（東北・北海道）の第1世代期には，本田イネの生長点付近に幼虫が食入するので，縦穴のあいた傷葉や先の黄白変した葉が伸びてくる。

▷幼穂ができるころには，これを加害するので，あとから，白化して薄片になった籾や，不規則にかじられてササラのようになった傷籾をつけた穂が伸びてくる。

▷傷葉によって，株絶えになるようなことはなく，株の回復力もある時期なので，どのくらい減収するかについてははっきりわかっていない。

▷傷籾が多い株は傷穂も多く，稈は短く穂長も短い。

▷傷穂から減収量の見当をつけるには，次のようにする。一定面積内の総穂数に対する傷穂数の割合（傷穂率）を出し，それに0.4または0.6をかけると収量比（無被害を100とした収量の割合）が出るから，その数を100から引き，30と出たら3割減収と判定する。

イ　ネ　＜イネカラバエ＞

＜診断のポイント＞

▷イネの葉に細長くて白い糸の切れはしのようなものがついていたら，それは卵であるから，卵の数や増加程度で，その後の発生を知るとよい。

▷穴のある傷葉が多いときは加害が進行中で，その後に穂が害される。なお，先の黄白変した葉は抵抗力の強い品種にだけ出るもので，稲体内で幼虫が死んだ証拠であるから，その後の被害は少ないと考えてよい。

▷葉鞘をひらいて調べると，尻の先が二つに分かれた黄白色の幼虫（ウジ）が見つかる。このウジは，育ちきると約10mmの体長になる。

▷成虫は，黄色いきれいなハエで，体長3～4mmの小形である。田の畦や畦間にしゃがんでしばらく見ていると，発見できる。

▷抵抗性品種の出す色変わりの葉は，イネシンガレセンチュウやイネクロカメムシなどとも似ているので，一見して区別できないこともある。しかし，こんな場合でも，付近にかならず穴をあけた傷葉もあるし，いくつか葉鞘をひらいて調べると幼虫や蛹も見つかるから，最後までわからないというようなことはない。

＜発生動向その他＞

▷この虫は，昭和10～17年ごろ，東北地方の日本海側や中国地方の山間部などで多発し，同24年以降，四国，九州，北陸，関東などにも被害地がひろがり，重要害虫となったが，これは多肥，暖冬，早づくり，品種などの影響だったらしい。薬剤が効かないため対策には非常に苦心したが，その後，つぎつぎと有効薬剤が登場し，現在では北日本（北海道，東北）や標高の高い地域などに多発生をみるていどで，その他の地域での発生は激減している。

イ　ネ　＜イネカラバエ＞

〔防除の部〕

＜虫の生態，生活史＞

▷東北や北海道では年2化，北陸，関東以南では大部分が3化であるが，高標高地その他一部の地区に2化のものも分布している。

▷ヌカボ，スズメノテッポウその他イネ科雑草の葉鞘内側に潜入し，幼虫で冬を越す。

▷越冬した幼虫は，雑草の幼穂を食って育ち，そこで蛹になる。

▷蛹期間は2週間前後で成虫のハエになるが，3化地では5月上旬から，2化地では6月上旬ごろから発生する。

▷卵は，葉に点々と産まれるが，産卵数は午前よりも午後が多い。

▷孵化するのは夜から朝方近くで，幼虫は葉面をはいまわり，日の出ころまでには葉鞘の中に入り込んでしまう。

▷こうして3化地帯では，イネですごし，第2世代の成虫が雑草に卵を産み，かえった幼虫で越冬にはいる。しかし2化地帯では，イネで第1世代しかすごさず，第2化成虫（1世代成虫）は雑草に産卵し，幼虫が越冬に入る。

＜発生しやすい条件＞

▷冬が温暖で，積雪期間が短く，雪の量が少ないと，発生数も多く，出はじめも早いため，イネの被害も見えがちになる。

▷窒素のよく効いた田，冬期や春先に乾いていわゆる乾土効果が高い田でも，虫のつきや育ちがよく，多被害になりやすい。

▷高畦栽培をすると被害がひどくなるという調査例もある。

▷この虫には品種によって抵抗性にちがいがあり，つき方や被害が大変ちがう。被害の少ない品種としてニホンマサリ，黄金晴，コシヒカリなどがあるが，これらは免疫性ではないから，地方や栽培環境によって変動は

イ　ネ　＜イネカラバエ＞

ある。

＜対策のポイント＞

▷耐虫性の弱い品種（感受性品種）を栽培しないことが大切。品種数が多いため，個々の品種名をここに記せないので，くわしくは専門の指導者と相談してもらいたい。

▷産卵最盛期の4〜5日前から産卵最盛期，あるいはその後3〜4日ぐらいの間に薬剤を散布する。

▷卵は，小さな細長い純白な塊で，葉に点々とついているから，それがあちこちに見えはじめたところを最初の目安として防除をし，さらにふえるようなときは，その5〜7日後にもう1回防除するのがよい。

＜防除の実際＞

▷別表〈防除適期と薬剤〉参照。

＜その他の注意＞

▷孵化した幼虫は，さかんに葉面をはいまわるから，そのとき，虫体に薬剤がつくように先手を打ってまいておくことがコツで，いったん葉鞘内に入り込んでからでは，薬剤をまいても非常に効きにくくなる。

▷2〜3化の境界地帯では，両世代系が混発し，北にいったり標高が高まったりするほど2化系がふえ，南にいったり標高が低まったりするほど3化系がふえるが，その混ざりぐあいが年・環境によってちがうため，非常に防ぎにくくなることも知っていなければならない。

▷この虫は，品種や肥培条件，イネの育ち方などでかなり発生が変わるようで，さいわい現在では非常に減っているけれども，うっかりして，弱い品種を栽培したり，ほかの条件が発生に都合よくなったりすると，たちまち多発生になることも予想されるので，注意が必要である。

イ　ネ　＜イネカラバエ＞

＜効果の判定＞

▷穂の出る時期に傷穂を数え，その多少で判断するのが普通。

▷しかし，傷穂のでる時期では効かなかったことがわかっても，もう手の施しようがないから，防除の7～10日後，卵のある付近の葉鞘をむいて，幼虫の生死が確かめられるといちばんよい。初期の虫は小さいから，拡大鏡が必要になる。

（執筆：田村市太郎，改訂：平井一男）

イ ネ ＜イナゴ類＞

イナゴ類

コバネイナゴ
　　学　　名　*Oxya yezoensis* Shiraki
　　英　　名　shortwinged rice grasshopper
ハネナガイナゴ
　　学　　名　*Oxya japonica* (Thunberg)
　　英　　名　longwinged rice grasshopper

〔診断の部〕

＜被害のようす＞

▷5月以降，土塊内の越冬卵から幼虫が孵化し，イネ幼苗を葉の外側から食害し，水面に食いちぎった葉が浮いていることがある。

▷成虫は7月末ごろから現われ，葉の外縁から食害する。止葉展開以後の葉の食害は，登熟歩合，千粒重を低下させ，収量，品質に影響する。

＜診断のポイント＞

▷移植後，水田周辺の苗の葉が食いちぎられ，水面に葉が浮いている状態が若齢幼虫の食害状態である。イネが発育するにつれ，イナゴも大きくなるが，葉が食いちぎられることはなく，葉の外縁から食害され中肋は残る。葉の食害痕の多少によりイナゴの発生量はおおよそ推察できる。

＜発生動向その他＞

▷昭和45年以降の塩素系，有機リン系殺虫剤の使用規制，昭和40年代後半ごろからのニカメイガ第1世代防除の減少などにより，発生分布を拡

イ　ネ　＜イナゴ類＞

大し，昭和50年代前半から，関東，東北地方などで発生し始め，密度は増加の傾向にある。

〔防除の部〕

＜虫の生態，生活史＞

●コバネイナゴ

▷バッタ科，エゾイナゴともいう。5月以降，土塊内の越冬卵から幼虫が孵化し，イネ幼苗を食害する。冷涼地でも6月になると若齢幼虫が発生する。

▷60～80日の幼虫期間に6～7回の脱皮を経て，7月末ごろから成虫が発生する。

▷成虫は羽化から30日前後の産卵前期間を経て産卵するが，雌は産卵にさきだち交尾する。

▷1雌は数回にわたって卵塊を産下し，多い例では8卵塊363卵粒の記録がある。1卵塊は58～16卵粒，平均45.9卵粒からなる。

▷天敵としてはクロタマゴバチ，アナバチ類，マメハンミョウ，ハリバエ類などが知られている。

●ハネナガイナゴ

▷ハネナガイナゴは，本州中部以南の水田および湿原にいる。体長は27～37mm，前翅長25～30mm，後腿長は18～22mm。コバネイナゴとの差は頭部，前頭頂はより突出。前胸背はより細長い。上胸背の後帯は後方に広がり，後縁中央は平均してコバネイナゴの場合より角張って突出する。雌腹部第2節は側方に1棘を有する（コバネイナゴは無棘）。前翅は後膝を越える色彩をしている。

▷5月下旬から9月にかけてイネの葉を食害する。発生数はコバネイナゴより少ない。

イ　ネ　＜イナゴ類＞

＜発生しやすい条件＞

▷土塊内の越冬卵から幼虫が孵化し，イネ幼苗を食害する。卵塊は水に浮くので水田周辺や排水口に近いところに孵化幼虫が多発することが多い。冷涼地でも6月になると若齢幼虫が発生する。このころ防除すれば，その後の被害は食い止められる。成虫は7月下旬より出現する。

▷止葉展開以後に株当たり約1頭いると，登熟歩合，千粒重を低下させ，収量，品質に影響する。

＜対策のポイント＞

▷5月以降，土塊内の越冬卵から幼虫が孵化し，イネ幼苗を食害する。冷涼地でも6月になると若齢幼虫が発生する。若齢幼虫を防除すれば，その後の被害は食い止められる。

＜防除の実際＞

▷別表〈防除適期と薬剤〉参照。

＜その他の注意＞

▷イナゴはよく飛び回り広域に移動するので，特に地上散布の場合，広域一斉に防除することが必要である。

＜効果の判定＞

▷薬剤で殺された虫は条間に落下しているので，水田面の死虫数や状態を調べれば，効果の判定はできる。

(執筆・改訂：平井一男)

イ　ネ　〈イネクキミギワバエ〉

イネクキミギワバエ

被害：白いスジ状痕ができたり，葉のへりが白く枯れたりする。

成虫：黒っぽいハエで，腹部背面が灰色。体長約2mm。

イ　ネ 〈イネハモグリバエ〉

イネハモグリバエ

被害葉：幼虫が葉の中にもぐって葉肉を食うので、葉先が白く枯れる。黒くみえるのは蛹。

蛹：褐色のものは年内に羽化するが、黒いものは落ちて越冬する。

交尾する成虫
体色は黒く、眼が赤い。体長約3mm。

イネクキミギワバエ（イネクロカラバエ）

学　名　*Hydrellia sasakii* Yuasa et Ishitani
英　名　rice whorl maggot

〔診断の部〕

＜被害のようす＞

▷はじめ，葉に黄白色の不規則なスジが見つかるが，これは日がたつと乾いて枯れ，それから葉がよじれ曲がったり，穴があいて裂けたりする。

▷スジ状の変色痕がでてからしばらくすると，こんどは葉の周辺「ヘリ」に黄白色の変色がふえてきて，これも日がたつと乾いて枯れ，被害葉はよじれたり曲がったり裂けたりする。

▷このような田んぼでは，穂のでるころになると，穂先に白くなって稔っていない籾をつけた穂がでてくる。

▷被害は上から2番目ぐらいの葉に多く，また，被害穂は，出たてのころは枯れた籾の白さが目だつが，日がたつにつれて目だたなくなる。

▷葉が害されると，イネの育ちがわるくなり，収量も減るが，岡本氏によるとまず，葉縁に変色痕のある葉が全体の葉数の何パーセントにあたるかを調べ，その値に0.3をかけると減収率となる。つまり，変色葉が30％あったときは30×0.3＝9で，9％の減収ということになる。

▷穂だけの被害からすると，粃（しいな）の数だけは明らかな減収で，このほかに，葉の被害が加わることになるので，株全体としては，さらに被害程度が重くなるわけである。

イ　ネ　＜イネクキミギワバエ（イネクロカラバエ）＞

＜診断のポイント＞

▷最初にでる黄白色のスジ状痕は，幼虫が若い葉鞘に食いこんだことをあらわすものであるから，早期発見に役立つ一つの特徴である。

▷葉縁に変色痕を出すのは，幼虫が葉鞘の中で生活している証拠であるが，防ぐにはこのような時期にまでならない前がよい。

▷こうした害徴は，早期移植をしても発生するが，最も発生するのは晩植えになった場合であるから，このようなときは，最初からとくに注意しなければならない。

▷葉の被害様相だけからの診断では，イネカラバエに似ている場面があるが，よく調べると，スジがでてから葉縁の変色葉が発生するし，晩植え，晩作りに多いことなどをくらべると判断できる。

▷穂の被害もイネカラバエと似ているが，被害が穂先の籾に多いことのほか，イネカラバエによるものは破れたようなササラ籾になるのが多いのにくらべて，籾は破れておらず形だけはあるが，白くて不稔のものが多いので，すこし数多く観察すれば区別がつく。

▷この虫の害は，苗代期や育苗箱では問題にならない。

▷葉面に産まれた卵から幼虫がでると，その付近をわずかに加害するので，卵殻のすぐそばに点またはごく小さなスジになった変色痕がある。これも早期発見の目安になる。

〔防除の部〕

＜虫の生態，生活史＞

▷東北地方では1年に3回ぐらい発生するらしいが，西南暖地では5回も発生する。

▷サヤヌカグサ，アシカキなどのイネ科雑草についた幼虫が冬を越す。

▷翌春蛹になり，17日前後の蛹期間が終わると成虫になる。蛹は黄褐

イ　ネ　＜イネクキミギワバエ（イネクロカラバエ）＞

色で4mmぐらいあり，各節のくびれが目立っている。成虫は2mmぐらいの黒いハエで，腹部の背中が灰色で各節の中央に褐色の紋がある。

▷成虫がでるのは，東北では6月中旬から7月上旬，8月中旬，10月下旬のようで，暖地では4月中旬から5月上旬，5月下旬から6月中旬，7月中旬，8月上旬から9月中旬，9月中旬から10月下旬のようである。寿命は春や秋に長く夏には短いが，平均すると2日から6日ぐらいである。

▷卵は1粒ずつおもに葉面に産みつけられるが葉鞘にも産み，0.9mmぐらいのバナナ状で乳白色（イネカラバエのは細長くて純白）をし，しだいに淡黄色にかわり，48時間ほどもすると孵化する。幼虫のでてしまった卵は銀灰色をしているので見分けられる。

▷幼虫は，乳黄色で体長4〜5mmほどになる。イネカラバエは7mmほどあって細長く，尾端が二つに分かれているので区別できる。葉鞘に食いこんで葉や穂を加害し，15〜20日ほどすると蛹になる。

▷蛹は，最も外側の葉鞘の内面で，上向きになってついている。蛹期間は5〜8日ぐらいとみればよいが，ただ冬越し幼虫が蛹になったものだけは，前記のように17日ぐらいである。

▷年の最後に発生した成虫はイネ科雑草に卵を産み，それから孵化した幼虫が，葉鞘またはずっと下の土中の茎部などで冬を越す。

＜発生しやすい条件＞

▷前記のように，晩植えは，発生しやすい最大の条件である。

▷品種や栽培法などによって株の茎数が多いと，卵がたくさん産みつけられるので被害も多くなる。しかし，これも虫の出方でちがい，かなりたくさん発生した年にこうなるのであって，もともと少発生の年には，茎数が多くても卵をたくさん産むとはかぎらない。

▷この虫は7月ごろに発生数が増加するので，このころに移植すると，被害は非常にふえてくる。

▷肥料が多いと茎数がふえるので，多産卵，多被害となる。茎数のふえ

イ　ネ　＜イネクキミギワバエ（イネクロカラバエ）＞

ない肥料であれば，その影響はちがったものとなるであろう。

＜対策のポイント＞

▷早期発見が第一。成虫の多くは日中は葉にとまってじっとしているから，その多少を調べるとか，卵の数，孵化した卵のふえ方，スジ状変色葉のでる時期と数などを目安にするとよい。

▷サヤヌカグサやアシカキなどの水田雑草は発生源となるので防除する。

（執筆：田村市太郎，改訂：江村　薫）

イネハモグリバエ

学　名　*Agromyza oryzae* (Munakata)
英　名　rice leafminer

〔診断の部〕

＜被害のようす＞

▷苗代や本田で，苗の2葉ごろから葉先近くに，細長めの白い傷痕が点々とみられるが，これは成虫が汁をなめるために葉につけた傷で，汁をなめると卵を産むから，傷葉の先端をていねいにすかしてみると，あめ色をした卵を見つけることもできる。

▷幼虫は，葉肉にもぐりこんで，両面に薄い膜を残し，中を袋のようにして食いまわるので，被害葉には白い帯状の部分がみられるが，この被害部は日光で乾いてちぢれ，ついには枯れてしまう。

▷新鮮な被害あとは，2か所にくびれのある末広がりの白変部が，葉先のほうから葉の付け根のほうにむかって進行している。幼虫は食害しながら2回皮をぬぐので，その時期だけ食害が減るため，くびれができる。

▷全面が白く見えるほどに発生すると，イネの初期生育がおさえられるので，草丈も葉も短くなり，分げつも減り，穂の数や稔りにも影響がでてくる。

＜診断のポイント＞

▷この虫は寒地系のもので，北海道，東北，北陸などに発生が多く，暖地ではほとんど問題にするほどの被害にならない。

▷低温年，とくに冷害が心配されるような年には発生もひどいが，食害

イ　ネ　＜イネハモグリバエ＞

されたイネの立ち直る力も弱いため，冷害をいっそうひどくするようになる。

▷袋状の白斑をもつ葉をいくつかとって，日光にすかしてみると，中に入っている小さなウジの姿を見つけることができる。

▷東北以北では，苗代期から本田初期にかけて，この害虫がもっとも優勢な種類になることが多いから，このころの白斑葉は，たいていこの虫による被害と考えてもよいほどである。

▷年によりところによっては，イネヒメハモグリバエ，イネゾウムシ，イネミズゾウムシなどと混発することもあるが，被害の特徴でくらべれば，すぐ判断がつく。

▷強風のため葉先がすれて白枯れしたのと間違う人もあるが，風害は明らかな外傷で，白枯れ部も袋状でなく，すかしてみても中に虫がいないし，葉が裂けたりしているから，容易に区別できる。

＜発生動向その他＞

▷この虫の発生パターンには二つの型があり，第1世代は多発するが時期がすすむにつれて幼虫死亡率がふえるので，第2世代がわりあいに少なくなる型と，幼虫死亡率がわりあい少ないため，第1世代から第2世代にむかって発生のふえていく型とがある。これは，発生地での温度の移り変わり様式によるものらしい。また，気温の上がり方が早いと，第1世代期と第2世代期とが接近してくるようになるので，被害の現われ方も，それぞれの場合で異なる。

〔防除の部〕

＜虫の生態，生活史＞

▷田んぼでは，1年に2回でるのがふつうである。

▷イネの刈り株についたり，畦畔や土面などにころがったまま蛹で冬を

越す。

▷この蛹からは，5月上旬から6月上旬ごろにかけて，小さな黒いハエがでてきて，イネやマコモの葉を産卵管で傷つけ，でてくる汁を吸って葉肉内に卵を産みつける。

▷この卵からは，5～6日するとウジ（幼虫）がかえり，葉肉内を食って育つが，このウジは初め白く，後に青緑がかった色になり，育ちきると5～6mmぐらいの長さになる。幼虫期間は，10日から14日ぐらい。

▷育ちきった幼虫は，たいてい葉面にでて蛹になるが，袋状の食痕の中で蛹になるものもある。

▷この虫は，蛹に二つの型があり，緑褐，褐，暗褐色でやや細長いものと，太くて短く，黒または黒褐色でにぶい光沢のあるものとがそれで，前者は10日もすると成虫のハエになるが，後者は成虫にならずに冬越しに入ってしまう。第1世代の蛹の多くはハエになるが，なかには，そのまま冬越しに入ってしまうものもあるのがおもしろい特徴である。

▷第2回の成虫は，6月下旬から7月中旬ごろにかけてでてくるが，くわしい時期については，地方ごとにいろいろな型がある。

▷第2世代は気温に高い時期にかかるので，卵は3日ほどで幼虫になり，幼虫は7日前後で蛹になる。この蛹は大部分が冬越し型のものになる。

▷しかし，ごくわずかの蛹はさらに成虫になって，イネのヒコバエなどに卵を産み，幼虫になるものが見られる。

＜発生しやすい条件＞

▷深水にすると発生しやすい。

▷発生期間中に気温が20～25℃ぐらいのときは，発生する虫の数がふえる。これは，20℃以下の低温や，25℃以上の高温では，発生がおさえられるからである。

▷気温が高すぎると，冬越し型の蛹が早くから数多くでるため発生が減るけれども，適温であると，すぐ成虫になる蛹がふえるので発生がふえ，

イ　　ネ　　＜イネハモグリバエ＞

　一方，秋に早く寒くなるような年は，早くから冬越し型の蛹がでるので越冬数がふえて，翌年の発生が増加傾向になる。
　▷苗代では水口に発生が多く，発生初期には育ちのよい苗に早くから多くつくが，後期になるにつれて苗代の内部では死ぬ虫がふえて，まわりのほうに発生数がふえる。
　▷苗代では厚まきよりも薄まきのほうが発生数が多く，死ぬのも少なく，発生期間も長い。
　▷直播田での第1世代期は，苗代よりおくれ，発生数も少ないが，苗代末期のころには直播田のほうが発生数が多くなり，第2世代期が接近して現われる。移植田はその逆で，初期に非常に多発し，第1，第2世代期ははっきり分かれて現われるが，第2世代期の終わりは直播田よりもおそくなる。
　▷品種の草型によって発生が異なり，草丈が高く苗齢がすすみ茎数の多いものには，発生被害のふえる傾向がある。

　＜対策のポイント＞

　▷常発地では育苗箱施薬剤による防除が有効である。
　▷成虫は薬剤に対して弱いから，その発生最盛期に薬剤散布をすると，成虫がイネにとまったとき虫体に薬剤がつき，やがて死んでいく。
　▷幼虫の初期，特に孵化直後の幼虫期をねらって薬剤をかけると，かなりの効果をあげることができる。
　▷灌漑水の温度が高いと，活動がおさえられて被害が減るうえ，イネの育ちはよくなるから，用水の水温が上昇するように施設などをくふうするとよい。

　＜防除の実際＞

　▷別表〈防除適期と薬剤〉参照。

イ　ネ　＜イネハモグリバエ＞

＜防除上の注意＞

▷虫の出方がそろっていて適期に散布すると，1回散布だけでも非常によく効くが，だらだら発生のときは，やはり2回は散布する必要があろう。

＜その他の注意＞

▷この害虫は，もともと野草のマコモについていたものがイネにつくようにかわったものである。マコモがたくさん自生している地区では，突然大被害がでることなども予想されるので，イネだけでなく，マコモでの発生なども常に観察しておく必要がある。

＜効果の判定＞

▷薬剤散布が成虫に効いたかどうかは，葉先に食痕のある葉のふえ方で見当がつけられる。薬剤のかかった葉面をはった成虫でもすぐには死なず，卵を産みつけてから死ぬものなどもあるが，産まれる卵の数は減るから，それにつれて被害葉も少なくなる。

▷幼虫に効いたかどうかは，被害あとが途中でとまるのでわかる。薬剤散布3～5日後に，葉をとって日光にすかしてみると，袋状の食痕の中に黒ずんだ糸のような死体がみえるのは効いた証拠であるが，食痕部がふくらんで幼虫の輪郭がはっきりと透視できるようなものが多いときは，効果が不充分だった証拠であるから，さらにもう1回かける必要がある。

（執筆：田村市太郎，改訂：江村　薫）

イネヒメハモグリバエ

被害：白いスジ状の食痕ができる。1葉に多数の幼虫がついて、枯れることも多い。

幼虫(右)と蛹(左)：いずれも葉の中にいる。

成虫：水辺を飛んだり、水面を歩いたりする。

カメムシ類

寄生状況：穂に寄生するイネクロカメムシ，カメムシは葉，茎，穂を吸汁加害し，不稔や着色米の原因となる。　　　（川瀬　英爾）

不稔穂の発生：葉鞘や乳熟期の籾が吸汁されると，灰白色に枯れ立ったままの穂となる。（川瀬　英爾）

葉身の被害：葉が吸われると色変わりやひずみがでる。（河田　党）

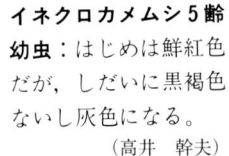

イネクロカメムシ5齢幼虫：はじめは鮮紅色だが，しだいに黒褐色ないし灰色になる。
　　　　（高井　幹夫）

イネクロカメムシ成虫：丸形で黒く，いやなにおいがする。体長約10mm。　　（川瀬　英爾）

イ　ネ 〈カメムシ類〉

コバネヒョウタンナガカメムシ成虫：体長約7mm。本州関東，中部以北に多い。
（竹谷　宏二）

オオトゲシラホシカメムシ成虫：体長は6〜7mm。体の背面は淡褐色。頭部および腹面は黒褐色。紫銅色の金属光沢がある。トゲシラホシカメムシに似ているが，小楯板の根もとの黄白色の紋が小さくはっきりしている。
（平井　一男）

＜クモヘリカメムシ＞
温暖化により，関東以西の山林付近の水田地帯で発生が多くなっている。

イヌビエ上の若齢幼虫（1〜2齢）：この時期は明緑色。
（平井　一男）

産卵された卵塊：杯状形で，高さ0.5mm，長径約1mm，短径0.7mm。主に葉表面に産卵される。
（平井　一男）

4〜5齢幼虫：黄緑色になる。
（平井　一男）

イ　ネ　〈カメムシ類〉

＜最近になって水田に発生してきた斑点米カメムシ＞

ブチヒゲカメムシ成虫：体長約12mm
（平井　一男）

アオクサカメムシ成虫：体長11～17mm。雌が大きめ。全国に分布。　　（平井　一男）

＜カスミカメムシ類＞

アカスジカスミカメ成虫：体長5～7mm。体長5～6mmで太め。背中の赤すじが目立つ
（平井　一男）

アカヒゲホソミドリカスミカメ成虫：体長約6mm。幅1mmの細長い淡緑色のカメムシで，頭部の先端がとがっている。6～7月に水田周辺の畑のメヒシバ，エノコログサなどの雑草の穂先に止まっていることが多い。玄米の頭部に小さ目な黒い斑点をつける。　（平井　一男）

イ　ネ　〈カメムシ類〉

イネカメムシ：黄白色で体長12〜13mm。　　　（岸本　良一）

クモヘリカメムシ：黄緑色で細長く，体長16mm。　　（永井　清文）

ミナミアオカメムシ：腹の背面も緑色の暖地特有のカメムシ。　　　（高井　幹夫）

ホソハリカメムシ：褐色で肩部がトゲのように突出している。体長9〜11mm。　　　（岸本　良一）

シラホシカメムシ5齢幼虫（左）。　　　（高井　幹夫）

トゲシラホシカメムシ5齢幼虫（右）。　　　（高井　幹夫）

イ　ネ〈イネアザミウマ〉

イネアザミウマ

食害の状況：葉が枯れ上がり葉先が巻く。中に幼虫・蛹が群生。
（林　英明）

立毛中の変色籾：黒点米となる。
（林　英明）

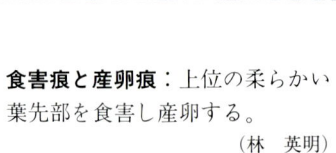

食害痕と産卵痕：上位の柔らかい葉先部を食害し産卵する。
（林　英明）

成虫：黒褐色で体長 1.2〜1.5mm。　（林　英明）

イネヒメハモグリバエ

学　名　*Hydrellia griseola* Fallén
別　名　イネミギワバエ
英　名　smaller rice leaf miner, rice leafminer

〔診断の部〕

＜被害のようす＞

▷イネミギワバエともいう。葉にポツンと小さい緑灰色または灰白色部があるのは，卵からかえった幼虫が加害をし始めたもぐり痕である。

▷食害がすすんでくると，線状の灰白部が伸びてくる。幼虫1頭の場合は，中央葉脈のどちらかの側に葉肉内をもぐって食ったあとがつけられるが，1葉に6〜7頭から15〜16頭もの幼虫が混生することもまれでないから，こんなときは葉全体にトンネル状のもぐり痕がつき，褐色に変わってしだいに枯れだし，一面に灰白色の被害葉となる。

▷幼虫は，葉片だけでなく葉鞘のほうにまで食いすすむ。そのため，葉全体がちょうど熱湯でもかけたように死んで倒れ，しかも腐っていくので，被害株は腐敗していやな臭いをだすようになる。

＜診断のポイント＞

▷水と関係の深い害虫で，水面を離れて立っている葉には産卵・被害も少なく，水面につくようにたれている葉とか，水面に浮かんでいる葉に多い。これは，成虫が水を好み，水面スレスレに飛んで，たれた葉や浮いた葉に卵を産みつけるからである。

▷被害株は，苗腐れか植え傷みではないかと思わせるような姿で全株が

イ　ネ　＜イネヒメハモグリバエ＞

倒れ，腐っていくのが特徴である。

▷この虫は低温性であるから，問題となる発生地帯は，北関東，北陸，東北，北海道にかぎられ，しかも，春から初夏にかけて低温の年に多い。

▷しかし，例年発生するものではなくて，ふつうは問題にならない程度であるが，忘れたころに突発して，大被害を及ぼす特徴がある。

▷イネヒメハモグリバエは，葉先部から下方に向かって末広がりの食痕をつける。この虫の食痕は，太さの変化のとくにない線状のもので，被害はたれた葉や浮いた葉に多く，水のたまっている水田にはとくに発生が多い。1葉に十数頭もつくことがあって，株全体を倒して腐らせたりするので，被害状況からも区別がつけられる。

▷成虫の形や卵の形だけからすると，イネクロカラバエにも似ているが，イネヒメハモグリバエの産卵は葉にかぎられているのに，イネクロカラバエの産卵部は葉鞘であるほか，被害様相からも区別できる。

▷この虫の幼虫は，いままで食っていたもぐり痕から抜け出して，別のところに新しく食い込んで被害をあたえる習性があるほか，育ちきった幼虫が蛹になるときに，しばしばそのもぐり痕から出て，別な部分にもぐりこみ，小さいもぐり痕をつくって，そこで蛹になるものなどもある。このようなことから，被害あとがいっそうふえていくようになる。

▷この虫は，イネのほか，山野に自生するたくさんの植物（約46種）につくことが知られている。これをみても，いかに防ぎにくい害虫であるかがわかる。

〔防除の部〕

＜虫の生態，生活史＞

▷この虫は，多種類の雑草について生活し，条件がよいとイネに多発するものらしい。それだけに，1年間に発生する回数が4～5回のときもあり，また7～8回のときもあるといわれている。

イ　ネ　＜イネヒメハモグリバエ＞

▷おもに蛹の状態で，雑草の葉の中にもぐり込んだまま冬を越し，その葉が腐ってしまうと地面に落ち，そのまま冬を越すものもあるほか，ごく一部のものは，育ちきった幼虫のまま越冬するのもあるらしい。

▷早春のころ成虫が出る。成虫は，青灰色のからだに黒い脚をもち，全体に毛の生えたハエで，雑草の新葉に卵を産み，わずかに緑色がかった乳白色のウジが出て葉肉内にもぐって住むが，その産卵期は東北～関東で4月上旬ごろで，幼虫の食痕は5月上旬ごろにみられる。

▷しかし，東北南部や北陸では，越冬した蛹から遅れて出た成虫が，若いイネにやってきて卵を産むので，多発生の年は最初から被害が現われる。

▷こうして第1，第2世代をイネで生活する。成虫は水辺や湿地が好きで，水面を低く飛んだり水の上を歩いたりし，イネ稚苗のたれ葉や浮き葉の葉脈に平行させて1粒ずつ卵を産む。1枚の葉にいくつもの卵を産みつける習性がある。

▷幼虫は育ちきると3～4mmになり，たいていのものはふくろ状にもぐり，食痕のなかで，淡褐または黒褐色紡錘形で3mmぐらいの蛹になる。

▷卵の期間は，早春低温期は10日から2週間ぐらい，6月になれば1週間ほどで幼虫になり，幼虫は2～3週間で蛹になり，蛹は10日から2週間で成虫（ハエ）になる。

▷この虫は低温性なので，夏の高温時には繁殖をおさえられて数も減るが，晩秋になると雑草に各発育状態のものがみられ，そこで繁殖して越冬に入っていく。

＜発生しやすい条件＞

▷低温性のため北海道，東北地方に多いが，これらの地方の多発年には北陸，関東東山各地にもかなりの発生をみる。

▷低温年なら必ず多発するとはかぎらない。極端な突発性害虫である

イ　ネ　＜イネヒメハモグリバエ＞

が，突発する条件や仕組みは充分わかっていない。過去の突発年に得られた資料によって発生しやすい条件を抜粋するとつぎのようになる。

▷前年の夏に低温であると，高温による繁殖抑制が少ないので発生がふえる。冬が高温であると，越冬虫が死なないので，やはり発生がふえるようである。

▷早植えをすると産卵数がふえるので，発生も多くなる。

▷山間の低温地では発生がふえがちであるが，一般の発生地でも，低温年には多発生がちとなる。

▷深水にすると好んでよく集まるが，低温年は苗を保護するため深水にするので，このことも虫を呼び集める結果となる。

▷田植えの時期と成虫の出盛りとがいっしょになるような年は，発生も非常に多くなりがちで，このような年は，田植えをわずかにおくらせても被害がずっと少なくなる。

▷田植え時期に低温つづきであると，活着が悪く苗の育ちもやわらかで水面に葉をたらすため，卵を産みやすくなるので発生がふえる。

＜対策のポイント＞

▷被害は植付け直後から現われるので，一般の田植え期より早い時期に小面積に稚苗を植えておき，それに現われる被害程度を目安にしてその年の発生を予想するのが，最も手近で誰にもできる方法である。発生した場合に役立つポイントはつぎのとおり。

▷健全な苗づくりに心がけ，植え傷みをさける。

▷なるべく，たれ葉や浮き苗ができないようにし，葉と水面との間に空間が多くなるように工夫することが大切で，そのためにも，深水にしないほうがよい。

▷突然発生をみる害虫であるため，早くから畦畔や付近の雑草などに注意して発生を予測するほか，本田初期には充分気を配り，早期発見につとめ，防除が手遅れにならないように心がける。

イ　ネ　＜イネヒメハモグリバエ＞

▷薬剤は，苗代や本田だけでなく，産卵を見つけしだい畦畔や雑草地にまで散布し，発生のモトを断つ努力が大切。

▷被害が激甚で回復の見込みのないときは，別の苗を用意して植えかえるほうがよい。

▷ただし，株にまだ緑色が残っていて，新しく根が伸びていると思われるものは，そのまま残しておいたほうがよい場合が多い。

＜防除の実際＞

▷別表〈防除適期と薬剤〉参照。

＜その他の注意＞

▷成虫は薬剤に強くないから，体にかかれば死ぬし，卵も薬剤がかかると，幼虫のかえるまぎわに殺すことができる。しかし，水にたれこんだり浮いたりしている葉に卵が多いので，水にうすめられて効きの悪くなることも考えに入れておかなければならない。

▷幼虫はトンネル状の食痕の中におり，そこに薬剤を浸みこませる必要があるため，育苗箱施用剤や液剤を使うほうが効きめがよい。

▷蛹になると，薬剤に抵抗力が強くなり，なかなか殺せなくなる。

▷この害虫は，発生してから薬剤で防ごうという計画をたてると，いつも手遅れになり，思わぬ被害にあうことが多い。

＜効果の判定＞

▷被害がすすむと，株倒れや植え傷みと間違えるような害徴になるから，葉の食痕だけで見当をつけず，株絶えの様相がふえるかどうかで判定すること。

▷ごく初期の防除なら，何株かについて全葉数に対するトンネル状食痕葉の割合を調べ，日がたつとともに低率になるようなら，効いたものとみてよい。

イ　ネ　＜イネヒメハモグリバエ＞

▷食痕をむいて幼虫の生死を調べるのも，当然，効果の判定に役立つ。

(執筆：田村市太郎，改訂：平井一男)

イネクロカメムシ

学　　名　*Scotinophara lurida* (Burmeister)
英　　名　black rice stink bug, Japanese black rice bug

〔診断の部〕

<被害のようす>

▷イネ茎葉から汁液を吸う害虫であるため，葉を食う害虫のようなはっきりした食痕を示さない。ある期間がたってから現われる害徴によって鑑定しなければならないが，その様相は，つぎのように複雑な現われ方をする。

1) 分げつ期ごろから葉に黄白色の斑点ができ，葉先は黄変してしおれ細まって枯れ，よじれてたれ下がり，イネシンガレセンチュウやイネカラバエによる被害葉とよく似ている。

2) 分かれた茎の中心葉が黄橙色に枯れ，よじれて曲がり，いわゆる心枯れとなり，葉鞘にもまわりが褐変した病斑のようなものをつけ，茎全体が生気を失ってくる。

3) 葉鞘が黄変して，いもち病の病斑のようなものがいくつもあり，中の茎の表面にも，黒褐変した斑点がいくつもある。

4) 葉鞘に不規則なゼニ形の斑紋があり，その内部はうすい茶灰色でまわりは茶褐色や濃褐色で，その葉鞘から出かかっている穂は灰白色の不稔籾をつけ，いわゆる出すくみ穂となっている。

5) このような出すくみ穂の葉鞘をひらいてみると，茎は全面的にうす黒い茶黄色で，その中に灰褐色の斑点が散らばっている。

▷被害株は，草丈や稈長が短く，茎数が異常にふえるという奇形の株相

イ　ネ　＜イネクロカメムシ＞

となり，穂を稔らせる茎の割合（有効茎歩合）が低くなる。

▷被害株の穂の長さはとくに変わらないが，穂重は軽くなり，不稔粒がおびただしく増加している。

▷被害試験の結果によると，つぎのようなひどい被害になることがわかっている。

1) 越冬してきた成虫が，6月下旬から7月下旬ごろイネの栄養生長期につくと，1株8頭ついても穂重で3割減，16頭つくと枯れてしまう。

2) 幼虫が，7月下旬から9月上旬にかけてのイネの生殖生長期の前半につくと，1株30頭で穂重1割減，120頭もつくと4割減になる。

3) 新しい世代の成虫（新成虫）が，9月上旬から10月上旬のイネの生殖生長期後半につくと，1株15頭でも穂重4割減，60頭では5～6割減となる。

▷このように，最もひどい被害を与えるのは越冬成虫で，新成虫や幼虫による被害は，越冬成虫によるものよりもいくぶん軽い。

＜診断のポイント＞

▷被害がかなりすすんでからなら，外観や株相などを総合すると判定できるが，ごく初期の被害では，害徴だけから判断するのはなかなかむずかしいので，けっきょく，虫を見つけるほかはない。

▷この虫は，夕暮れから夜明けまでの夜間に活動するもので，曇天や小雨の日などは株の上にでているものもあるが，晴天の日中は株の下のほうの茎の間などにもぐりこんで姿をみせない。したがって，疑わしい害徴を見つけたら，株を引き裂くぐらいに強くひろげながら探し，虫がいくつも見つかるようであったら，この害虫による被害と考えてよい。

▷症状としては葉先が黄変し，枯れて細くよじれるのは，イネカラバエ，イネシンガレセンチュウとまちがうが，イネカラバエなら葉鞘をむくと幼虫（ウジ）が見つかるほか，白いスジのついた傷葉もあるので区別できるし，イネシンガレセンチュウのときは，どこにも虫が探しあたらず，傷葉

イ　ネ　＜イネクロカメムシ＞

もないので判断がつけられよう。

▷葉鞘の色変わりはニカメイガとまちがうが，ひらいてみればわかる。

▷困るのは病斑との区別で，これも病菌を調べればわかるが，普通にはそんなことはできないから，けっきょく虫を深して見当をつけるほかはない。

▷このように，イネクロカメムシによる被害を早期発見するのは，かなりむずかしい面があり，葉の枯上がりがひどくなったり，圃場面が黄灰色がかってから気がつくことなどが多い。しかし，毎年気を配っていれば，発生地区はたいてい決まっているところが多いので，そのようなところに特別注意して，すこしでも早く見つけることが，防除上大切である。

　　＜発生動向その他＞

▷大発生して問題になる害虫ではなく，中山間地で雑林木に近い水田に散見され，年により発生注意報がでることがある。

〔防除の部〕

　　＜虫の生態，生活史＞

▷1年に1回だけしか出ない虫で，成虫の状態で冬を越す。

▷越冬場所は雑木林，松林，竹やぶ，雑草や枯葉の中，苔の下，積みわらの中，畦畔，刈り株の中，畑地，家屋の付近など雑多であるが，湿度が高くしかも暖かいところが越冬場所になるようである。

▷越冬成虫は，南西諸島では3月から水田に発生している。関東地方では，6月ごろになると越冬地から水田にむかって移動してくるが，その移動飛来の最盛期は，6月終わりから7月初めごろが普通で，8月上旬になっても飛来する成虫がみられる。

▷水田に入った越冬成虫は，イネの汁液を吸いながら，8月下旬ごろまでにわたって葉や葉鞘の面に卵を産むが，産卵最盛期は7月下旬ごろで，

イ　　ネ　＜イネクロカメムシ＞

卵は縦の2～5列として，5～28粒くらいずつ塊にして産みつけられる。
　▷雌1頭の産卵数は6～60粒で，平均すると30粒ぐらい。
　▷幼虫は6月下旬ごろから出はじめ，8月上旬に最盛，10月上旬ごろが終わり。
　▷幼虫は，4回脱皮し5齢を経過。1～5齢の平均日数は，それぞれ3.6日，9.2日，10.6日，11.6日，12.5日で，1齢虫ははじめ鮮紅色であるが，しだいに暗紅色となり，2齢以後は黒褐色ないし灰色になる。
　▷この虫は蛹の時期がないから，幼虫が育ちきると，成虫つまり新成虫になる。新成虫は8月中旬から出はじめて，9月上旬に最盛期になり，10月中下旬のころに終わるのが普通である。
　▷越冬成虫，幼虫，新成虫ともイネに被害をあたえつつ生活するが，秋になると移動をはじめる。早生イネを刈り取ると中生イネと越冬地へ，中生イネを刈り取ると晩生イネと越冬地へ，晩生を刈り取ると畦畔や越冬地へそれぞれ移動し，越冬に入る。

＜発生しやすい条件＞

　▷付近に越冬に適する場所が多いと，多発する傾向となる。
　▷越冬成虫や幼虫は極早生イネに最も多くつき，ついで早生，中生の順となるが，新成虫は中生に最も多くつき，早生，極早生の順に少なくなる。
　▷大面積田での調査によると，1株茎数の多いほど，この害虫による心枯れ茎数がふえる結果が求められた。
　▷同様な調査から，稈長，穂長が短く，穂重が軽いほど，この虫による心枯れ茎が多いという結果がでた。だが，これは心枯れがふえること，つまり虫が多くつくと，稈長，穂長が短く，穂重が軽くなるということなのかもしれない。
　▷田植えが早いとたくさんつくが，この虫は茂ったところに集まる習性もあるから，そのためであろう。

イ　ネ　＜イネクロカメムシ＞

▷施肥量と虫の発生数の試験例によると，窒素量がふえると発生虫数もふえがちになるが，リン酸はむしろ少ないほうが多発し，カリではきまった傾向を示さない。けっきょく，肥料の効き方，つまり株相の繁茂度や稲体のやわらかさとか，体内汁液のうまさ，吸いやすさとかが関係するのであろう。

＜対策のポイント＞

▷なるべく早い時期に発生を予知するか，または，出始めのころに被害をみつけて，防ぐようにすることがコツである。

▷越冬成虫による被害はいちばんひどいが，薬剤も新成虫にくらべればずっとよく効くから，越冬成虫の防除を徹底的に行ない，その後の発生をおさえるのが，最もよい方法である。

▷それがうまくいかなかった場合は，幼虫期の防除に全力をあげなければならない。新成虫になってしまうと，薬剤の効きが非常に悪くなる。

＜防除の実際＞

▷別表〈防除適期と薬剤〉参照。

＜その他の注意＞

▷越冬地から出た越冬成虫は，飛んだり歩いたりして水田内にひろがるが，最初は越冬地に近い畦畔寄りにたくさんいる。しかし，棲みよい環境や吸汁しやすいイネをもとめて絶えず移動するため，田全体に同じようにひろがっていることはむしろ少なく，いるところ，いないところ，多い株，少ない株となるのが普通なので，いるところにたっぷり散布し，虫の体につけることが大切。

▷この虫は，日中かくれていて夜活動する習性があるので，ほんとうは夜の散布がよいわけだが，そうもできないので，虫が比較的外に出ている曇天の日などに散布すると，効きめをよくすることができる。

イ　ネ　＜イネクロカメムシ＞

▷防除時期が遅れると，効きめが落ちる一方，イネの開花時期にもなり，高温の日中，穂にあまり薬剤がかかると，多少とも受精が害されるから，なるべく花の咲いていない時刻をえらんで散布する注意が必要。

＜効果の判定＞

▷薬剤で殺された虫は，たいてい畦間に落下しているから，その数や様相を調べれば，だいたいの見当はつけられる。

▷しかし，防除もれも当然あるから，株を分けて調べ，生きている数が相当多いときはよく効かなかったのであるから，もう1回の散布が必要である。

▷越冬成虫によく効いたときは，卵をつけた葉の数も減るはずである。しかし移動飛来がまちまちだと1回の散布では減らないから，もう1回まき，さらに幼虫の孵化最盛期にもまいて，3日後と7日後ぐらいに死虫数と生き残り虫数とをくらべ，どの程度効いたかを判断する必要がある。

▷この虫に吸われると，カメムシ特有の悪臭が米に移ることが多く，商品価値を落とす一原因になるほか米質も低下する。したがって本虫発生田から収穫した米は，炊飯して悪臭の有無・強弱，食味の良否などをテストする必要があろう。

（執筆：田村市太郎・岸本良一，改訂：平井一男）

イ　ネ　＜コバネヒョウタンナガカメムシ＞

コバネヒョウタンナガカメムシ

学　名　*Togo hemipterus* (Scott)
英　名　stink bug

〔診断の部〕

<被害のようす>

▷斑点米を発生させる。特に水田周辺の数条のイネに被害が多い。

<診断のポイント>

▷コバネヒョウタンナガカメムシの成虫は外見上細く小さい。頭部は小さめで腹部は大きく目立つ。体長約6mmで，全体に黒褐色で，胸部の中ほどがふくらみ，腹部との境がくびれているので，ヒョウタンの名がついている。短翅型成虫の前翅は腹端まで達していないのでコバネの名が付いている。幼虫は孵化直後は黄褐色，成長するにつれて頭胸部は黒みを帯びる。

<発生動向その他>

▷全国に分布し，水田域のイネ科植物に見られるが，カスミカメムシ類やシラホシカメムシ類に比べ発生数は少ない。斑点米が問題になるのは本州，なかでも北陸，中部以北に多い。

イ　ネ　＜コバネヒョウタンナガカメムシ＞

〔防除の部〕

＜虫の生態，生活史＞

▷水田域の植物の株間などで成虫越冬し，4月後半以降活動を開始し，イネ科植物に産卵する。7月下旬に第2回成虫が出現する。この成虫は雑草地や水田に移り繁殖して，9月上旬に第3回成虫が出現，やがて雑草地に移動し越冬に入る。

▷イネの刈り株や水田域の雑草の中で成虫越冬する。年2回の発生で，4月後半から活動する。翅が伸びていないので飛ぶことはなく，地面を活発に歩き回り，植物の種子を吸汁する。

▷春から初夏にはエノコログサ，スズメノカタビラ，スズメノテッポウなどの穂上に見られ，産卵は植物の種子に1粒ずつ産付する。1雌約200粒を30〜40日にわたり産卵する。卵は白色で，長径1.2mm，短径0.4mmの長楕円形，孵化近くに黄褐色になる。7月下旬に成虫になりエノコログサなどに発生し一部水田に侵入し，穂から吸汁し斑点米を発生させる。第3回成虫は9月上旬に発生し，雑草地に移り越冬する。

＜発生しやすい条件＞

▷水田や周辺畑地を含む水田域のイネ科植物（雑草地）に普通に生息する。

＜対策のポイント＞

▷防除は出穂期を目安にする。成虫侵入が多い穂揃期とその1週間〜10日後（乳熟期，幼虫発生期に相当）に2回目の防除を行なうのが望ましい。捕虫網で調査し成虫や幼虫が少ない場合は1回の防除でもよい。

イ　ネ　＜コバネヒョウタンナガカメムシ＞

＜防除の実際＞

▷イネカメムシの〈防除適期と薬剤〉の表参照。このカメムシは歩行で水田に侵入するため，畦畔際のイネに斑点米が発生しやすい。薬剤散布は畦畔の雑草を含め水田周辺を重点的に行なう。出穂前の畦畔防除も有効なので，水田域の除草を行ない清耕栽培に努める。

＜効果の判定＞

▷薬剤散布後，イネの株上を捕虫網でカメムシの成・幼虫数を調査し防除効果を確認する。散布直後の降雨は残効を短くするので注意する。

（執筆・改訂：平井一男）

イ　ネ　＜オオトゲシラホシカメムシ＞

オオトゲシラホシカメムシ

学　名　*Eysarcoris lewisi* (Distant)

〔診断の部〕

＜被害のようす＞

▷斑点米をつくる能力は大きく，斑点米発生の主要害虫にあげられている。

▷吸汁による被害は，乳熟期以前の吸汁では不稔，糊熟期以降の吸汁では斑点米になる。被害としては斑点米の害のほうが多い。

＜診断のポイント＞

▷トゲシラホシカメムシよりやや大型，体長5～7mmであるが，よく似ている。区別点としては前胸部背面の黒点刻が，トゲシラホシカメムシでは粗く，その間が不規則に隆起して光沢があるが，オオトゲシラホシカメムシでは黒点刻が均一に分布し，間に不規則な隆起はない。腹部下面は黒色である。前胸背の側角は長く突出し，先端はまがる。

▷ヨモギ，ウド，オオバコ，ササ，イネ，ネマガリダケ（別名チシマザサ）などの花穂に集まる。

＜発生動向その他＞

▷越冬成虫は4月中旬から出現し，第1世代幼虫は6～7月前半に出現する。同世代成虫は7月下旬～8月中旬に発生，第2世代成虫は9月から出現し，その後越冬地に移動する。

▷発生数はアカヒゲホソミドリカスミカメ，ミナミアオカメムシ，クモ

イ　ネ　＜オオトゲシラホシカメムシ＞

ヘリカメムシほど多くないが，斑点米発生力はこれらのカメムシに次いで大きい。

▷このカメムシを含むシラホシカメムシ類は飛翔することもあるが，ほとんど歩行によって移動するので，斑点米の被害も畦畔沿いの数条に多い。株元付近で生息することが多く捕虫網により調査しにくい虫である。

〔防除の部〕

＜虫の生態，生活史＞

▷北海道，本州東半分および西日本の山間地に分布する。

▷石川県の報告によると奥能登ではオオトゲシラホシカメムシが優占，中能登ではトゲシラホシカメムシと混生し，加賀地域以南ではトゲシラホシカメムシが優占している。

▷北海道ではイネや牧草の害虫として知られている。成虫で越冬し，成虫の年発生回数は北海道では2回，本州では3回である。

＜発生しやすい条件＞

▷水田畑域の畦畔や通路に各種の雑草が繁茂していると多発しやすい。

＜対策のポイント＞

▷水田域の畦畔，通路，休耕田の除草を心がけ，カメムシの生息，繁殖地を少なくする。

▷出穂前後に除草するとカメムシを水田に追い込むことになるので，出穂2週間前には除草を終えるようにする。

＜防除の実際＞

▷防除は出穂を目安にする。成虫侵入が多い穂揃期とその1週間～10日後（乳熟期，幼虫発生期に相当）に2回目の防除を行なうのが望ましい。

イ　ネ　＜オオトゲシラホシカメムシ＞

捕虫網で調査し成虫や幼虫が少ない場合は1回の防除でもよい。
　▷薬剤散布にあたっては畦畔や農道などを含めて畦ぎわを集中的に散布する。
　▷イネカメムシの〈防除適期と薬剤〉の表参照。

＜その他の注意＞

　▷このカメムシは飛翔による水田内飛び込みより，歩行して水田に侵入することが多いため，畦畔ぎわのイネに斑点米が発生しやすい。
　▷薬剤散布は畦畔の雑草を含めて水田周辺を重点的に行なう。出穂前の畦畔防除も有効なので，水田域の除草を行ない清耕栽培に努める。

＜効果の判定＞

　▷薬剤散布後，イネの株上を捕虫網ですくい取りしてカメムシの成幼虫数を調査し防除効果を確認する。薬剤散布後の降雨は残効が短くなるため注意する。

（執筆・改訂：平井一男）

イ　ネ　＜クモヘリカメムシ＞

クモヘリカメムシ

学　名　*Leptocorisa chinensis* Dallas
英　名　rice bug

〔診断の部〕

＜被害のようす＞

▷出穂から乳熟期にかけて体が緑色で翅が褐色の，カメムシというよりはカマキリを小型にしたような，1～2cmの昆虫を見つけた場合は注意を要する。

▷このカメムシは非常にすばやく飛び立つので，つかまえにくい。

▷クモヘリカメムシをはじめ，以下にとりあげるカメムシ類（ミナミアオカメムシ，ホソハリカメムシなど）は，古くからイネ専門に加害してきたイネクロカメムシ，イネカメムシとちがって，イネ以外のいろいろな雑草を食草としている。そのためイネとくに早生イネの出穂後から乳熟期にかけて雑草から飛び込んでくる。

▷イネの株を枯らすことはないが，不稔にし青立ち現象を引きおこす。

▷被害はさらに，カメムシが黄熟期以降に吸汁するときにつける傷がもとで，収穫後の玄米にシミが残ることである。これが斑点米とよばれるもので，この斑点米の混入率によって等級が落ちるおそれがある。

▷斑点はカメムシの種類によってでき方がちがうが，ふつうは玄米の胴の部分に不整円形の褐色の紋ができ，中心部にカメムシの口針が刺し込まれた場所を示す褐色の点が残っている。

▷加害の程度が激しいと，籾に吸汁痕が残り，胚の部分が欠けたり，全体が変形，変色したりして屑米になるものもある。

イ　ネ　＜クモヘリカメムシ＞

▷斑点米は籾殻を取り除かないとわからず，田を見渡した程度では診断できないところがやっかいである。

＜診断のポイント＞

▷発生は中山間地の水田地帯に多い。特に山林の杉林の近くの水田で発生が目立つ。6月以降になると越冬成虫が水田域のメヒシバ，ヒエ類，エノコログサなどの穂上に飛来して吸汁するので，これらの穂を観察し生息数の多少を推察する。

＜発生動向その他＞

▷クモヘリカメムシは北毎道，北陸，東北以外の関東以西に分布している。最近，冬期～夏期の高温化により関東以西各地の山林付近の水田で大発生し問題になっている。

〔防除の部〕

＜虫の生態，生活史＞

▷1年に1～3回発生する虫で，スギ，マツなどの林の下草などにもぐりこんで，成虫で越冬している。

▷5～6月以降，暖かくなると，越冬場所やその付近のメヒシバなどイネ科雑草について交尾・産卵しているが，早生イネが穂をだすころになると，田んぼに襲来する。

▷成虫は非常に活発に行動し，穂の若いうちに汁を吸って加害し，卵を産む。卵は葉上に卵塊として産みつけられ，卵粒は直径1mmぐらいの茶碗形をし，産みたてからすこしの間は淡い緑色をしているが，しだいに色変わりして光沢のある黒色になってくる。

▷卵からかえった幼虫は，イネについて生活し，育ちきって成虫になると越冬地に移動する。

イ　ネ　＜クモヘリカメムシ＞

＜発生しやすい条件＞

▷越冬する場所が針葉樹林なので，中山間，山麓などの小規模な水田などは被害をうけやすい。

▷山間，山麓や林に近いところではカメムシの発生が多い傾向にあるので注意を要する。また，このような場所では例年斑点米混入率が高いのでよく知っておく。一帯のなかで早く出穂するイネが，集中飛来をうけやすい。

▷1枚の田でも周辺部に被害が大きい傾向がある。

＜対策のポイント＞

▷薬剤によるカメムシの防除を行なうかどうかは出穂後でもあり，カメムシの発生量に応じてきめるのがよい。

▷穂揃期から乳熟期にカメムシの発生量を調査する。捕虫網による50回のすくいとりで5匹程度以上だと薬剤を散布して防除するのがよい。

＜防除の実際＞

▷有効薬剤はイネカメムシの〈防除適期と薬剤〉の表参照。

＜その他の注意＞

▷イネカメムシと同じ。

▷クモヘリカメムシは出穂・開花期に侵入し，吸汁・産卵するので，この時期は成虫をねらって防除する。

▷約2週間後に幼虫が孵化してくるので，発生数を調査して多ければ再度防除する。

▷成虫は移動性に富むので，広域一斉に防除を行なうとともに，1筆の水田でも散布ムラがないようにする。

イ　ネ　＜クモヘリカメムシ＞

＜効果の判定＞

▷イネカメムシと同じ。

▷薬剤散布後，約7日後に捕虫網で調査し，成幼虫の捕獲数で効果を判定する。

(執筆：田村市太郎・岸本良一，改訂：平井一男)

カスミカメムシ類

アカヒゲホソミドリカスミカメ
 学 名 *Trigonotylus caelestialium* (Kirkaldy)
 別 名 イネホソミドリカスミカメ
 英 名 rice leaf bug

アカスジカスミカメ
 学 名 *Stenotus rubrovittatus* (Matsumura)
 英 名 sorghum plant bug

〔診断の部〕

＜被害のようす＞

▷玄米の頂部に小さめの黒い斑点が目立つ。北海道では黒蝕米といわれてきた。

＜診断のポイント＞

▷成虫の体長は5〜6mm。幅1mmの細長い淡緑色のカメムシで，頭部の先端はとがっている。触角の先端は赤っぽい，触角や脚は長い。

▷6〜7月に水田畑域のメヒシバ，エノコログサ，イタリアンライグラス，メヒシバ，コヌカグサなどの穂先に止まっていることが多い。

▷同じような生態系にアカスジカスミカメが生息する。体長5〜6mmで太めである。淡い黄緑色で前胸背の両側から前翅会合部に続く太い縦条は橙赤色で目立つ。触角と腿節は赤い。背面は繊毛でおおわれている。

イ　ネ　＜カスミカメムシ類＞

＜発生動向その他＞

▷昭和62年以降アカスジカスミカメの発生が転作牧草地で確認され，近年は本州以南の水田畑域で増加している。

〔防除の部〕

＜虫の生態，生活史＞

▷全国に分布する。斑点米を発生させるカメムシとして問題になるのは北日本である。

▷年3〜4回の発生で，卵で越冬し5月中旬に孵化，成虫は6月初めから出現し，6月前半，7月前半に発生ピークが見られ，さらに8月後半以降に増加する。成虫は昼間よく飛翔し，水田には6月に侵入し始め，7月以降に多数侵入する。

▷8月後半にイネが登熟してくると水田から離れてメヒシバやエノコログサなどの雑草に移る。産卵はイネ科植物の葉鞘内に数個ずつ並べて産卵する。孵化幼虫は植物の茎葉から吸汁して成長する。

▷アカスジカスミカメは年3〜4回発生する。7月後半の第2回成虫以降が水田に侵入し加害する。

＜発生しやすい条件＞

▷周辺が畑地や丘陵地に囲まれ窪地のような風当たりの少ない水田に多い。そのような生態系にイタリアンライグラス，メヒシバ，エノコログサなどが多いと発生しやすい。

▷稲籾の縫合部が開き「割れ籾」を生じやすい品種に斑点米が多いことが知られている。

イ　ネ　＜カスミカメムシ類＞

＜対策のポイント＞

▷水田畑域の牧草の適正管理，畦畔，通路，休耕田の除草を心がけ，カメムシの生息，繁殖地を少なくする。
▷出穂期の10日前以降には，牧草地や雑草地の草刈りをしないようにして水田への飛び込みを少なくする。

＜防除の実際＞

▷防除は出穂を目安にする。成虫侵入が多い穂揃期とその1週間～10日後（乳熟期，幼虫発生期に相当）に2回目の防除を行なうのが望ましい。捕虫網で調査し成虫や幼虫が少ない場合は1回の防除でもよい。
▷薬剤散布にあたっては畦畔や農道などを含めて畦ぎわを集中的に散布する。
▷イネカメムシの〈防除適期と薬剤〉の表参照。

＜その他の注意＞

▷このカスミカメムシ類による斑点米も水田周辺のイネに多いが，このカメムシ類は飛翔により水田に侵入するため，斑点米は水田の広域にわたり発生しやすい。
▷薬剤散布は畦畔の雑草を含めて水田広域に行なう。出穂前の畦畔防除も有効なので，水田域の除草を行ない清耕栽培に努める。

＜効果の判定＞

▷薬剤散布数日後，イネの株上を捕虫網ですくい取りしてカメムシの成・幼虫数を調査し防除効果を確認する。薬剤散布後降雨があった場合には防除効果が少ないことがあるので注意する。

（執筆・改訂：平井一男）

イネカメムシ

学　名　*Lagynotomus elongatus* Dallas
英　名　rice stink bug

〔診断の部〕

＜被害のようす＞

▷穂が稔ってこないで，いつまでもやせ細っており，しだいに黄色くなっていくが，その色は不正常な変色で，籾の熟色ではない。
▷籾の表面をよくみると黒褐色の小さい点をつけているものもある。これは，口を刺しこんで中の汁を吸いとった痕である。籾の表面のこの加害痕は，日数がたつと見えにくくなってしまう。
▷被害株は，収穫期になっても茎葉が青々としていて熟色とならず，穂はやせ細った姿で突っ立っているから，外観で区別できる。
▷被害のひどい籾は，ほとんど粃になる。被害が軽ければいくらか稔るけれども，米はやせ細ってゆがんだ形（不整粒）になるほか，カメムシ特有の臭いがつき，味も悪くなるため，いちじるしく商品価値を落としてしまう。
▷このように減収をまねくような発生はおこらなくても，斑点米の混入による等級低下をおこすことがある。

＜診断のポイント＞

▷どこにでもでる虫ではなく，大発生地は中山間地の雑木林周辺，川の下流とか沿岸地帯というようにきまっていることが多い。
▷イネクロカメムシとはちがって吸汁加害を受けるのは穂，とくに出穂

イ　ネ　＜イネカメムシ＞

直後の穂に多い。

▷日中はほんの少数のものを見つけられる程度で，大多数は日没ごろから現われて夜間に活動し，日中は株の下の根に近い茎と茎の間にもぐりこんでいる。

▷したがって虫を見つけるには，株の下部をよくひろげて探す。幼虫は，触角が赤く，灰緑色で丸くて平たいが，育つにつれて楕円形で褐色がかってくる。成虫は，黄白色で，体のへりの部分以外は茶褐色に見え，育ちきると 12～13mm になる。

＜発生動向その他＞

▷この虫は，単独で発生することはむしろ少なく，たいていの場合，クモヘリカメムシやホソハリカメムシといっしょに発生している。

▷イネの栄養生長期に茎や葉につくことはほとんどなく，若い穂をめざして害をするから，出穂期ごろから注意をし，大被害になる前に防除することが先決。

▷イネにつくほか，山林などのイネ科雑草にも生活しているから，田んぼ以外でのふえ方に注目することがたいせつ。

〔防除の部〕

＜虫の生態，生活史＞

▷1年に1回発生する。日当たりのよい林の中で，成虫で越冬する。

▷越冬成虫は，暖かくなるとイネ科雑草について生活し，早生イネが出穂しはじめる7月ごろになると水田に移動して，出たての乳熟期の穂について汁を吸う。

▷成虫の交尾期は，7月下旬から8月中旬で，8月初めが最盛期。

▷交尾3日後に卵を産む。卵は，地上40～75cm高さの葉面に1～2列に産みつけるが，雌1頭の産卵回数は1～4回，1回に約13粒。総産卵数

イ　ネ　＜イネカメムシ＞

は5〜54粒で，平均すると22粒ぐらいとなる。

▷産卵時期は，7月下旬から8月下旬にわたり，最盛期は8月初め。産卵成虫は8月上旬から死にはじめ，9月初めまでつぎつぎと死に続けるが，最盛死亡時期は8月中旬ごろである。

▷交尾や産卵は，イネの出穂期が早いと早まり，遅れると遅くなる。

▷卵期間は，4.1日から7.4日で，平均5日。卵は1昼夜にわたって不規則にかえるが，孵化数のいちばん多いのは午前1時から6時で，1昼夜にかえった卵の57％はこの時間帯に孵化したという調査がある。

▷幼虫は5齢を経て成虫になるが，幼虫期間は約35日である。

▷秋には幼虫が育ちきって成虫となり，越冬地に移っていく。

▷越冬地への成虫移動は，気温が24〜25℃以上のときに多く，また適当な風のあるときは風にのって移動し，雨は移動とあまり関係ないらしい。

＜発生しやすい条件＞

▷もともと，林野の草などで生活するものであるから，水害，山崩れなどがあって棲み場所がこわされると，突然大量に出現することがある。

▷早生イネにとくに被害が多い。早生の枯熟につれて中生に，中生が硬くなると晩生にと移動し，加害するイネを変えていくが，晩生稲は早生ほどの被害にはならないことが多い。

＜対策のポイント＞

▷毎年きまって大発生するとはかぎらず，むしろ，突発することが多いから，秋期または春期に付近のマツやスギの林，雑木林などの下草，山際の草地などを調べて，そこにすんでいる虫の数を探ってみることがたいせつ。

▷田に移動してくる時期には，注意さえしていれば，日中でも穂先についている虫が見られるから（大多数は株の下にもぐりこんでいる），1〜2

373

イ　ネ　＜イネカメムシ＞

頭でも見つけしだい，株を分けて調査し，早期発見につとめる。
　▷薬剤散布は，できるだけ早めに行なうことがコツ。

＜防除の実際＞

　▷別表〈防除適期と薬剤〉参照。

＜その他の注意＞

　▷できれば成虫に直接かけたいが，それには夜間散布が必要で，日中は株の下部にもぐっているため，うまくいかない。
　▷結局，穂を主にして稲体に散布することとなろうが，開花中の穂にあまり強くかけると，受粉を悪くする心配があるので，花の開く時間帯（日中）をなるべくさけて，朝早くとか夕方などに，または開花期～穂揃期に散布するとよい。
　▷早生イネに発生したら，中生や晩生イネのほうにも，穂を出すころにつぎつぎと薬剤散布のできるよう準備しておくこと。
　▷よくほかの原因と間違えて，手遅れになることが多いから，正しく，早めに診断して，防除適期を失しないようにする。

＜効果の判定＞

　▷散布後畦間に落ちている死体数のほか，株内の潜伏生存虫数を調べ，死体が多ければよく防除できたことになり，死体は少ないが株内にも虫が少ないときは，ほかの田に移動したものと判断してよい。

（執筆：田村市太郎，改訂：平井一男）

ミナミアオカメムシ

学　名　*Nezara viridula* (Linnaeus)
英　名　southern green stink bug

〔診断の部〕

＜被害のようす＞

▷ミナミアオカメムシが若い穂に多数集中加害すると青立ちしたり，不稔穂になったりすることもある。このような例は周囲よりも早く出穂した場合におこることがある。

▷イネクロカメムシやイネカメムシの場合のようにイネが枯死したり，収量が激減したりする例はほとんどない。

▷むしろ問題は斑点米の混入による等級の低下である。

▷斑点米をつくる数は1頭1日当たり1.2～2.0個程度である。したがって，捕虫網で50回すくってみて早生イネで23頭，普通イネで5頭程度以上いれば1等米は期待できないということになる。

＜診断のポイント＞

▷暖地で早生品種の出穂から乳熟期にかけて，緑色のカメムシを発見すれば，これをつかまえて翅をとり，腹の背面を見る。この部分が緑色であればミナミアオカメムシであり，黒色であればアオクサカメムシ（*N.antennata* Scott）である。アオクサカメムシは野菜などにつく害虫であるが，あまり恐れることはない。

イ　ネ　＜ミナミアオカメムシ＞

＜発生動向その他＞

▷西南暖地の水田地帯では，斑点米カメムシ類のなかで重要種とされている。早植栽培が普及してから発生数は多くなっている。

〔防除の部〕

＜虫の生態，生活史＞

▷南西諸島，九州，高知，和歌山など暖地に特有のカメムシで，年に3～4回発生する。ダイズなどを加害するアオクサカメムシは年2世代である。

▷雑食性が強く，イネのほかにトウモロコシ，ムギ，ダイズ，ジャガイモ，ナタネ，タバコ，ミカンなどの果樹も加害する。

▷スギ，イブキなどの常緑樹の中で越冬した成虫はオオムギ，コムギ，ナタネの上でふえ，第2回以降の成虫が早生から中生へと出穂から乳熟期の穂へ飛来し，吸汁する。

＜発生しやすい条件＞

▷このカメムシは多食性で増殖力も強いので，以前はアオクサカメムシが主であった地帯が数年でミナミアオカメムシにおきかえられたという場合がよくある。

▷山間，山麓や小平野で，いろいろな作物や果樹が入り交り，そこへ早生イネが入ってくるような場合につぎつぎと好適な食物をもとめて移り住み，数もふえていく。

＜対策のポイント＞

▷カメムシはふつうは田の周辺部に多いので，周辺部をねらって薬剤を散布するのもよい考えであり，収穫するのも別にしたほうが安全である。

イ　ネ　＜ミナミアオカメムシ＞

＜防除の実際＞＜その他の注意＞＜効果の判定＞

▷イネカメムシとクモヘリカメムシの項を参照。

(執筆：岸本良一，改訂：平井一男)

イ　ネ　＜ホソハリカメムシ＞

ホソハリカメムシ

学　名　*Cletus punctiger* Dallas
英　名　slender rice bug

〔診断の部〕

＜被害のようす＞

▷北海道，東北の一部を除いてほとんど全国的に発生する，最もふつうに見かけるカメムシである。

▷このカメムシの吸汁によって不稔穂になったり株が枯れたりすることはないが，収穫・調製してみると斑点米が混入して，米の品質等級が落ちるおそれがある。

＜診断のポイント＞

▷成虫は長五角形で，肩の部分が針のように横にとがっており，先が黒いのが特徴。体は一様に淡褐色で，長さは1cmくらいである。

▷成虫はかなり敏捷で，よく飛ぶ。

▷春～初夏にかけて水田域のヒメジョオン，ハルジオン，ヒエ類などの雑草地で多数生息している。

▷この虫は雑草地での生息を選好し，雑草が枯れたり，刈り取られたりしないかぎり水田への飛来はあまり多くない。

▷水田に侵入したとしても周辺の数条のイネで生活することが多い。

イ　ネ　＜ホソハリカメムシ＞

〔防除の部〕

＜虫の生態，生活史＞

▷年1～3回発生する。

▷成虫が枯草などの中で越冬する。越冬後，水田周辺や休耕田のイネ科雑草の穂が出る4月ごろからこれにたかって吸汁する。

▷春雑草がなくなり，メヒシバ，ヒエなど夏雑草が穂を出すとこれに移り，そこで繁殖する。

▷この時期に早生イネが出穂してくるとこれへ飛来し，吸汁する。

▷出穂の遅いイネへの飛来はしだいに少なくなり，斑点米のでき方も減る。

▷卵は，葉や穂に1つずつ産みつけられ，長径が1.6mmほどで，産みたては淡黄色，しだいに褐色に変わるが，卵殻は銀色に光って見える。

▷卵からかえった幼虫は，齢を重ねながら穂を吸い，育ちきると成虫になり，秋に雑草地に移り生活する。晩秋には越冬地の山林に移動しはじめ，この成虫のまま冬を越す。

＜対策のポイント＞

▷前掲のイネカメムシとクモヘリカメムシの項を参照。

＜防除の実際＞

▷前掲のイネカメムシとクモヘリカメムシの項を参照。

＜その他の注意＞

▷前掲のイネカメムシとクモヘリカメムシの項を参照。

イ　ネ　＜ホソハリカメムシ＞

＜**効果の判定**＞

▷前掲のイネカメムシとクモヘリカメムシの項を参照。

(執筆：田村市太郎・岸本良一，改訂：平井一男)

イ　ネ　＜トゲシラホシカメムシ＞

トゲシラホシカメムシ

学　名　*Eysarcoris aeneus* (Scopoli)
英　名　white spotted spined bug

〔診断の部〕

<被害のようす>

▷斑点米発生の主要害虫にあげられている。
▷吸汁による被害は，出穂後乳熟期以前の吸汁では不稔，糊熟期以降の吸汁では斑点米になる。被害としては斑点米の害のほうが多い。

<診断のポイント>

▷成虫は体長4.5～6mmで，背面は灰褐色で小さな黒点が一面にある。胸部の両側にはとがった刺がある。中胸部の両縁には1対の黄白色の斑紋があり目立つ。これによりトゲシラホシカメムシの名前が付けられている。普通，腹部下面は中央部が黒く，その周辺は黄褐色であるので識別に役立てる。
▷このカメムシに似ている普通種に，前胸部両側に刺のないシラホシカメムシ *E. ventralis* (Westwood)（これも斑点米カメムシ類）が全国に分布する。

<発生動向その他>

▷このカメムシの発生数はアカヒゲホソミドリカスミカメ，ミナミアオカメムシ，クモヘリカメムシほど多くないが，斑点米発生力はこれらのカメムシに次いで大きい。

イ　ネ　＜トゲシラホシカメムシ＞

▷本州、四国、九州に分布する普通種である。北日本や高冷地ではオオトゲシラホシカメムシが主体になっている。日本海側では富山県以西にトゲシラホシカメムシが優占する。

〔防除の部〕

＜虫の生態，生活史＞

▷成虫は畦畔や土手などの雑草地で越冬し、4〜5月以降に活動し年2回発生する。越冬後はスズメノカタビラ、スズメノテッポウ、クローバ、オオバコ、ヨモギなどで生活し繁殖する。

▷このカメムシを含むシラホシカメムシ類は飛翔することもあるが、ほとんど歩行によって移動するので、斑点米の被害は畦畔沿いの数条に多い。株元付近で生息することが多く捕虫網では捕獲しにくい虫である。

▷1雌の産卵数は平均200粒、1回に十数粒並べて葉面に産卵する。7月に第2回成虫が出現する。7月下旬以降にイネが出穂すると水田に侵入し吸穂する。9月には第3回成虫が出現し、越冬地に移動する。

＜発生しやすい条件＞

▷水田畑域の畦畔や通路が雑草で繁茂していると多発しやすい。

＜対策のポイント＞

▷水田域の畦畔、通路、休耕田の除草を心がけ、カメムシの生息、繁殖地を少なくする。

▷出穂前後に除草すると、カメムシを水田に追い込むことになるので、出穂2週間前には除草を終えるようにする。

＜防除の実際＞

▷防除は出穂期を目安にする。成虫侵入が多い穂揃期とその1週間〜

10日後(乳熟期,幼虫発生期に相当)に2回目の防除を行なうのが望ましい。捕虫網で調査し成虫や幼虫が少ない場合は1回の防除でもよい。

▷イネカメムシの〈防除適期と薬剤〉の表参照。

▷薬剤散布にあたっては畦畔や農道などを含めて畦際を集中的に散布する。

＜その他の注意＞

▷このカメムシは飛び込みよりは歩行により水田に侵入するため,畦畔際のイネに斑点米が発生しやすいので,薬剤散布は畦畔の雑草を含めて水田周辺を重点的に行なう。出穂前の畦畔防除も有効なので,水田畑域の除草を行ない清耕栽培に努める。

＜効果の判定＞

▷薬剤散布後,イネの株上を捕虫網ですくい取りしてカメムシの成幼虫数を調査し防除効果を確認する。薬剤散布後の降雨は薬剤の残効を短くするので注意する。

(執筆・改訂:平井一男)

イネアザミウマ

学　名　*Stenchaetothrips biformis* (Bagnall)
英　名　rice thrips

〔診断の部〕

＜被害のようす＞

▷田植え直後の柔らかいイネの葉に，白色カスリ状の食害痕と産卵痕がみられる。葉面に食害を受けると，葉表を内側にして葉先から縦に巻いてくる。葉先部を開くと，幼虫・蛹が群生している。被害が進展すると，葉先から黄褐色に変色し，はなはだしい場合には枯死し欠株となることがある。

▷被害の激しい苗代や水田では，全体が白っぽくなる。田植え直後には畦畔沿いの被害が多いが，生息密度が高くなると水田全体に一様な被害を受ける。

▷葉面上に1mmほどの黒褐色の成虫がみられ，葉脈間の葉肉部をカスリ状に食害し，産卵も同時に行なわれている。稲体上で生息し，止葉への加害，産卵が最も多い。

▷本種は狭い空間に潜り込む性質が強く，穂ばらみ後期には葉鞘内の籾と籾の間に潜んでいる。出穂開花と同時に頴花内に潜入し，閉花後取り残されたアザミウマは，長い場合は1か月以上にわたって子房や頴花内側を食害する。侵入初期に激しい食害を受けた場合には粃粒（しいな）となる。

▷イネアザミウマ成虫は，近畿・中国地域では，7月末〜8月上旬に発生盛期となる。この時期に出穂開花する早生品種では，本種の発生ピークと出穂開花期が一致するため，大きな減収要因となることがある。

イ　ネ　＜イネアザミウマ＞

▷子房表面への食害が少ない場合や胚の部分のダメージが少ない場合には子房は生長しつづけ，果皮部分が裂開し，菌の侵入により黒く変色し，イネアザミウマ黒点米になる。食害部位，時期および加害量により黒点米にも種々の発育程度の被害粒がみられる。

▷8月下旬以降に出穂開花する晩生品種では，本種の発生ピークと出穂開花期がずれるため，一般に被害発生は少ない。ただし，高知県の晩期イネでは一部出穂開花期と本種の発生が重なるので，被害がみられることがある。

▷本種による被害は，九州地域では田植え後の葉の食害が多く，近畿・中国・四国地域ではイネアザミウマ黒点米の被害が多い。

＜診断のポイント＞

▷葉の食痕は葉先部に多い。田植え後1週間経過したところの本田内周辺部の株の新葉を注意深く観察すること。

▷葉を食害する成虫は体長1.2〜1.5mmで，黒褐色，葉脈間の葉肉部を食害し，雌成虫は摂食しながら産卵する。

▷産卵は90％以上が上位3葉の柔らかい新葉で行なわれる。成虫数と産卵数との間には正の相関関係がみられ，田植え以降止葉期までは，産卵数から本種成虫の生息密度を推定することが可能である。

▷巻葉した葉先部を裂いてみると，中に白色から乳白色の幼虫，蛹が群生しているのがみられる。株当たりの巻葉数によっても被害程度を予測するめやすとなる。

▷イネアザミウマ黒点米が発生しているかどうかの判断は立毛中では困難であるが，本種の穎花内侵入個体が増加すると籾全体が黄褐色に変色した変色籾がふえるので，傾穂期の変色籾率により被害程度を推定することが可能である。

イ　ネ　＜イネアザミウマ＞

＜発生動向その他＞

▷発生源は水田周辺のイネ科植物（スズメノテッポウ，トボシガラ，チガヤ，カモジグサ，カゼクサ，イヌビエ，メヒシバ，シバ，トダシバ，チカラシバ）で，田植え直後から水田内へ飛来侵入し，稲体上で増殖する。

▷イネアザミウマの生息密度には地域による密度傾斜がみられ，西南暖地が高密度の傾向にある。

▷イネの生育初期には，淡黄色のクサキイロアザミウマが混在する場合が多いので注意深く観察する。クサキイロアザミウマ雌成虫には有翅，無翅，短翅の3型がある。

▷黒点米の原因となるアザミウマ類はそのほとんどがイネアザミウマであるが，ほかにイネクダアザミウマ，シナクダアザミウマ，ミナミキイロアザミウマなどがみられる。

▷黒点米の原因種として，アザミウマ類のほかイネシンガレセンチュウ，セジロウンカが知られている。

▷イネシンガレセンチュウ黒点米は，被害籾中からイネシンガレセンチュウが検出されること，黒皮表面にスカーリング（銀白色食害痕）がみられないこと，玄米腹部の亀裂は縦型より横型が圧倒的に多いこと，玄米全体が細く褐色がかっていることなどの特徴がある。

▷セジロウンカ黒点米は，籾中からイネシンガレセンチュウ，アザミウマ類が採集されないこと，スカーリングのないこと，玄米表面の割れ目は横側・腹側で，腹側から見て左右の長さが異なること，そして細長で2本以上あり，着色は淡いものが多いなどの特徴がある。

▷昭和57年に高知県で，イネアザミウマが黒点症状米（現在はイネアザミウマ黒点米と呼ばれる）の原因種であることが明らかにされ，その後，西日本一帯の早稲種に被害がみられることが判明した。

▷西南暖地の早期栽培では出穂開花期とイネアザミウマの発生ピークが重なるため，黒点米の被害が多発する傾向にある。

イ　ネ　＜イネアザミウマ＞

〔防除の部〕

＜虫の生態，生活史＞

▷越冬は休耕田，畦畔などのイネ科植物体で成虫，幼虫態で行なう。

▷越冬成虫は田植えと同時に水田内に飛来侵入し，近畿・中国地域では，7月下旬から8月上旬に発生最盛期となる1山型の発生パターンを示す。水田に侵入した本種成虫は指数関数的に増加する。個体数の増殖には気温，降水量および周辺環境，とくにイネ科植物の有無が大きな変動要因となっている。

▷産卵部位は上位葉に集中し，未展開葉を除く上位3葉に産卵総数の90％以上が産み込まれる。

▷1雌当たり産卵数は約50～60粒，1日当たり3.8粒産卵する。卵は葉脈間の葉肉内に1粒ずつ産み込まれ，孵化後はカスリ状の食害痕のちかくに白色産卵痕がみられる。

▷幼虫は2齢期で，1齢幼虫は無色，2齢幼虫は淡黄色を呈する。蛹は2蛹期あり，第1蛹・第2蛹ともに淡黄色で，ゆっくりと歩行する。

▷卵から成虫までの発育日数は15℃で46.2日，25℃で14.1日，30℃で10.9日で，卵から成虫羽化までの発育零点は10.4℃，有効積算温度は，206.9日度である。

▷田植えから出穂期までの発生回数は，広島県の早稲種では最高3世代，中生種では5世代経過可能である。

▷イネの生育中期以降は，成虫・幼虫は順次上位葉に移行して生息する。穂ばらみ期は葉鞘内や穂の隙間をおもな生息場所とし，出穂後は開花中の穎花内に潜り込む。

▷穎花内に封入された成虫・幼虫は長期間生存し，穎花内側や子房を食害することによって変色もみ，粃粒，黒点米が発生する。

▷イネアザミウマの成虫は，8月下旬以降になると，水田外のオヒシバ，

イ　ネ　＜イネアザミウマ＞

チガヤなどのイネ科植物へ移動する。

＜発生しやすい条件＞

▷水田周辺に発生・増殖源となる雑草地，畦畔があると多発生しやすい。
▷イネ生育期の気象条件が高温・寡雨であれば，アザミウマ類が多発しやすい。
▷7月下旬～8月上旬に出穂開花する品種では，アザミウマ類の発生ピークと重なるので，粃粒，黒点米の被害が多発生しやすい。
▷アザミウマの生息密度は，北部寒冷地に比較して西南暖地のほうが多いので，西南暖地に早期栽培のコシヒカリなどを栽培すると，黒点米の被害が多発しやすい。

＜対策のポイント＞

▷田植え前に，水田周辺の雑草地や畦畔のイネ科植物を除去する。
▷イネ生育初期の他害虫との同時防除をかねて，粒剤を箱施薬する。

＜防除の実際＞

▷別表〈防除適期と薬剤〉参照。
▷本種に対する天敵はほとんど知られておらず，防除は薬剤に頼らざるを得ない。

＜その他の注意＞

▷九州・四国地域では田植え後の生育初期の被害，近畿・中国および四国の高知県では出穂開花期以降の黒点米の被害を重点的に防除する。
▷イネには補償作用があり，よほど多発生しないかぎり，大部分の株は若干生育は遅れるものの間もなく回復する。したがって，九州や四国地域を除いて本田初期の防除は必要でない場合も多い。

イ　ネ　＜イネアザミウマ＞

▷出穂開花前の防除は，捕虫網20回振りすくい取りで約300頭を目安に行なう。

▷できるだけ同時防除に努め，他の病害虫との併殺効果をねらう。

▷水田周辺の発生・増殖源となる雑草地，畦畔における本種の防除やイネ科雑草を除去する。

▷葉色の濃い圃場ではイネアザミウマの密度が高くなる傾向がある。

＜効果の判定＞

▷散布前の密度に比較して，散布翌日の密度が90％以上減少していれば，防除効果があったとみてよい。

▷散布7日後ころに，本田内3か所の各20〜30株について，上位2〜3葉の産卵数を観察し，その有無を調査する。

（執筆・改訂：林　英明）

イ　ネ〈イネネクイハムシ〉

イネネクイハムシ

被害：株の育ちがわるく、色変わりして枯れる。防除は手おくれ。

根の被害：切断根群内に虫がついている。蛹（体長約6mm）も見つかる。

成虫：黒藍色できれいな甲虫。早いのは7月上旬からでる。体長約6mm。

イ　ネ〈イミズトゲミギワバエ〉

イミズトゲミギワバエ

被害株：育ちがわるく，茎は外側に倒れて枯れる。

幼虫と蛹(左)：根に尻をさしこんでいる。体長約7mm。

成虫(右)：日中，水ぎわでさかんに活動する。体長約8mm。

イ　ネ　＜イネネクイハムシ＞

イネネクイハムシ

　　学　名　*Donacia provostii* Fairmaire
　　英　名　rice rootworm

〔診断の部〕

＜被害のようす＞

▷田植えしてからイネが少しも育たないで，そればかりか，株の色があせていき，やがて下葉のほうからしだいに褐変して枯れ上がってくる。

▷株を土ごと掘りあげて静かに洗ってみると，根に，まるくてよく肥えた乳白色のウジがついていて，根がところどころ切断されているため根相が貧弱で，ごくひどいのは，根がみじかく切られ，ちょうど使いふるしたタワシのようになっている。

▷被害田は，多くの株絶えをだし，局部的に裸地になることもある。

▷たとえ枯れない株でも，被害のため草丈が低く茎数の少ない貧弱な株相で育つため，穂数も稔りもわるくなる。常発地では，平均3～4割の減収となるのはけっしてめずらしいことではない。

＜診断のポイント＞

▷まず，この虫による被害は湿田に多いということを知っておきたい。

▷ごく早い被害は4月下旬からみられるが，多くは，5月中旬から6月いっぱいにかけての生育初期にでる害徴であると考えてよい。

▷水がよくたまり，水面に葉を浮かせる水草が多い田で，前記のような害徴をみたときは，この虫による被害と見当をつけてよい。

▷この虫の発生地区は，環境的にイミズトゲミギワバエの発生するとこ

イ　ネ　＜イネネクイハムシ＞

ろとよく一致しており，両方が同じ田に混発していることがかなりある。しかし，イミズトゲミギワバエによる被害株は，茎が外がわにひろがりながら倒れることと，根についている幼虫の形から，すぐ区別できる。

▷湿田や半湿田地帯では，水をためたままで直まきする湛水直播という栽培形式をとるところもあるが，こんなとき，近くに常発田があると，そこから入りこんで増加し，思わぬ被害をみることもある。

〔防除の部〕

＜虫の生態，生活史＞

▷1年に1回発生するもので，幼虫が20～30cmの深さにもぐって土の中で冬を越す。

▷春暖かくなるとともに活動をはじめ，イネが植えられると根について生活するが，その時期は，たいてい5月中旬から6月いっぱいである。

▷6月下旬になると幼虫も育ちきり，根の外側に繭をつくり，その中で蛹になる。

▷蛹の期間は7日前後であるが，蛹を発見する時期，つまり根についている繭が見つけられる時期は6月下旬から7月中旬ごろまでである。

▷成虫は，黒藍色で体長が5～6mmほどの甲虫で，繭を破ってでてくるが，早いものは7月上旬からみられ，8月いっぱいまではつぎつぎとでてくるのがみられる。

▷成虫はイネの体表にでて交尾するが，餌はヒルムシロ，ウキクサ，ウラベニウキクサ，オオアカウキクサ，コナギなどのような水田内にはえている雑草で，これらを食いながら，その葉裏に卵を産む。

▷卵は長径0.6mmぐらいの長楕円形をした小さなものであるが，多いばあいは1か所に20個もかためて産みつけられ，その上に白い寒天のようなものがかぶせられている。

▷卵の期間も1週間ぐらいとみればよい。産みつけられた卵がみられる

イ　ネ　＜イネネクイハムシ＞

のは，8月中下旬～9月中旬ごろまでである。

▷卵からかえった幼虫が，ふたたび土中にはいりこんでイネ，ハス，クワイなどの根を食害しながら育ち，地温が低くなってくると，休眠状態となって冬越しにかかる。

▷この害虫は，冬作ができないでイネ単作の常習湛水田，強湿田，半湿田にしか発生しない。大型水田造成による灌排水設備の整備により，棲める環境の水田が激減している。

▷本種はレンコンの害虫として問題となっている。

＜発生しやすい条件＞

▷湿田と切りはなせない生活様式をもっているから，なんといっても，水はけのわるい水田地帯は，この虫の発生に好適な環境のところであるということになる。

▷しかし，水はけのわるい田とはいっても，表土が極端に浅く，すぐ下は強粘土であるとか，または孔隙の少ないネバ土の土壌とかでは，土中での生活条件がわるいので発生しにくいことになる。その反対に，耕土が深くてしかもやわらかく，イネの根が下までのびやすいような田では，発生数も多いことになる。

▷付近に1年中水のたまっている溝や沼地などがあり，しかも，そこにハスや水草がいつも茂っているところがあると，そこでふえた虫が，成虫のときにイネに移ってきて卵を産みつけるから，発生も多くなる。

＜対策のポイント＞

▷湿田はなるべく乾田にし，水のかけひきが自由にできるようにしたり長期間土を乾かすこともできるような田にしたりすると，虫もいなくなるし，米の収量もふえ，冬は裏作もできて有利になる。

▷水草は卵を産みつけられる植物で，水草が多いほど発生数はふえるから，秋に1回耕起するとか，除草剤を早期にまいて枯らすとかする。

イ　ネ　＜イネネクイハムシ＞

▷耕耘機によるていねいな深耕は，越冬幼虫の生き方を攪乱し，掘りだされた幼虫は野鳥についばまれるので密度低減に役立つ。

<防除上の注意>

▷本田初期の除草剤施用は，直接幼虫を殺すには役だたないが，成虫が卵を産みつける雑草を枯らしておき，卵を産みつけられないように仕向けて，つぎにでてくる幼虫を減らすのに有効であるから，少なくとも7月下旬ごろまでには除草効果をあげておく必要がある。

▷この害虫の発生田は，カラスの害を受けることがある。根についている幼虫を食べようとして，カラスがくちばしで株を引き抜くからで，ところによっては，幼虫による被害よりも，カラスの引き抜きによる株枯れや株絶えのほうがひどいこともある。

(執筆：田村市太郎，改訂：江村　薫)

イ　ネ　＜イミズトゲミギワバエ＞

イミズトゲミギワバエ

学　名　*Notiphila sekiyai* Koizumi
英　名　rice root maggot

〔診断の部〕

＜被害のようす＞

▷田植えした苗が，ほとんど植付け当時のままで育たず，茎が倒れかかり，しおれて，ついには枯れるものもでてくる。

▷こんなとき，その株を根ごと掘りとって洗ってみると，根は途中から切断されて，切り残した短い根だけになり，それも褐色に枯れかかっている。

▷掘りあげた土の中から，汚白色で小さくて平たいウジ状の幼虫を見つけることができる。

▷被害株は，たとえ枯れなくても，草丈が短く，有効穂数が少なく，1穂粒数が減り，減収する。被害のひどい株はきわめて軽微な被害株にくらべても，草丈で12％，平均穂数で50％，1穂粒数で17％も低減したという例がある。

＜診断のポイント＞

▷この害虫は，富山県射水郡で発見されたため，虫名の頭にイミズとついているもので，湿田，天水田地帯に特有の害虫である。乾田地帯では，これとよく似た害徴のイネを見つけても，ちがう原因によるものと考えてよかろう。

▷被害株の倒れ方には特徴がある。根元を中心に丸く外側に倒れかか

イ　ネ　＜イミズトゲミギワバエ＞

り，ちょうど漏斗を立てたような株の開きぐあいになるものが多い。

▷ただし，土が非常にやわらかい田では，株全体が一方に倒れかかりながら茎がわずかに開きかかった状態のものもある。それはちょうど，ひろがりかけたこうもり傘が，横に倒れかかったようなありさまである。

▷被害軽微でかなり育つことができ，穂まで出したころの被害田では，被害程度別に草丈，葉数，穂数が少なくなっている。田の畔に立てば，被害箇所，そのひどさ，立直りの程度などがひと目でわかる。

＜発生動向その他＞

▷この虫の成虫は，トゲのはえたような状態でからだに黒い毛をはやした小さいハエで，田の畔や土手などにはえているイネ科雑草が刈られて切り口に汁液をだしていると，それに集まる習性があるから，そのハエの数でも発生程度が判断できる。

▷被害は一般に北陸地方に多く，山沿いの湧水のあるような強湿田に発生が知られる。

▷この害虫とごく近い種類（同属）のものが，静岡県下の湿田にもでることが知られているから，各地の湿田地帯で原因不明のまま放置されている被害のなかにも，この虫によるものがあるかもしれない。また，ほかの害虫による被害と混同されているばあいもあると思われる。

〔防除の部〕

＜虫の生態，生活史＞

▷1年に1回だけ発生するもので，湿田の土中で幼虫が冬を越す。

▷越冬幼虫は春暖とともに活動をはじめ，苗代の苗とか田植え直後のイネの根を食って育つ。この幼虫は，尾端を根にさしこんで根から酸素をとって呼吸し，一方の口でもまた根をかじるという，たいへん奇妙な生き方をする。したがって，尾端をさしこまれたところと，かじられたところの

イ　ネ　＜イミズトゲミギワバエ＞

両方が弱って枯れ，ついには切れてしまう。これらの幼虫は，6月に入ると育ちきったものがふえ，6月中旬ごろから蛹になる。

▷成虫は黒い小さなハエで，早いのは7月早々に土中の蛹から飛びだし，草刈りあとの草の汁をなめに集まったりするが，活動時刻は日の出から日没までで，交尾や産卵は8時から10時ごろがいちばん盛んである。

▷卵は，汚泥色のニカワのようなものにつつまれた塊で産みつけられるが，その場所は下茎部の外側がいちばん多い。卵がみられるのは7月中旬から8月中旬ごろまでである。

▷早く産みつけられた卵は7月下旬ごろからかえりはじめ，土中にはいりこんで根について育ち，そのまま冬を越す。

＜発生しやすい条件＞

▷湿田に発生する害虫ではあるが，1年じゅう引きつづいて水の深くたまっているところには，むしろ虫数が少ないようで，イネ刈り後とか春耕時期とかには水が落ち，稲作期間中でもときどきひたひた水ぐらいになる水田のほうが，棲みよい条件のようにも考えられる。

▷肥培管理の面では研究資料がないが，産卵は下茎部に多いところからしても，栄養のよい育ちの盛んな株ほど，産卵数も多いであろう。そしてこのようなイネは，根群の発達もよいのがふつうであるから，幼虫もすみやすくなろう。

▷水温が非常に高くなるようなところは，からだの消耗が多くて育ちにくいだろうから，水温や地温のあまり高くならないところのほうが発生しやすいことになろう。

＜対策のポイントと防除上の注意＞

▷耕耘機でていねいに深耕すると，越冬幼虫の生息攪乱を起こし，土表に掘りだされた幼虫は野鳥に食われ幼虫密度の低下に役立つ。

▷この害虫の常発地およびこれから新しく発生するかもしれない地区は

イ　ネ　＜イミズトゲミギワバエ＞

環境的にだいたいきまっているが，このような地区は，ほとんどイネ単作地区であるうえ，収量もとくに高い地区でないのがふつうである。

(執筆：田村市太郎，改訂：江村　薫)

イ ネ〈コブノメイガ〉

コブノメイガ

被害葉：タテにつづり合わされ、白く食害されている(上)。
幼虫：つづり葉をむくと、なかに幼虫がいる。体長約16mm(右上)。

成虫：黄色の蛾。羽ベリが黒く、黒線がある。体長約10mm(右)。

卵：葉に産みつけられる。楕円形で平たい。長さ約1mm。

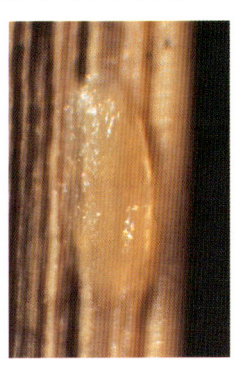

イ　ネ〈イネタテハマキ〉

イネタテハマキ

幼虫：葉をタテにつづり，内側から食害する。コブノメイガより密につづるので，虫糞がたくさんたまる。

成虫：体長約5 mm。翅は外縁が褐色で，条斑がある。

イ ネ ＜コブノメイガ＞

コブノメイガ

学　名　*Cnaphalocrocis medinalis* (Guenée)
別　名　ハマキムシ
英　名　rice leafroller, rice leaffolder

〔診断の部〕

＜被害のようす＞

▷止葉もしくはその下の葉身の先半分くらいがまっ白になって表皮だけのようにみえる。葉を1枚ずつ縦にたたんで筒状にするか，まれに2～3枚を合わせて"ツト"のようにする。幼虫はその中に入っている。
▷幼虫が小さいうちは葉の一部だけを巻く。
▷穂ばらみ期から出穂期に多発すると遠方からでも田面全体が白く見え，白葉枯病と混同されることもある。

＜診断のポイント＞

▷葉のつづり方はやや粗雑で，筒の下のほうは大きく開いている。筒の上半分くらいが白く食害されており，下のほうは巻いているだけのばあいが多い（タテハマキのばあいと比較）。
▷幼虫は行動がすばやく，おどろくと，粗雑な下の穴から容易に抜け落ちる。また，つぎつぎと摂食する葉をかえるので，被害葉の中には幼虫は見つからないことが多い。
▷巻いた葉を開いてみても，糞は下の口から抜け落ちるのであまりたまっていない。
▷幼虫は赤みがかった黄色で，胸部の背中側に6個の黒点があり，タテ

イ　ネ　＜コブノメイガ＞

ハマキと区別される。

▷成虫は体長9mm，翅を開いた長さは17～18mmで，全体黄褐色の地に前翅前縁は暗褐色，外縁には広い暗褐色のふちどりがある。前翅には黒褐色の2本の条斑と，その中間に前縁に接した点が1つあり，後翅には1本の条斑とその内側に前縁に接して1つの点がある（タテハマキと比較）。

＜発生動向その他＞

▷九州から北海道まで広範囲にわたって発生するが，関東での発生株率は普通数％未満，多発生例は西南暖地に多く，年間の発生回数も南方諸地域に多いなどから，もともとは東南アジア～華南の暖地性害虫とみられる。韓国でも年によっては南部地帯で大発生する。東シナ海や南方洋上の定点でも観測船上でしばしば成虫を採集できる。ウンカと同じように海をわたって移動してくるものと考えられる。

〔防除の部〕

＜虫の生態，生活史＞

▷成虫は日中は葉裏にいて産卵し，夜間は灯火によく飛来する。成虫の寿命は1週間，その間に100個くらいの卵を，1個，または数個ならべて葉裏に産む。

▷卵期間は3～5日。

▷幼虫期間は20日くらいで17～18mmの大きさになり，イネの下のほうの葉鞘内に入ってうすい繭をつくり，蛹になる。

▷蛹の期間は10日くらいである。

▷イネのほか，ヒエ，トウモロコシ，チガヤ，エノコログサなどイネ科植物にも寄生する。

▷台湾では年6～7回，九州では年4回，北陸では年3回，関東～北海道では年2回発生する。

イ　ネ　＜コブノメイガ＞

▷第1回の成虫発生は5月末から6月上中旬と考えられるが，その数は少ない。

▷第2回の成虫発生は6月下旬～7月中旬で，予察灯への誘殺は少ない。しかし，この時期に平年より発生が多い年は，その後の発生が多い傾向にあるので，重要な目安と考えられる。

▷第2世代幼虫の発生被害は7月末から8月のはじめにかけて起きる。多発生年にはこの時期に急にふえるといわれており，全株に被害が及ぶことも多い。

▷第3回の成虫発生は，九州では8月中下旬，北陸では8月下旬～9月中旬である。この成虫期の予察灯飛来数が最も多い。

▷第3世代幼虫の発生，被害は九州では8月下旬から9月にかけて，北陸では9月中下旬になり，暖地では上位葉への被害がとくに激しい。

▷暖地ではその後，第4回の成虫発生が9月中下旬から10月までつづき，世代の切れ目ははっきりしない。

▷発生量は年によってバラツキがあり，数年の間隔をおいて多発生の傾向がある。このような年には7月の末から8月はじめにかけて短期間のうちに急に被害が現われる。

＜発生しやすい条件＞

▷発生が多いのは西日本，とくに九州に多く，本州，四国では太平洋沿岸地帯に特に多発生する。北陸や東北地方でも年によっては日本海側に異常発生することがある。

▷多雨で軟弱になった田や肥料が遅くまで効いた田に発生し，被害が大きいといわれている。

＜対策のポイント＞

▷7月に第2回成虫が例年より多く誘殺されたときは注意する。7月後半に30％食葉されると10％減収することがある。

イ　ネ　＜コブノメイガ＞

▷8月上旬にメイチュウ防除を行なうばあいは併殺が期待されるが，単独防除を行なうには成虫の最盛期とその後1週間を目安に薬剤散布する。

▷晩植え，多肥のイネに加害が集中する傾向があるので，防除適期を失しないよう注意がたいせつ。

▷幼虫は，巻いたりつづったりした葉の中にいるほか，育って大きく（老齢）なると極端に薬剤の効きがわるくなる。なるべく若齢時に防ぐのがコツである。

▷あまり多発生でないばあいはツトムシ，タテハマキその他同時期にでる害虫との同時防除を計画するのも一方法である。

▷防除時期は養蚕時期と合致するので，粉剤や乳剤などが飛散してクワにかからないようにする。カイコはパダン剤に特に弱いから注意が肝要。

＜防除の実際＞

▷別表〈防除適期と薬剤〉参照。

（執筆：田村市太郎，改訂：平井一男）

イネタテハマキ

学　名　*Cnaphalocrocis exigua* (Butler)
英　名　Japanese rice leaf roller

〔診断の部〕

<被害のようす>

▷被害のようすはコブノメイガによる被害とよく似ている。

<診断のポイント>

▷葉のつづり方は密で，とくに筒の下のほうはきちんと閉じられていて，開けてみると筒の下のほうに糞が大量につまっている。
▷幼虫は黄緑色で，背脈管がすけて，暗緑色にみえる。幼虫の行動はやや鈍く，黒点もなく，赤味がかることはない。冬期の休眠幼虫ではとくに黄色が目立つようになる。
▷成虫はコブノメイガよりやや小さく，体長は5mmくらい，開張は14～16mmで，黄褐色の地に前翅の前縁および外縁は褐色を帯び，前翅には3本，後翅には2本の縦の条斑がある。

〔防除の部〕

<虫の生態，生活史>

▷コブノメイガによく似た生態をもっているが，大発生することはあまりない。成虫は葉の上に2粒ないし数粒ずつ産卵する。
▷卵期間は3～5日間。

イ　ネ　＜イネタテハマキ＞

▷幼虫はイネの葉をつづって，その中で葉肉を食って育ち，3週間くらいで14mmくらいになる。老熟幼虫は巻いた葉の中でうすい繭をつくって蛹となる。

▷秋には老熟幼虫態で捲葉の中や株間で休眠し，越冬する。

▷1年に3世代を経過し，第1回成虫は5〜6月，第2回は7月，第3回は7〜8月に出現し，第3世代幼虫による被害が多い。

▷九州や本州でコブノメイガと混発する場合があったが，関東，東北などではイネタテハマキの単独の発生もときどきみられたことがある。

＜防除の実際＞

▷最近は発生が少なく防除の必要性はない。

（執筆：田村市太郎，改訂：平井一男）

イ　ネ〈イネヨトウ〉

イネヨトウ

被害：本田初期の心枯れ茎。

成虫：灰黄色の蛾。体長約13mm。

老熟幼虫：茎の中にいる。淡紅色で体長20〜25mm。

イ ネ 〈アワヨトウ〉

アワヨトウ

被害：葉や茎が不規則に暴食される。

幼虫：日中は株の下部などに隠れている。体長約18mm。

成虫：体長約18mm。

イ　ネ　＜イネヨトウ＞

イネヨトウ

　　学　名　*Sesamia inferens* (Walker)
　　別　名　ダイメイチュウ，ムラサキヨトウ
　　英　名　pink borer, purplish stem borer

〔診断の部〕

＜被害のようす＞

▷苗から本田での栄養生長期のころ，稲株の心葉が黄色くなり，しだいに黄褐変して枯れる。引き抜くか，または葉鞘を裂いてみると下部に食痕があり，糞がある。

▷盛夏7～8月のころ，茎部が褐変しているので，裂いてみると幼虫が入っており，食害部から上はしだいに枯色を呈していく。

▷出穂して粒の稔りはじめるころから収穫期にかけて白穂をみたとき，穂首の下の茎部から糞がこぼれだし，イネの茎をひらくとかなり大きな赤みがかった幼虫がいる。このような症状はイネヨトウによる被害である。

＜診断のポイント＞

▷この虫による被害は，ニカメイチュウのように田の全面にひろがることはなく，たいてい，田の畦にそったところにかたまって現われる。

▷食い方がかなり乱暴であるほか，幼虫の出入孔からは，虫糞が外にこぼれだしているのが特徴。

▷分布はかなり広いが，北方での被害は非常に少なく，関東以西，西日本に多く出る。

▷幼虫は，はじめ淡黄色，育ちきると体長30mmほどになり，背面は

イ　ネ　＜イネヨトウ＞

淡紫紅色がかってきて，各体節にある黒褐色の点から1本ずつの短い毛がはえている。

＜発生動向その他＞

▷かなり多食性で，ムギ類，オカボ，トウモロコシ，シコクビエ，サトウキビのほかショウガなどにも食い込んで害をする。

▷イネにつくのは，むしろ少なく，トウモロコシやソルゴー，ヒエなど畑作害虫としての加害がひどい。

〔防除の部〕

＜虫の生態，生活史＞

▷年3回の発生が普通であるが，2回だけしか出ない地方もある。

▷幼虫がイネその他の刈り株やワラの中に入って，冬を越す。

▷春になると，幼虫は加害をはじめるが，ムギに移って茎に食い込むので，裏作ムギに心枯れ茎や枯れ穂をだすことがある。

▷育ちきった幼虫は，ムギの茎内で蛹になる。蛹期間は7～10日ぐらい。

▷5月中下旬に第1回の成虫が出る。成虫は灰黄色か灰白色の蛾で，前翅の中央に3～7個の黒褐紋があり，両翅をひろげた幅は28mmほどである。

▷卵は，乳白色のまんじゅう形で，卵塊として葉鞘内側と茎の間に産みつけられる。卵の期間は10～15日ぐらい。

▷2回目の蛾は，7月中下旬にあらわれ，イネにも卵を産む。幼虫の期間は，7月中下旬から8月上旬のころとみればよい。

▷3回目の蛾は8月下旬ごろから出るので，幼虫の時期は9月になる。

▷この幼虫は，加害をつづけて育ち，やがて冬越しにかかる。

イ　ネ　<イネヨトウ>

<発生しやすい条件>

▷畑作物の害虫として相当な被害をあらわすから，畑と混在するような田では，どうしても発生がふえがちとなる。

▷また，畑のない水田地区でも，畦畔や水路ばたにマコモがあると，それについて繁殖するから，その近くが集団的に被害をうけることもある。

▷窒素肥料のよく効いたイネには発生が多いようである。

<対策のポイント>

▷水田だけでなく付近の畑作物についても，充分な対策をたてること。

▷水路や沼地の周辺にマコモの集落の多い水田地帯では，それらの発生源をできるだけ刈り取って焼きすてることも，一つの方法である。

▷2回目の発生時期は，ちょうどニカメイチュウの発生時期のあとになるので，年によっては単独防除の必要なこともあろうが，すこし残効のある薬剤を使えば，両種をいっしょに防ぐこともできる。

▷3回目の発生時期は，たいていニカメイチュウ2回目の発生とあまりちがわないので，ニカメイチュウをめざして防げば，イネヨトウにも効かせることができる。

▷しかし，この虫だけによる大減収は，あまりないものと考えてよい。

<効果の判定>

▷ニカメイチュウと同じようにして行なうとよい。

（執筆：田村市太郎，改訂：平井一男）

イ ネ ＜アワヨトウ＞

アワヨトウ

学　名　*Leucania (Mythimna) separata* (Walker)
英　名　armyworm

〔診断の部〕

＜被害のようす＞

▷梅雨末期に多い水害で，冠水田の水がひきはじめ，株起こし，補植，追肥などで多忙をきわめているとき，突然この害虫が集団発生し，衰弱，枯死などでたくさん株絶えをだす。

▷発生初期は，葉片に不規則な食痕を見る程度であるが，水害後3～4週間も気がつかずにいると，株は坊主茎が突っ立っているばかりの惨状となり，水面には多数の幼虫が浮動しているようになる。

▷被害は，最初の突発場所から田全体に，そしてその近接田にとひろがり，水害で生き残った株が，この虫のために全滅するようなことにもなる。

▷また，8月から9月にかけて，イネの出穂期前後のころ突然発生し，葉はもちろん，穂までも不規則に暴食し，大被害を受けることがある。

＜診断のポイント＞

▷水害で枯れた葉の間などを詳しく調べ，丸くて黄白色～暗紫色をした約0.6mmの卵が縦に不規則に並んでいるのが見つかったら，1か月以内に発生するものと予想すること。

▷しかし，卵の発見はなかなかむずかしいから，水害の水がひきはじめたら3～5日おきに田を見まわり，葉の初期の食痕をさがすことである。

イ　ネ　＜アワヨトウ＞

食痕があれば，その付近に必ず幼虫がいるし，水面に浮いている幼虫を見つけることもできる。

▷幼虫は，はじめ淡黄緑色，育つにつれて灰緑から黒緑色までの各種の色変わりをし，体にははっきりした縦スジが通り，頭部はミカン色で黒い八の字形の斑紋があり，育ちきったものの体長は45mmぐらいになる。

▷この虫の発生には必ず水害が伴うとは決まっていない。水害も何もなくても，毎年かなりの発生をみるところもある。ただし，例年発生する地区はたいてい決まっている。山寄りの小面積水田地区であったり海岸寄りの地区であったりするが，その常発条件についてはまだ充分にわかっていない。

▷イネの出穂期前後に発生するものは，6月後半にイネ科牧草に多発した年には，まず葉の食痕をさがし，食痕があったら，葉鞘の中，茎葉の混雑している株の下部などをおし開くと，そこにたいてい幼虫がいるか，糞が見られるから，その数や育ちぐあいから，発生や被害の程度を見当つけるとよい。

＜発生動向その他＞

▷この害虫は，ムギ類，オカボ，トウモロコシ，アワ，ヒエ，キビ，オーチャードグラスやイタリアンライグラスなどイネ科牧草などのほか，林地や草むらのイネ科雑草で生活するから，これらの発生様相をあらかじめ知っておくと，水田にでたばあいに対策を立てるのに役立つ。

▷出穂期前後の株にでるときは，葉鞘内側と茎の間に卵を産み，被害も最初は独立して現われ，幼虫の齢期も不揃いのことが多い。

〔防除の部〕

＜虫の生態，生活史＞

▷1年に3回または4回発生する。西日本では5回発生することもあ

イ　ネ　＜アワヨトウ＞

る。

▷コムギの出穂から登熟期にかけて少数の幼虫が発見される。これがこの年の多発生の源かどうかはわかっていないが，注意する。

▷成虫の現われるのは5月から6月中旬にかけてのころで，これらは低気圧の東進通過に伴って起こるといわれており，長距離移動の可能性が指摘されている。枯れ葉，刈り株，葉鞘に，数十粒～百十数粒ずつかためて卵を産みつける。

▷卵期間は4日から10日ぐらい。

▷幼虫がかえってから蛹になるまでの期間は，観察では1か月ぐらいのようである。

▷育ちきった幼虫は土中に入り，その中で蛹になる。蛹期間は10～14日ぐらいである。

▷2回目の成虫がでるのは7～8月であるが，このころになると，育ち方がかなりズレてくるから，本州～西日本では，早いものはもう1回成虫になるし，遅れたのは，幼虫や蛹のまま冬をむかえるのもでてくる。

＜発生しやすい条件＞

▷水害があるとなぜ突発するかについては，この虫が枯れ葉の間などに産卵する習性のあるところから，水害によるイネの枯れ葉に誘われて成虫が飛来し卵を産み，それから発生するものであろうと考えられている。水がひいてから，ちょうど卵期間が経過してから発生することからもうなずける。

▷この虫は突然に，しかも大集団で現われるのが特徴であるから，その発生を支配する多くの要因（おそらく複雑な要因）がなければならないはずである。長距離飛来するという報告もある。

▷越冬は1月の平均気温4℃以上の温暖地で，ムギ類やイタリアンライグラスなどのイネ科牧草の根元で主に幼虫態で行なわれる。

イ　ネ　＜アワヨトウ＞

＜対策のポイント＞

▷なんといっても幼虫の早期発見がもっとも重要である。とくに水害のばあいは，その後発生するものと予想して，防除体制をととのえることである。

▷水害後の大発生発見は，手遅れになりやすいので注意が必要。

▷水害のばあいはイネが弱るうえに傷がつき，病菌が侵入しやすくなるので，退水直後に殺菌剤をまくのが常道であるから，アワヨトウ防除のばあいも，殺虫だけでなく，殺菌場面をともに考えることが必要である。

▷出穂期前後に発生したばあいは殺菌剤だけ使えばよい。しかし，齢がすすむと，幼虫は夜だけ活動し，昼は葉鞘とか株の下部などにかくれているから防ぎにくい。若齢期は昼間も葉について食害しているので，なるべく若齢期に散布することがコツ。

＜防除の実際＞

▷別表〈防除適期と薬剤〉参照。

▷適期に防除すれば1回でかなりよく効くが，幼虫発育が不揃いのときは，7日おき2回防除が確実。株元に多量まくことが必要。

▷3齢期よりも大きくなると，虫そのものも強くなるほか，潜伏場所に深くもぐるため，薬剤がとどかなくなり，非常に効きめが悪くなる。

▷殺菌剤と等量混用するときは，殺虫・殺菌両剤がたがいにうすめ合う結果，本来の濃さが半分になるから，倍の濃さにしたものを同じ量ずつ混ぜ合わせないと，充分な効果をあらわさない。

＜その他の注意＞

▷水害のばあいは，適期を失い，ひどい被害になってから気づくことが多い。こうなると，もうイネの株絶え対策が必要で，薬剤防除の段階を通り越してしまう。

イ　ネ　＜アワヨトウ＞

▷被害が比較的かるくすむか，または，薬剤散布はしたが，いくらかの生残り虫ができたときでも，それらが蛹になるころならば殺菌剤をまいて病害を予防しながら適正な追肥をしておくと，株が立ち直って，無被害のものの70～80％ぐらいに相当する収量をあげることもできる。

▷ところによっては，水害の有無にかかわらず，例年アワヨトウの発生する地区もあるが，水害後の発生ほどではないから，あらかじめ計画して防げばよいこととなる。

▷水田や牧草地に糖蜜トラップを設置し6～8月に雌成虫が多数（1台当たり16頭以上）捕獲されたときには2週間以降に大発生することがあるので注意する。

＜効果の判定＞

▷水害と関係ない発生では，散布後，食痕や葉鞘部の虫糞などが新しくふえなければ効いた証拠で，ところどころの葉鞘とか株の下方をおし開いて調べると，中に死虫が見られ，また，水に落ちて死んでいるものも見ることができる。

▷問題なのは，水害後の発生である。水害はそれ自体が大きな災害で，イネが弱りきっているから，虫が死んだだけでは充分効果があったかどうかはわかりかねる。株洗い，株起こし，水はけ，追肥などのほか，病害発生などを総合的に判定する必要があるからである。

▷したがって，被害株をいかに立ち直らせるかという肥培管理を充分にし，穂がでて稔るまで待って，はじめて有効であったかどうかが判定できることになる。

（執筆：田村市太郎，改訂：平井一男）

イ　ネ〈キリウジガガンボ〉

キリウジガガンボ

水苗代の被害
越冬幼虫の食害により発芽しなかったり倒れたりする。

幼虫：尾端がひろがって左右に3本ずつの突起がある。体長約30mm。

成虫(右下)：蚊を大きくしたような虫。

羽化直前の蛹

イ　ネ〈イネゾウムシ〉

イネゾウムシ

被害葉：点々と穴をあけて食害される。そこから折れ葉や切れ葉になる。

成虫：黒っぽい甲虫で、体長は5mm前後（下）。水中でも加害する（右）。

イ ネ ＜キリウジガガンボ＞

キリウジガガンボ

学　名　*Tipula aino* Alexander
別　名　キリウジ
英　名　rice crane fly

〔診断の部〕

＜被害のようす＞

▷水苗代や湛水直播で，苗立ちが非常にわるく，生え方がまばらで，ほとんど生えていないところもあるので，よく調べると，芽のない種籾が地表にころがっていたり，生えだした苗が倒れかかって水に浮いていたりする。土を掘ってみて，薄泥色で2〜3cmの幼虫がでてくるばあいは，越冬幼虫による被害である。

▷深水状態の湿田で，田植え後の幼小株がいつまでも育ちがわるく，なかには倒れてしまう株もあるので，掘ってみて，根が食い切られていて付近から1〜2cmぐらいの薄泥色の幼虫がみつかるばあいは，第1世代幼虫による被害である。

▷越冬幼虫による苗代や湛水直播での被害は，積雪地域で多く，苗不足や苗立不良となるほか，被害苗は，植えても育ちがわるくなる。

▷本田期の被害を試験した例によると，1株30頭つけると1か月後に茎数が21％，葉数が14％減り，収穫時には穂をつける茎が無被害の株の79％に減って，減収している。1株15頭つけたものでも，有効茎数が少なくなって減収している。

イ　ネ　＜キリウジガガンボ＞

＜診断のポイント＞

▷苗代で種まき後，くん炭（焼き籾殻）をかけたものは，それをかきのけて調べる。

▷本田では，害徴だけで見分けるのはむずかしい。けっきょく，疑問の株を土ごと掘りあげ，水で洗って幼虫をみつけないとはっきりしない。

▷育苗箱では問題とならない。乳苗移植や湛水直播栽培では，本田で問題となる可能性がある。

▷水苗代被害はユリミミズと似ているが，ユリミミズは水中酸素で呼吸するため水底に赤い糸様のものがひらひら動いている。本田期被害はネクイハムシやイミズトゲミギワバエと似ているが，被害相をよく比べれば区別できる。

＜発生動向その他＞

▷この害虫は比較的低温性であるから，幼虫の活動期に温度が高い年は被害も少ない。実験してみると，33℃になれば幼虫は興奮しはじめ，42℃を超すと死んでしまう。しかし，5～15℃ぐらいの低温環境におくと最もよく植物の根を食べる。

〔防除の部〕

＜虫の生態，生活史＞

▷1年に2回発生する害虫で，幼虫が土中で冬を越す。

▷冬越し幼虫は，春になってから餌をとって育ち，蛹になる。

▷蛹は，体長2cmぐらいでよごれた黒褐色をしているが，10日から2週間ほどで成虫になる。

▷成虫は蚊の大きいような形で，長いがとれやすい脚をもち，体長14～18mm，羽の長さも18～20mmほどある。第1回成虫の発生最盛期は

イ　ネ　＜キリウジガガンボ＞

気温が17～20℃になった4～5月で，第2回成虫の発生最盛期は9月ごろで気温の下がりはじめた時期である。

▷卵は小さな細長い白っぽいものであるが，湿った土表に産みつけられるから，水田の水から頭を出している土塊の表面などを，ていねいに観察すればみつけることもできる。だいたい10日前後で幼虫になる。

▷幼虫は，尾端がひろがっていて左右に3本ずつ肉質の突起をつけ，色は淡い泥色で，土中にすみ，2世代目の幼虫が秋末までにはかなり育ち，そのまま冬越しに入る。この虫は低温性であるから，気温が5～6℃になると活動をはじめる。

＜発生しやすい条件＞

▷日本海側では，春の雑草をおさえるため，イネ刈取り後の秋期に，田面を掘り返し，来年の苗代予定地を準備するところがあるが，この虫の産卵は掘り返した土面に多く行なわれ，育ちもよいため，来春になると，苗代に越冬幼虫が大被害を起こすことになる。

▷産卵は，水中の土面や乾いた土面には行なわれず，ほどよく湿った土面に多く，その後の死虫も少なくよく育つので，前記秋耕田のほか，土くれの多い田とか，畦畔土面などにたくさん産みつけられる。

▷乾田地帯でしかも乾燥する年にはきわめて少発生であるが，秋雨が多く，しかも湿田や半湿田の多い北陸地域などでは，どうしても発生が多くなる。

＜対策のポイント＞

▷苗代期の防除，あるいは苗代への播種前で防除薬剤が使用できる。

＜防除の実際＞

▷別表〈防除適期と薬剤〉参照。

イ　ネ　＜キリウジガガンボ＞

＜防除上の注意＞

▷多発地区では，箱育苗による機械植えをすれば越冬幼虫による苗代被害は完全に回避できる。手植えしかできない小面積水田でも，箱育苗した苗を使えば苗代期被害は避けられる。

＜効果の判定＞

▷苗代でひどい被害をだしたときの地中の虫数は，おどろくほど多いうえ，薬液をまんべんなく土中にゆきわたらせることはなかなかむずかしいため，散布後5〜6日は継続観察して被害の進行をみる必要がある。

（執筆：田村市太郎，改訂：江村　薫）

イネゾウムシ

学　　名　*Echinocnemus squameus* Billberg
英　　名　rice plant weevil, rice curculio, rice root weevil

〔診断の部〕

＜被害のようす＞

▷2～3葉出たぐらいの小さな苗が，心芽を食われていたり，中心の少し伸びだした軟葉が孔状に食われたりして，被害株は心止まりとなり，草丈の低い奇形発育をする。また，ひどいものは枯れることもある。

▷苗代の末期や本田の初期，葉に食孔のあるものがみられる。孔は，不規則な丸形や，それらがつながって細長くなったものなどいろいろあり，配列も，横に1段または2段に並んだもの，縦に2条または3条になっているものなどもあるが，これらはみな成虫による食痕である。

▷小さな黒っぽい甲虫が水面をチョロチョロはいまわっており，切り取られたような葉片が水面に浮いたり水底に沈んだりしているのは，前記の食痕部から切れた葉で，強い風が吹くと，いっそう切れやすくなる。

▷被害のひどい田や苗代では，切れた葉が水に流されて水はけ口に集まり，そこの水底に沈んで，たくさん積み重なっているのがみられる。

▷葉を食い切られた株でもあとから葉を出して，盛夏のころは回復したかのようにもなるが，やはり株相の奇形はまぬかれないため，有効穂数も粒数も少なくなって減収する。

▷登熟後期ごろ，穂の籾に割れ目があるのでひらくと，中の玄米に長楕円形のえぐり跡がある。これは成虫による食痕である。産米の商品価値を低下させるため問題になる。

イ　ネ　＜イネゾウムシ＞

＜診断のポイント＞

▷まず，食痕が非常に特徴的であるほか，その部分から折れ曲がり，葉のたれているのが多いので，たいていひと目でわかる。

▷加害する成虫は，全体が黒っぽく，体長5mmほどの甲虫であるが，よく見ると，体表一面に黄褐色のこまかい毛がぎっしりはえており，硬い翅の中央に白い毛がかたまってポツンとはえているほか，頭部が前のほうに棒のように突きだしているのでゾウムシの名がある。したがって，このような虫が株についていたり水面を渡り歩いたりしているのを見たら，防除計画をたてることがたいせつである。

▷発生地域は北海道から九州にまでわたるが，被害が問題となるのは北海道，東北，北陸，北関東など北寄りの地域と標高の高い低温地区で，このようなところでは被害後の回復力が弱いため，とくに早期の発見と対策が重要となる。

＜発生動向その他＞

▷この虫は広範囲に大発生することは少なく，山間田とか冷水灌漑田とか森や雑木林などの陰になるところとか，だいたい出そうなところが推定でき，そのようなところは発生も早く，そこが源になってひろがることが多いから，発生源を早く見つける注意がたいせつである。

▷葉に残される食痕は病原菌の侵入口ともなる。本田初期に食害をうけた幼苗の食痕からイネ白葉枯病菌が侵入し，萎凋型の病徴を現わすことがわかっているから，その他の病菌の侵入口にもなりえよう。

〔防除の部〕

＜虫の生態，生活史＞

▷1年1回発生する虫で，大多数のものは成虫がイネ株の根の間や土の

イ　ネ　＜イネゾウムシ＞

中などにもぐって冬を越すが，なかには老熟幼虫や蛹の形で越冬するものもある。

▷翌春にでてくる時期は，5月上旬から下旬にかけてのころからである。北海道のほうが東北地方よりおそくでるが，7月下旬ごろまで成虫をみられる。

▷幼虫で越冬したものは，5月下旬から6月中旬に蛹になり，1週間もたつと成虫になる。

▷成虫は日中活動し水面を歩いて葉鞘の中を食害するが，登熟期には穂にのぼり，籾の裂け目に口をさしこみ玄米をかじる。

▷卵は長さ1mmほどの長楕円形で淡黄色をし，根ぎわの土中や食べた葉鞘の中などに1粒ずつ産みつけられ，7〜10日ほどで幼虫がかえる。

▷幼虫は，脚のない白いウジで，頭だけが淡い褐色をしている。土中での食いものはおもに腐植質であるが，イネやイネ科雑草の根も食う。

▷育ちきった幼虫は体長6mmぐらいになるが，その時期は，地域によってちがい，南方暖地では9月，北海道では10月から11月で，一部には，そのまま越冬にかかるもの，蛹になって越冬に入るものなどもあるが，多くのものは蛹から成虫になって，冬を越す。

＜発生しやすい条件＞

▷広く各地域に発生する虫ではあるが，高温地よりもむしろ低温地のほうが発生によい条件が多いようである。

▷この虫はオカボにもつくことがある。

▷葉の色が淡くて堅づくりのイネにはあまり発生せず，色が濃くて軟らかそうに育っているもの，つまり，肥料のよく効いたイネのほうに集中加害する。

＜対策のポイント＞

▷早期発見して，ひろがる源を絶やすことがたいせつである。

イ　ネ　＜イネゾウムシ＞

▷厳寒地では，秋に深耕して株をすき込んだり，土中に寒気をみちびき入れると越冬成虫が死ぬので，北海道などでは有効な方法とされている。

▷苗代では捕殺もよい。細い篠竹を節をつけて節の上4cmほどで切り，そのてっぺんがイネの草丈よりわずか高いくらいにし，7m²に1本ぐらいの割合で立てておくと，成虫が切り口から盛り上がるほど入っているから，バケツに灰を入れて持ち歩き，その中に落として殺せばよい。この捕殺は，夕方より朝がよいし，雨の日より晴天がよく，はじめ曇天で蒸し暑く，後に晴れたようなときには，捕殺数がとくに多い。

▷成虫には，殺虫剤を稲体散布するか，水面施用し虫体に触れさせたりイネに吸わせて食べさせたりするしかない。幼虫は薬剤に弱いが，効かせる方法がむずかしい。

＜防除の実際＞

▷別表〈防除適期と薬剤〉参照。

＜防除上の注意＞

▷この害虫は，ニカメイチュウが王座を占めていたころは一部の地方に発生する程度で一般水田での重要害虫ではなかった。しかし，薬剤に非常に強いため，ほかの害虫が農薬によって減るにつれて勢力を広げ，発生も被害も増加し，籾中の玄米を食害するような従来まったく見られなかった新被害まで現わすようになった。殺しにくい害虫であることを念頭に入れておく必要がある。

▷越冬場所からでて水田畦畔に集まるから，その成虫防除からまず始めることである。

▷幼虫は薬剤に強くないが土中にいるため，薬剤の有効応用方法がたいへんむずかしい。

▷進んだ有効農薬でも成虫の完全防除はじつに至難である。さらに勢力を増強する懸念もある。今後に大きな問題を残していることを充分理解し

て対策にあたることがたいせつである。

＜効果の判定＞

▷死んだ成虫は水面に落ちているから，防除後に水面を調べて，死体があり，水上を渡り歩いている個体がなければ効いた証拠である。

▷しかし，稲体についてかくれている生き残りもあるから，できれば虫取り網ですくい取ってみると，どのていど効いたかがわかる。

▷防除後，前記したような篠竹を立てて捕殺するのも一法で，効果を判定するとともに，生き残りを捕殺できることにもなる。

(執筆：田村市太郎，改訂：平井一男)

イネ〈イネミズゾウムシ〉

イネミズゾウムシ

幼虫による被害圃場(上):生育むらを生じ、甚だしいばあいには分げつが極端に抑えられる。
幼虫被害株(右):抜き取ると、根が食害されているため新根がほとんど認められない。

成虫とその食害株(右):葉脈に沿って線状の食痕が残り、水田では日中でも成虫が認められる。
成虫および食害状況(左):成虫は灰褐色で背面に黒色斑紋があり、表皮を残して葉身をカスリ状に食害する。

イ ネ 〈イネミズゾウムシ〉

越冬後成虫による雑草の食痕：田植え前に畦畔や土手でみられる。

土繭：株もとの根に付着している。卵形, 約5mm。

幼虫(下左)：乳白色で背面に6個の突起をもつのが特徴。体長約8mm。

成虫の飛翔行動(下)：移動時期には夕刻〜夜間に葉先から飛び立つ。

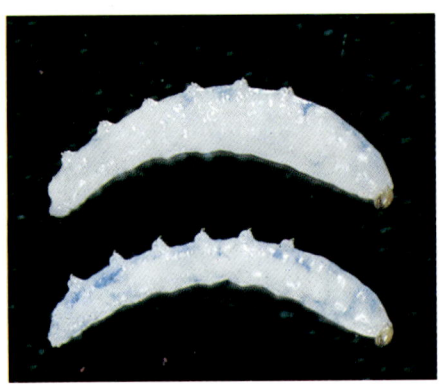

イ　ネ　＜イネミズゾウムシ＞

イネミズゾウムシ

学　名　*Lissorhoptrus oryzophilus* Kuschel
英　名　rice water weevil

〔診断の部〕

＜被害のようす＞

▷田植え直後の軟らかいイネの葉に，葉脈に沿って幅1mmていどで，長さ0.5cmから5～6cmにおよぶ細長い線状の食痕が断続的にみられる。この食痕は，裏面の表皮を残して葉肉まで削りとられるように食害されているので，カスリ状に見える。1枚の葉では中央部から先のほうに比較的多くみられる。稚苗で成虫の食害がはなはだしいばあいには，葉先から枯れ込むことがある。

▷被害のはなはだしい水田では一時的に生育が停止し，全体が白っぽく見える。また，成虫の生息密度が高いばあいには水田全体が一様の被害をうけるが，密度の低いばあいには畦畔沿いに多い傾向がある。

▷小さい灰褐色のゾウムシが，水のある状態の水田では日中でも葉上にみられる。また，株元にも潜んでおり，主として夜間に葉を食害する。

▷田植え後2週間ころから幼虫が土中で根を盛んに食害する。はなはだしいときには分げつが極端に抑えられ，株は容易に引き抜くことができる。このような株では下葉が黄化する現象もまれにみられる。

▷成虫の食害にひき続き幼虫の食害がはなはだしいと，株は移植当初の状態が長く続き，生育が遅延し，肥効も遅れるため生育むらを生じ，一見してわかる。その結果，出穂期は遅れ，有効茎確保が不充分で穂数も少なくなり，極端な減収をまねくことがある。一般的には，被害のはなはだし

イ ネ ＜イネミズゾウムシ＞

い水田でも，出穂期ちかくになると外観的に回復傾向となる。

＜診断のポイント＞

▷葉の食痕は他の害虫ではみられない特徴があり，とくに軟弱な葉や新葉に顕著なので，田植え当初の水田を注意深く観察すること。

▷葉を食害する成虫は，体長約3mmで，イネゾウムシより小さく，コクゾウムシほどの大きさで，体表面は灰褐色の鱗片でおおわれ，背面に黒色の斑紋があり，触角は赤褐色の棍棒状である。

▷生育不良な水田では，6～7月ごろ株を抜き取り水中で根をよく洗うと，水面に大きさ8mmていどの乳白色をした幼虫が浮上してくる。この幼虫は湾曲し，黄褐色の頭部を有し，背面に6個の突起がみられる。この突起は他のゾウムシにない特徴である。また，田植え後1か月をすぎると，イネの根に土色をした約5mmていどの土繭が付着している。

▷田植え前に水田周辺の堤防，土手，畦畔のチガヤ，ススキ，ネザサなどのイネ科雑草に，イネとほぼ同様な食痕がみられる場合がある。

▷新成虫の出現する8月には，水田内のタイヌビエ，畦畔のチガヤ，メヒシバなどの葉に食痕がみられる。この時期のイネでは，軟弱な葉や無効分げつ茎の葉以外，成葉での食害は少ない。

▷丘陵地や山間部で周辺に山林，堤防，土手などがある地域では，発生しやすい。

▷遠くから水田全体を見るとイネドロオイムシの被害に似た様相を呈するが，葉の食痕を詳細に観察すると明らかに異なり，イネドロオイムシにみられるほどの幅広い白斑にはならない。

＜発生動向その他＞

▷昭和51年5月に愛知県常滑市で発見された侵入害虫である。原産地はアメリカ合衆国であり，わが国に侵入したのは単為生殖系統（雌のみで増殖）である。

イ　ネ　＜イネミズゾウムシ＞

▷発生地域は順次拡大し，昭和63年には全国に広がり，韓国，台湾，北朝鮮，中国にも侵入した。

〔防除の部〕

＜虫の生態，生活史＞

▷普通のイネ栽培では年1回の発生である。畦畔，堤防，土手，山林などの枯草や落葉の下，果樹園の敷草下の適湿度を有する場所で，成虫で越冬する。

▷東海地方の平坦部の場合，越冬成虫の活動し始める時期は4月中旬からで，5月中旬ごろまで越冬地周辺のチガヤ，ススキ，ネザサなどのイネ科雑草の新葉を摂食し，水田にイネが植えられるとすぐ成虫が歩行または飛翔により侵入し，水中を自由に泳ぎまわり，イネの葉を主に夜間食害する。

▷食害の盛期は5月下旬～6月上旬であり，その後は密度が減少し，6月末には寿命がつきるためほとんど成虫はみられなくなる。

▷産卵は，水中のイネ葉鞘表皮下に1か月以上にわたって1～2卵／日産みつづける。卵は乳白色で大きさは約0.8mm，両端が湾曲したソーセージ形で全体にやや曲がっている。しかし，卵の確認は肉眼では困難である。

▷卵期間は7～10日であり，孵化幼虫は葉鞘組織から脱出し，水中を降りて土中に入り根を食害して成長する。若齢虫は透明だが間もなく乳白色になり，肉眼での識別が可能となる。老熟すると体長約8mmに達する。幼虫は背面に6対の鈎状突起があり，これは気門の変化したもので体内の気管と連絡していて，土中ではこの突起を根に挿入して呼吸作用を営んでいる。幼虫期間は約1か月間で4齢からなる。

▷老熟した幼虫はイネの根に土繭をつくり，その中で蛹となる。蛹は乳白色で長形，約3mm。蛹期間は7～14日で，新成虫は土繭の一端を破っ

イ　ネ　＜イネミズゾウムシ＞

て地上に現われる。

▷新成虫は7月中旬～8月中旬に現われ，日中はイネの株元に潜んでいるが，夕方葉先に上がってきて飛翔したり，あるいは歩いて畦畔，堤防や近くの山林，果樹園などに移動する。9月にはほとんど越冬場所に定着する。

▷水田内のイネ株や収穫後の稲わらでの越冬はほとんどみられない。

▷成虫の飛翔は越冬場所から水田への移動時にみられ，予察灯に誘殺される。また，新成虫の出現時期にも誘殺される。

<発生しやすい条件>

▷周囲に山林がある山間の水田は，越冬場所に恵まれて多発生しやすい。

▷田植時期と越冬後成虫の活動盛期とが合致したときに被害がはなはだしくなる。

▷稚苗移植は成苗移植に比べイネが軟弱であるため，成虫の食害が激しく，さらに，幼虫の食害が加わり被害がはなはだしくなる。

▷低湿田，厩肥多用田などで，田植え当初に苗の活着が悪いばあいには，幼虫による被害が顕著に現われる。

<対策のポイント>

▷田植時期が周辺より早いと被害がはなはだしくなるので，田植えは一斉に行なうこと。

▷なるべく浅水あるいは節水管理につとめ，根を健全に育てる。

▷平野部より丘陵地，山間地など越冬に恵まれている場所は多発生しやすいので，防除を怠らないこと。

<防除の実際>

▷別表〈防除適期と薬剤〉参照。

イ　ネ　＜イネミズゾウムシ＞

▷あらかじめ育苗箱に薬剤を施用しておくと田植え後の成虫および幼虫被害を防ぐことができる。

▷防除要否の目安である要防除密度（5％減収が予想される虫の密度）は，東海地方では1株当たり成虫0.5頭であり，それ以上の密度の場合は防除を実施する。

＜その他の注意＞

▷成虫の食害発生田ではイネの生育に影響のない範囲内で早めに中干しを行なうと幼虫による被害が軽い。

▷乾田直播では被害がほとんどないが，湛水直播の場合はイネの生育初期から成虫に食害され被害が出やすいので，成虫の寄生をみたら本田初期防除用薬剤を施用する。

＜効果の判定＞

▷薬剤の効果を判定する的確な方法は，根に寄生する幼虫数を調べることであり，田植え30〜40日後に土ごと株を掘り取り，水を入れたバケツの中でていねいに根を洗うと乳白色の幼虫が水面に浮上してくる。

▷また，蛹は土繭となり根に付着しているので，これら幼虫，土繭が見つからなければ効果があったと判断する。

（執筆・改訂：都築　仁）

イ　ネ〈キビクビレアブラムシ〉

キビクビレアブラムシ

穂の被害：吸汁によって籾は太らず，シイナや不完全粒がふえる。

葉の被害：葉は巻いてしおれ，中にアブラムシが群生する。

イ　ネ 〈ヒメジャノメ〉

ヒメジャノメ

幼虫：角状突起が特徴。葉をヘリから食いきざむ。

成虫：翅の眼状紋と淡色帯が特徴。

イ ネ ＜キビクビレアブラムシ＞

キビクビレアブラムシ

学　名　*Rhopalosiphum maidis* Fitch
英　名　corn leaf aphid

〔診断の部〕

＜被害のようす＞

▷苗に群がってつき，はじめは葉が生気を失って巻き，しだいに鮮緑色がうせて黄変し，ひどいものは枯れていく。乾田直播苗にはとくに多発する。

▷やがて穂が出ようとするころから乳熟期あたりまでのころ，葉裏や穂に群集寄生して汁液を吸うため，被害部が黄枯色になる。

▷被害部には排泄物や脱皮殻などがつき非常に汚染しているが，その部分には後からすす病が繁殖するので，被害葉も被害穂もまっ黒にきたなくよごれてしまう。

＜診断のポイント＞

▷このアブラムシは，被害部に群がって棲むのが特徴で，暗緑または暗褐色などの色変わりがあるが，平たい楕円形をし，育ちきったものは体長2mmぐらいとなる。

▷被害葉には黄色い斑点がでたり部分的に枯れたりし，苗ではしだいに黄変して枯れるものをだす。

▷被害部位は稲体の上部であるから，止葉がまっ黒くなるほど汚染し，萎縮するものもあり，ついには出すくみ穂をみるようになる。

▷被害穂はやせて生気がなく，粒数はそれほど減らないにしても，粒の

イ　ネ　＜キビクビレアブラムシ＞

張りも重さもおち，粃や不完全粒がふえる。

＜発生動向その他＞

▷苗での多発生時には，退色黄変などの害徴が他の原因とまぎれやすいが，葉裏をみれば群生虫がいるので，すぐわかる。

▷本田では，毎年多少は発生しているが，全面に広く発生することは少ないので，特別には防がなくてもよい。乾田直播では注意する。

▷株の表面に見当たらないときでも，茂った株の下方にある遅出の若い茎葉にたくさんついていることが多いから，株間を分けて調べないと，正確な発生状況のわからないことが多い。

▷この虫はイネだけにつくものではない。出穂期ごろから変色萎凋する陸稲株を引き抜いてみると，根に群がりついているアブラムシがいるが，これも本種で，俗にネアブラムシとも呼ばれている。また，オオムギ，コムギ，トウモロコシ，アワ，ヒエなどの葉や茎や穂に重なり合うように群集しているアブラムシをみるが，これらのほとんどはキビクビレアブラムシで，畑作害虫としても甚だしい加害をあたえている。

〔防除の部〕

＜虫の生態，生活史＞

▷春から秋にかけては，雌は卵を産まないで直接雌の仔虫を産み，その雌がまた雌を産み，雌ばかりでふえていく。

▷ところが，秋末からでる仔虫には，やがて翅のはえるものがでるとともに，ポツンと雄が産まれてきて交尾し，こんどは雌は卵を産むようになる。

▷雌はサクラ類，モモ，ナシなどのバラ科植物に移り，樹皮の裂けめや芽のもとなどに卵を産みつけ，この卵で冬を越す。

▷春がくると，卵から幼虫がかえり，それが育って成虫になるが，この

イ　ネ　＜キビクビレアブラムシ＞

成虫はみな雌で翅があり，イネ科植物に舞い移って，つぎつぎと雌ばかりでふえつづける。

▷ただし，暖地では幼虫や翅のない雌がイネ科植物について，そのまま冬越しをすることなどもある。

＜発生しやすい条件＞

▷高温乾燥年は繁殖の好適年で被害もふえる。しかし極端な気象変動年がつづくと，しだいにそれに適応してゆくらしく，冷害ぎみの年でも高温日が数日はさまるとその間に虫数の急増がみられる。こんな年はイネの生長がわるいため被害は拡大しがちになる。

▷良質銘柄品種の作付け増加は，吸汁性害虫の加害に対して好条件をあたえることになろう。

▷不良気象年には肥培に重点をおくため，気象回復とともに株相は軟弱繁茂し，この虫群の加害に好条件となりがちである。

▷イネ以外の各種畑作物に群生し，有翅虫が飛び移ったりアリに運ばれて分散したりするから，畑地近傍水田や田畑混在地区では多発になることが多い。

▷山間地水田，山寄りの水田，海岸寄りの砂質水田などで予想外な多被害を現わした事例も知られている。

＜対策のポイント＞

▷早期に発見して，発生の初期に徹底的に防除をすること。

▷この虫の繁殖は非常に早く，春から秋末までには何十回も雌が雌を産んでいくから，すこしふえはじめてからでは，どうしても防ぎ残りをだし，それがすぐふえるので，何回も防ぐ準備が必要。

▷本田では，下部の遅発分げつでふえやすいから，これらを防ぎ残さないようにしなければならない。

▷田畑混在地区では，水田ばかりに注目せず，畑作物についてもいっし

イ　ネ　＜キビクビレアブラムシ＞

ょに防ぐ計画をたてる必要がある。

＜防除の実際＞

▷別表〈防除適期と薬剤〉参照。

＜防除上の注意＞

▷育苗期も本田期も，ほかから飛来してくるから，育苗箱施薬が有効である。本田では，防除期が早すぎるとあとからの飛来虫がふえてしまうし，またおそすぎると繁殖被害後で手おくれになるほか防ぎ残りが多くなるから，けっきょく，飛来最盛期をはさんで2回ぐらいの散布が最も好適。

▷本田では，とくに下部の遅発分げつにまでよく薬剤がかかるようにくふうすること。

▷1枚の田でも平均に発生することは少なく，多発生箇所は点々とばらついていることが多いから，その状態に合うよう，あらかじめ発生密度を調べてから重点的に散布できれば最も有効で経済的である。

＜その他の注意＞

▷この虫は，育苗期ではすこし多めだとすぐ苦にされるが，本田ではわりあいに無視されがちな害虫である。しかし乾燥年で，そのうえ用水不足にでもあうと，それだけでもイネの育ちが停滞するのに，アブラムシは繁殖好条件のためふえ，被害は両面から大きくなるので注意が肝心。

▷従来，アブラムシの本田発生地区はわりあいに少なく，また，限られているばあいが多かったが，近頃は薬剤の進歩で主要害虫が減り勢力のバランスが乱れたためか，いままで放任されていたアブラムシが本田で突発する例がふえ，発生地区も新しくひろがっているようであるから，今後は事前の警戒と対策の準備がいっそう重要になろう。

▷アブラムシの本田発生は，コメの品質が悪くなりがちな年にかぎって多いので，品質の劣化を助長する。

イ　ネ　＜キビクビレアブラムシ＞

＜効果の判定＞

▷この虫は，寄生中でも重なり合って棲み，あまりうごきがない。したがって薬剤散布後も，ちょっとみたのでは効いていないようにみえるが，しばらく観察していると，効いていれば，尻をうごかしたり群れからはい出したりするものがあるから，その程度によって効果の判断がつく。

▷しかし，日数がたてば死虫は落下するほか，寄生部位についているものでも，色変わりして体はしぼみ，一見して死体であることが明らかになるから，容易に見分けがつく。

(執筆：田村市太郎，改訂：平井一男)

イ　ネ　＜ヒメジャノメ＞

ヒメジャノメ

学　名　*Mycalesis gotama fulginia* Fruhstorfer
英　名　satyrid butterfly, lesser grass satyrid

〔診断の部〕

＜被害のようす＞

▷被害は，6月ごろから9月終わりまでにわたって見られるが，葉縁から不規則に切りとったような食痕のあるのが特徴。ふつうは葉の主脈を中心とする両側の葉片を食害するが，幼虫の齢がすすむと主脈をも食い切ってしまう。

▷被害葉は，食害部から折れ曲がったり垂れ下がったりする。

＜診断のポイント＞

▷発生は一般にまばらで，集団的に大発生するというようなことはあまりないが，山間部，山林，草むら，堤防などに近い田では，部分的にかなりの発生をみることがある。

▷幼虫は黄緑をし，育ちきると26mmほどにもなるが，頭部は灰白色の地に暗赤色の斑紋がまじり，頭部と尾端に1対の角状突起をつけているのが特徴。

▷これによく似ているが，すこし小形のものにコジャノメ *Mycalesis francisca perdiccas* があり，両種はまじって棲んでいることがある。見分けは成虫によるとよく，ヒメジャノメは翅の中央に不明瞭な淡色帯があるがコジャノメにはなく，さらに，後翅の表面に一つ，裏面に七つの眼状紋があるので区別できる。

イ　ネ　＜ヒメジャノメ＞

▷食痕は他の食葉害虫と似ているが，鈍感な幼虫なので葉をゆすっても落ちず，加害中の幼虫を簡単に見つけることができる。

＜発生動向その他＞

▷最近は重要害虫の劣勢化傾向，本虫のつくタケ類の集団枯死，開発によるササ原の減少などのために水田地区に追いだされて，そこで優勢化することがないとはいえない。山寄り地区では警戒が必要。

〔防除の部〕

＜虫の生態，生活史＞

▷1年に2回発生するのがふつうで，蛹で葉のまじったゴミの下や地面などで冬を越すようである。第1回の成虫が発生するのは6～7月，第2回の成虫は7～8月ごろに発生する。

▷成虫は葉に卵を産むが，卵の期間は5～7日。

▷幼虫期間は，野外での観察からすると，だいたい20～30日らしい。

＜発生しやすい条件＞

▷野外のイネ科雑草にもつくようであるが，イネのほか，オカボ，ササ，タケの葉につくから，これらの食餌が近くにある水田は，どうしても発生のきっかけになるようである。

▷窒素肥料のよく効いている育ちのよい株には，卵が産みつけられやすいためか，幼虫の数もふえがちであるが，詳しいことは明らかでない。

＜対策のポイント＞

▷なるべく幼齢期に防ぐのがコツで，大きくなるほど防ぎにくい。

▷老齢期には薬剤にも強くなるが，幼齢期であれば，とくにこの虫だけをめざして防がなくても，ほかの害虫防除のとき併殺することができる。

イ　ネ　<ヒメジャノメ>

▷現状での発生は低密度で加害も分散的であるが，前記のように勢力を急増させる危険性もあるので，山寄り地区などでは従来あったタケやササ類の減少傾向とにらみ合わせて水田への襲来密度を警戒し，必要に応じ幼齢期に早期単独防除を行なう心構えだけは忘れないでいることが必要。

（執筆：田村市太郎，改訂：平井一男）

コバネササキリ

被害：突っ立っているきれいな白穂が特色。

かみあと：白穂の出た茎の下部にはササラ状のかみあとがみられる。

穂の籾：乱雑にかじられることがある。

イ　ネ〈ヒメクサキリ・マイマイガ〉

ヒメクサキリ

成虫(雌)：株の下方にいるが，ときどき葉面をわたりあるく。体長約48mm。

マイマイガ

幼虫：樹上の葉に群がり，暴食したのち，水田にくる。体長約60mm。

イ　ネ　＜コバネササキリ＞

コバネササキリ

学　　名　*Conocephalus japonicus* (Redtenbacher)
英　　名　japanese meadow longhorn grasshopper

〔診断の部〕

＜被害のようす＞

▷穂のでるころから収穫期までにかけて，白穂が現われ，その下茎部にササラ状で引き裂いたようにかみ切ったあとがあったら，この虫による被害と考えてよい。

▷乳熟期のころ，穂の粒列を側面または上方から不規則にかじり，ひどいものは大部分に食痕がつくようにまでなっているのも，この虫による被害である。

▷しかし，被害は水田の周囲に局部的なことが多く，全株に及ぶようなことはない。

＜診断のポイント＞

▷この被害は全国各地でみられ，ヒメクサキリのように北方にだけ多いというようなことはない。

▷山ぎわ，やぶの近く，畦畔や堤防の近接地区などに多いのが特徴。

▷被害あと付近に成虫がみられる。成虫は，イナゴに似たような虫で，体長20mmほどの濃緑色，触角は黄褐色で長く，前翅の前べりとうしろの端は広く，薄い膜質部があり，腹部背面は暗色で両側に黄色の縦スジが通っている。

イ　ネ　＜コバネササキリ＞

〔防除の部〕

＜虫の生態，生活史＞

▷1年に1回発生するもので，土中に産みつけられた卵で冬を越す。

▷翌春5～6月ごろに幼虫が現われて，ムギ類やイネに加害するほか，イネ科雑草にもついて生活する。

▷この虫は，蛹の時代がないから，幼虫が育ちきると成虫になる。8～9月ごろまでには，全部のものが成虫になる。

▷成虫は，強い丈夫な産卵管を土中にさしこんで卵を産み，その卵が冬越しに入る。

＜発生しやすい条件＞

▷付近の畑作ムギや水田裏作ムギなどにも被害が現われるから，それらの被害の多かった年はイネの被害もふえがちになる。

▷乾燥する年には，田の一部が日かげになっているところとか，窒素分がよく効いて青々と茂っているようなイネが，集中的に害をうける。

＜対策のポイント＞

▷この虫は加害中の現場をとらえることがむずかしく，気づいたときはすでに加害してしまったあとであることが多い。

▷ムギ類やイネ科雑草まで広く発生するので，畦畔雑草の防除を行なう。

▷被害は1週間ぐらいの間に急にふえるが，この害虫は大発生することが少ない。

　　　　　　　　　　　　　（執筆：田村市太郎，改訂：江村　薫）

イ　ネ　＜ヒメクサキリ＞

ヒメクサキリ

学　名　*Homorocoryphus jezoensis* (Matsumura et Shiraki)
英　名　northern cone-headed longhorn grasshopper

〔診断の部〕

＜被害のようす＞

▷葉脈の間が縦スジ状に食われ，薄い膜だけ残っているが，被害葉はやがて枯れて垂れる。これは，初齢幼虫の加害である。
▷茎葉が色がわりしかかっているので，下茎部を調べると，そこがササラ状に暴食されて裂けているのがみられる。
▷穂が枯れたような白色になっているとき，下茎部を調べ，ササラ状の暴食のあとがあれば，この虫による加害と考えてよい。
▷乳熟期ごろから収穫期までの間に，穂の籾が外側からかじられているのも，たいていこの虫による被害である。

＜診断のポイント＞

▷この被害は，北方の寒地や山地に多くみられ，暖地ではほとんどみられない。
▷山ぎわとか畦畔近くなどに被害の現われるのがふつう。
▷その付近に，イナゴに似たような虫で，淡緑または黄色をし，胸背の中央に黄褐色の縦線をつけた成虫がみつけられる。体長は雄は39〜44mmであるが，雌は42〜48mmあり，まっすぐで剣状の産卵管をつけている。
▷被害状況は，コバネササキリともよく似ているが，ヒメクサキリは北

イ　ネ　＜ヒメクサキリ＞

方や山地の害虫であり，コバネササキリは暖地にもかなり多く，成虫の形態がちがうほか，被害は出穂してからのイネに多いのですぐ見分けられる。

〔防除の部〕

＜虫の生態，生活史＞

▷１年に１回発生する虫で，たいていは地中に産みつけられた卵で冬を越す。

▷卵は６月中旬から７月上旬ごろかえって，幼虫になる。

▷幼虫は，翅がないだけで成虫によく似た形をし，８月中下旬ごろまでに成虫になる。

▷成虫は地中または葉鞘内に卵を産む。卵は光沢のある淡黄色で，下面に白斑をつけ，長径６～7mm，短径1mmほどである。

＜対策のポイント＞

▷雑草地で発生するので，畦畔雑草防除に努める。
▷発生は田の全面にわたることは少ない。

（執筆：田村市太郎，改訂：江村　薫）

マイマイガ

学　　名　*Lymantria dispar* (Linnaeus)
別　　名　ブランコケムシ，ハンノキケムシ
英　　名　gypsy moth

〔診断の部〕

＜被害のようす＞

▷この害虫は，普通イネにつくものではなく，山林の樹木や果樹の葉を食う害虫であるから，大発生しないと水田での被害は現われない。

▷移植イネが根づき，盛んな生長をはじめるころ，葉を暴食され，全株が茎だけ残して丸坊主になるまで食われてしまう。

▷ひどい被害田は，株らしい株がほとんどなくなって，株枯れが続出する。

▷被害がわりあい軽い田でも，食われた株の損傷は大きいから，生育は乱れ，当然ひどい減収はまぬかれない。

＜診断のポイント＞

▷水田で直接発生するものでなく，山林などから虫の洪水のように大群集で襲来するため，付近の樹木は1葉もないほど食いあらされ，幼虫群の通ってきたあとがはっきりと被害田まで続いている。

▷加害者である幼虫は，胴部が黒紫色で大小の斑点をつけ，背中の両側にこぶの列があって毛がむらがりはえ，9節と10節の背上に紅色のツボ状突起があり，60mmほどの体長をした気味のわるい毛虫である。

▷この毛虫は，稲株が虫の重さでたれ下がるほどつき，水面にもいちめ

イ　ネ　＜マイマイガ＞

んに毛虫が浮き，それらが畦畔に吹きよせられて水底に死体の堆積をみる。しかし，いくら死んでも，あとからつぎつぎと大群がはい集まってくる。

▷田の春起こしから田植えのころ，付近の山林や灌木の混じった草むらなどを調べ，クモの巣のように張られた糸の中に黒い毛虫の幼齢虫（ケゴ）があちこちに見られるようなときは，やがて水田に襲ってくるものと予想し，事前の準備をすることが大切である。

＜発生動向その他＞

▷ほかの害虫のように毎年イネを襲うというものではなく不意に突発するから，たいてい発見が後手にまわる。1～2日の間に被害の惨状は驚異的なものになる。

▷この虫の大発生地区というようなものは，特別にきまっていないようで，意外なところに突然発生するから，早期発見が何よりも大切である。

▷この虫が水田にまで襲来するような年は，クヌギ，クリ，サクラ，カキ，ウメ，リンゴ，ナシその他たくさんの樹木や果樹に大被害が及び，時期外れに落葉したのかと思うほどの異観を呈するから，このほうの対策もまた，大変なことになる。

〔防除の部〕

＜虫の生態，生活史＞

▷1年に1回だけ発生し，木の幹や枝に産んだ卵（塊）で冬を越す。

▷卵は，球形で直径1.5mmほどあり，たくさん積み重ねたように産みつけられ，その上にメスの尾端についていた淡黄褐色の鱗毛がかぶせてある。

▷卵は4月中旬ごろからかえって幼虫になり，2齢ごろまでは群がって棲むが，それからは吐糸でブランコをしながらひろがり，育ちきると糸を吐いて目の粗い繭をつくり，そのなかで蛹になる。

イ　ネ　<マイマイガ>

▷成虫が発生するのは6〜7月ごろで，メスは体長25mmほどで灰白色，前羽には3本の黒い短線，くの字形黒線，4本の暗色波状線があるほか，外べりに黒点をつけている。オスは全体が褐色がかった暗黒色で，体長は20〜25mm。昼間さかんに舞い飛ぶので，マイマイガとよばれる。

▷メスは樹皮に卵を産むとまもなく死に，残された卵が冬を越えていく。

<発生しやすい条件>

▷太陽の黒点は増えたり減ったりするが，その最多または最少になった年を中心にして，その前後の年間に大発生があったという事実が調べられている。

▷しかし，防除に直接役立つような発生条件は，よくわかっていない。

▷雪が少なく，多雨または特別乾燥がなく，春の到来が早くて山林の樹木が早くからよく茂りだすような条件は，この虫の増えるのに都合がよいのではないかと思うが，そのようなことを専門に調べた報告は見当たらない。

▷林木の乱伐，山面切崩しによる道路貫通などで林相が攪乱されると，食餌不足は高齢化するにつれて甚だしくなるから，原発林地に近い水田を急襲することになる。しかし，その大群集移動の有無多少についての事前予察資料の完備は，これからの究明にまつほかはない。

<対策のポイント>

▷水田というよりも，むしろ山林などでの早期発見が先決となろう。

▷山を食いつくすと水田地区にくるから，できるかぎり山林地区で殺してしまうことで，一部の場所を切り倒して焼きはらうことなども考えたほうがよいかと思うが，早期なら薬剤で殺すこともできよう。

▷水田に入りかけてからでは，たいてい手遅れになるので，その手前で殺すように計画することができれば，いちばんよい。

▷水田に入りかけたときは，時を移さず，その付近の林地，草地，畦畔をもふくめて，かなり広範囲に薬剤防除をしなければならない。

イ　ネ　＜マイマイガ＞

＜防除の実際＞

▷一般樹木（林木）を対象とした薬剤が適用になっている。別表【参考】〈防除適期と薬剤〉参照。

▷薬剤のなかには魚毒性の強いものもあるから，そのようなものは水田内には散布せず，山林，草むらなど水田侵入前期に使うこと。

▷毛虫は，上位田から下位田に水で流されたり，はったりしてたちまちひろがるから，いったん水田地区に入りかかったら，その付近の全耕作者が共同して防除にあたらないと全面的に手遅れになるおそれがある。

＜その他の注意＞

▷不意に突発するもので，虫害というよりもむしろ気象災害に類したような性格がある。水田に侵入するころの幼虫は，たいてい薬剤抵抗性が非常に強くなったものが多いため，なかなか死なず，そのうえ，手遅れになってからさわぎだす例が多いので，農家の経営面に大打撃をあたえるから，状況に応じては経済的な救済策なども検討する必要があろう。

＜効果の判定＞

▷効いたばあいは死体となるから，一見判定できそうに思うが，なにぶん大集団で，重なり合ってはいまわるほどの数であるから，大多数死んだようにみえても，落葉の下，ゴミの中，草の間などに必ず多数の幼虫が生き残っているので，そのへんも綿密に調べる必要がある。

▷水田内の死体は水面に浮き，やがて水底に堆積し，生き残りは稲株についているから，調べれば殺虫の効果だけはわかる。ただし，殺される前に大多数の株が丸坊主にされることが多いので，虫は殺せても被害が防げなかったという問題が残る。したがって，防除効果は，被害査定を主にしないと判定がつきかねるというやっかいなことにもなる。

（執筆：田村市太郎，改訂：平井一男）

イ　ネ〈イネシンガレセンチュウ〉

イネシンガレセンチュウ

典型的な心枯れ症状（品種：日本晴）　（西澤　務）

心枯れ症状の激発水田（品種：日本晴）　（西澤　務）

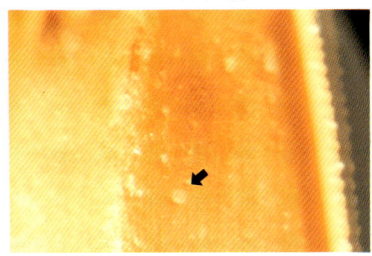

頴（籾殻）の内面に付着して越冬中のセンチュウ（左）：乾燥虫体で長年月耐久生存できる。　（西澤　務）

耐久生存中の乾燥虫体（右）。　（西澤　務）

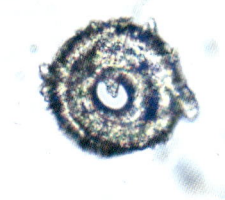

イネシンガレセンチュウによる黒点米症状の二型（下）：左より健全粒，横割れ型の黒点米，縦割れ型の黒点米。　（西澤　務）

蘇生した雌成虫（下）：体長は約0.7mm（乾燥虫体を水に浸して30分後）　（西澤　務）

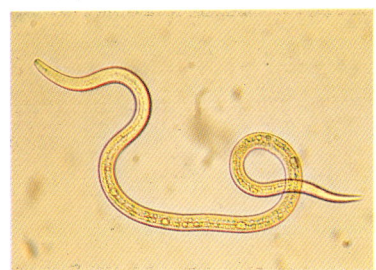

イ　ネ〈スクミリンゴガイ〉

スクミリンゴガイ

卵塊：イネの茎・葉鞘に産みつけられた鮮紅色の卵塊(左)。水路ではコンクリートの壁面に多数産卵する(下)。
（矢野　貞彦）

幼貝と成貝：8月ころからふ化した幼貝は50〜60日で成貝となる。　　（矢野　貞彦）

食害：移植直後から水中に浸った部位の茎葉を摂食し，切断する。（矢野　貞彦）

成貝：殻高30mm以上の成貝。
（東　勝千代）

イ　ネ　＜イネシンガレセンチュウ＞

イネシンガレセンチュウ

学　名　*Aphelenchoides besseyi* Christie
英　名　rice white-tip nematode

〔診断の部〕

＜被害のようす＞

▷各作型の分げつ期以降に症状が現われる。

▷典型的な症状として，若い葉の先端部が透明な黄白色を呈して枯れ（いわゆるクロロシス），その最先端部はしばしばこより状によれる。日時の経過に伴ってその部分が汚れたりちぎれたりする。

▷センチュウ密度が高いときは先端部のみならず，より下方の葉身部にクロロシスを起こすこともある。苗代期間中に発症することはほとんどない。

▷このような心枯れ症状は，夕暮れ時にはあたかもホタルがとまっているかのように見えるので，"ホタルいもち" などの俗称がある。

▷心枯れ症状の発現は登熟期までつづき，特に止葉では葉先の症状に加えて葉身長が顕著に短くなる傾向がある。

▷心枯れ症状の発現は品種間にかなりの差があるようで，朝日系統の品種で概して症状が顕著な傾向があり，農林8号，クサナギ，フジコガネなどの品種では症状の発現はほとんどみられない。なお，インド型イネはほとんどの品種が心枯れ症状を示さない。ただし，それらの症状を発現しない品種でも，ほとんどの場合センチュウは同様に寄生・増殖し，被害をもたらしている。

▷心枯れ症状とは無関係に，本センチュウが寄生・加害しているイネで

イ　ネ　＜イネシンガレセンチュウ＞

は葉色が一時的に濃くなる傾向があり，草丈は低く抑えられ，分げつは促進されて無効茎が多くなり，寄生密度に応じて稔実歩合が低下する。

▷減収率が50％前後となることもまれではなく，加えてしばしば"黒点米"の発生比率が高まる。黒点米は，本センチュウとある種の細菌との混合感染による一種の複合症状と考えられ，条件が整ったときに発症率が高まるもののようである。

▷わが国のイネにおける本センチュウの発生は，関東以西に多く，東北・北海道地方では実際上問題にならない。

＜診断のポイント＞

▷分げつ期以降に生長点から伸長してくる若い葉（心葉）の先端部に上記のような心枯れ症状が認められる場合は，本センチュウの寄生・加害によるものとみておおむね間違いない。ただし，カラバエがしばしばこれによく似た症状を発現させるが，その場合には葉先より下方の葉身部に横に連なった複数の小孔（食害痕）を形成することが多いので，区別できる。また，ごくまれに，アザミウマ類が原因と考えられる類似症状や，原因不明の判別困難な心枯れ症状が認められる場合もある。

▷本センチュウが寄生・加害しても心枯れ症状は発症せずに，草丈が低く抑えられ，無効茎が多くなり，稔実が阻害されたり黒点米の発生が高まったりする場合もある点に注意を要する。

▷したがって，正確な診断をくだすためには，稲体からの病原センチュウの検出を試みる必要がある。出穂前の稲体にあっては，本センチュウは生長点や幼穂の周辺に集まっているので，その部分を中心にシャーレ内の水中で稲体組織を解剖すればセンチュウはただちに水中に泳ぎ出てくる。

▷成虫の体長は0.5～0.7mm程度で，雄は雌よりやや小形であるが，繊細かつ半透明なため，肉眼ではほとんど確認できず，検鏡調査が必要である。

▷出穂後は本センチュウはほとんどの個体が籾の内部に潜入し，穎の内面に付着して越冬態勢に入るので，籾殻をピンセットなどで取りはずし，

イ　ネ　＜イネシンガレセンチュウ＞

水中に浸してセンチュウを遊出させて検出する。この場合，玄米の表面にはセンチュウはほとんどついていない。

〔防除の部〕

＜虫の生態，生活史＞

▷本センチュウは主として種籾（被害・保虫籾）のなかで越冬する。出穂・開花期に籾の内部に侵入し，しばらく吸汁・加害をつづけたのち穎の内面に付着してしばしば螺旋状にとぐろを巻いて休止状態に入る。穂が登熟するにつれて体内の水分を失い，糸屑状になる。

▷このような保虫籾を低温保存すれば，本センチュウは多分十数年はおろか数十年間の耐久生存が可能と思われる。5～10℃の低温室内で保存継続中の筆者の実験では，保存開始後8年目の現在までセンチュウの生存率の低下はほとんど認められていないからである。

▷籾のなかに潜入できず，稲わらに残留しているセンチュウも若干認められるが，それらは事実上翌年の発生源とはならない。

▷乾燥した籾のなかで耐久生存している本センチュウは，温度と水分および酸素が与えられれば，いつでも30分前後で容易に蘇生し，泳動を開始する。そして胚が発芽し始めるとその部分に誘引され，以後イネの生長に伴って絶えず生長点付近に集まり，ごくやわらかい組織から口針を使って吸汁する。このため，そこから伸展する若い葉の先端部に心枯れ症状が発現するわけである。したがって，病斑部からはセンチュウ検出はされない。

▷籾内で乾燥して休止状態にあるセンチュウの発育ステージは主として老熟幼虫と成虫であり，多発時でも籾1粒当たりの保有センチュウ数は20～30頭程度でしかない。

▷乾燥・休止状態にあるセンチュウは，低温に対しても顕著な耐性をもち，－60℃に長時間さらしても生存率はなんら低下しない。ところが，虫体が水分を含み活動状態にあるときは低温耐性がはなはだ弱く，氷点下

イ　ネ　＜イネシンガレセンチュウ＞

2～3℃の低温にさらせば容易に死滅する。したがって，本センチュウはわが国での野外越冬は無理のようであり，保虫種籾がおそらく唯一の発生源であろうと考えられる。

▷こうして，保虫種籾から生じた苗が用いられたときに最も確実に発病するが，健全な種籾や苗が用いられた場合でも，同一圃場内に汚染種苗が共存すれば容易に水媒伝染して発病するし，本田初期では同一水系の下流の水田には上流の発病田からかなり長距離にわたって感染が起こる。

▷本センチュウはいろいろな糸状菌を餌としてきわめて容易に培養できる。その場合のセンチュウ増殖率は，稲体に寄生させた場合に比べて比較にならないほどに高い。

▷25～28℃が増殖適温で，単為生殖により4～5日で1世代を終えている。したがって，本センチュウは本質的には食菌性であり，高等植物寄生種として進化の過程にある種類と考えられる。

▷イネ以外ではイチゴやアワでまれに被害が認められることがあり，イネ科雑草などから検出された例もある。

＜発生しやすい条件＞

▷用いた種籾の保虫率や保虫密度が高いときに発病率が高まることは当然である。

▷心枯れ症状そのものは品種によって差がある。

▷育苗様式のいかんによって本田での発病に大きな差が生ずる。すなわち，陸苗代で育成されたものは水苗代のものより概して発病度が高く，さらに箱育苗の場合はそれらのいずれよりもはっきり発病度が高まる。

▷箱育苗の場合は，温度条件や苗密度などに加えて，センチュウの好適なエサとなる糸状菌類が株元にふえやすいなど，センチュウの増殖と感染に好都合な条件が揃うからである。

▷生の籾殻を苗代での被覆材料などに用いたりすると，センチュウを接種することになりかねない。

▷気象条件としては高温多湿のときに発病が促進されるようである。

＜対策のポイント＞

▷無センチュウ圃場からの健全種子を用いることが対策の基本である。自家採種をつづけていると保虫率が高まりやすので，試験場などで検査をしてもらうとよい。

▷種籾にセンチュウ汚染の可能性があるときは温湯処理か薬液浸漬などによってセンチュウを殺滅し，発病を予防する。

▷苗代や本田での水媒伝染による発病を防ぐため，同一水系の地域内は以上のような予防対策を一斉に実施することが望ましい。

▷本田では心枯れ症状が認められたときは，残念ながら手遅れと考えるべきである。そして，その圃場からの籾は翌年の種子としては使わないようにする。ただし，発病圃場でも出穂後間もない時期に薬剤散布を行なえば，多少の防除効果（減収率や黒点米混入率の軽減と籾内センチュウ密度の低下）をあげることができる。

▷箱育苗の場合は，マットになるべくカビを生やさないよう工夫するとともに，種子消毒に用いた薬剤を育苗期間中に追加施用するとよい。

＜防除の実際＞

▷別表〈防除適期と薬剤〉参照。

▷種籾の温湯消毒法：乾燥した種籾を布袋などに入れ，予浸することなく直接56～57℃の温湯に10分間浸漬した後常温の水に移して冷却する。処理後ただちに播種してもよいし，冬の間にこの処理を行ない，再び乾燥して保存するのもよい。籾全体がこの設定温度に10分間さらされることが肝要である。したがって，1回の処理籾量は温湯の量に比べてなるべく少なくする。この温度と浸漬時間を間違えると殺センチュウ効果が劣ったり，発芽障害を起こしたりする。

（執筆・改訂：西澤　務）

イ ネ ＜スクミリンゴガイ＞

スクミリンゴガイ

学　名　*Pomacea canaliculata* Lamarck
別　名　ジャンボタニシ
英　名　apple snail

〔診断の部〕

＜被害のようす＞

▷田植え直後から2週間くらいまで食害による被害が著しい。

▷水中に浸かった部位の茎葉が鋸歯状に食害を受け，切断され，流れ葉が目だつ。摂食活動は水面下で行なわれ，水上に出て食害することはない。

▷局部的に深水のところがあれば，その箇所の稲株が集中加害され，欠株になりやすい。浅水では食害されにくい。また，稚苗移植では被害が大きく，中苗，成苗と移植時の苗齢が高いほど被害が軽減される。

▷中干し期以降は，水中に浸かったイネの下葉や雑草などを摂食するが，イネへの悪影響はない。

＜診断のポイント＞

▷用排水路，クリーク，池，河川，水田などに生息する。水田内への貝の侵入は一般に用水路を通じて起こる。

▷隣接水路で貝や鮮紅色の卵塊が見られると，水田内に貝が侵入しているものと予想されるので，水田内をよく見回り，早期発見に努める。

▷加害作物として，イネ以外にレンコン，ミズイモ，イグサ，食用マコモ，カラーなどで被害の発生が確認されている。

イ　　ネ　　＜スクミリンゴガイ＞

▷在来のマルタニシは，淡水性の卵胎生の巻貝で，貝殻の螺層が約6層，ふたの文様は同心円状で，その中心点はふたのほぼ中央にある。触角は長くない。雄では片側が交接器官として変形している。鰓(えら)だけで呼吸し肺はない。これらのことからスクミリンゴガイと区別できる。

＜発生動向その他＞

▷昭和46年に国内の養殖業者が台湾からはじめてわが国に導入し，昭和56年ごろから食用販売に提供するために全国各地で増殖が試みられた。その間，養殖場から逃亡したとみられる貝が水路や水田内で繁殖して野生化し，59年に三重，熊本，鹿児島，沖縄県でイネやイグサで被害が確認された。その後，さらに各地で野生化が認められ，現在では，関東以南の府県でイネ，レンコン，ミズイモ，イグサなどで発生・被害がみられる。

〔防除の部〕

＜貝の生態，生活史＞

▷熱帯・亜熱帯産（原産地中・南米）のリンゴガイ科に属する淡水性の大型の巻貝で，殻高8cmに達する個体もある。成貝の殻の螺層は約5層で右巻き，殻口は広く大きく，角質のふたの文様は同心円状であるが，その中心は中央から外れる。殻の厚さは薄く破損しやすい。殻の色は褐色〜黒褐色で，10〜15本の色帯がある。鰓と肺を有し，1対の長い左右同長の触角がある。

▷食性は雑食性で，野外では水生植物を摂食するが，これらがない場合はイネなどの農作物を食害する。水中に放り込んだキャベツ，スイカ，キュウリなどの野菜類，死魚なども摂食する。

▷雌雄異体で交尾をし，夜間に水中から出て卵をブドウ房状の卵塊として産みつける。卵は，直径2mm前後の円〜楕円形で，色は産卵直後では鮮紅色であるが，日がたつにつれて薄紅色〜灰白色化してくる。1卵塊当

イ　ネ　＜スクミリンゴガイ＞

たりの卵粒数は80～500個程度で，大きい貝ほど産卵数が多いが，孵化率は低い傾向がある。産卵場所は，水路ではコンクリート壁面，棒杭，水路内に自生する植物の茎，水田ではイネの茎，葉鞘，畦畔雑草，畦板など植物，人工物を問わず産卵する。卵期間は温度によって異なるが，ほぼ2～3週間で孵化し，孵化直後に稚貝は水中に落下する。

▷孵化した稚貝は殻高1.7～2.0mmで，真夏では50～60日で成貝となり，繁殖が可能となる。幼貝と成貝は外観的に識別できないが，殻高30mm以上は成貝とみなされる。雌雄も外観的には識別できない。

▷成貝の寿命は2～3年といわれ，雌成貝は年間20～30回産卵する。

▷発育適温は25～26℃であるが，2～45℃の水温域に生きうる。ただし，17℃以上で摂食活動がみられるが，22℃以下になると発育は遅くなり，産卵数も少なくなる。

▷用水路などでは春に水温が上昇する4月ごろから活動を始め，水田内では代かき前に入水されると土中から水中に出て活動を始める。真夏期は摂食，交尾，産卵活動が最も活発化する。秋に水温が低下してきたり，水田が落水されると土中に浅く潜りこみ，翌春まで越冬する。

▷越冬率は越冬場所の気象条件に大きく左右される。また，耐寒性は貝の大きさにより異なり，中貝（殻高10～25mm）では強く，小貝（殻高10mm以下）や大貝（殻高25mm以上）は比較的弱いようである。

▷用水路などでは，貝は浮遊し，水流に乗って移動するので，下流域へ分布を拡大する。

▷乾燥条件下では，貝は口蓋を閉じて嫌気性呼吸を行ない，休眠状態となり6か月以上生存する個体もある。水に接すると再び活動を開始する。

＜発生しやすい条件＞

▷関東以南の冬期温暖な地域。
▷発生地の用排水路の下流域の水田。
▷大雨により浸冠水すると急激に分布拡大する。

イ　ネ　＜スクミリンゴガイ＞

＜対策のポイント＞

▷水田内で貝や卵塊が初確認されたら，早期に捕殺作業を徹底的に行なう。

▷発生水路の卵塊・貝の捕殺を定期的，組織的に実施し，生息密度の低下に努める。

▷水田の入排水口に金網（約5mm目）を張り，貝の侵入出を防止する。

▷食害によるイネへの実被害は，移植後3週間ごろまでに限られるので，その間はできるだけ浅水管理を行ない，水田内の貝を捕殺する。田植え後に畦畔沿いに貝を数え，m²当たり2個体以上みつかると減収が予想されるので，早期に薬剤防除を行なう。

▷食害の著しい株や欠株は早期に補植する。

▷厳寒期に休閑田では2回から3回耕起する。

▷発生が広範囲に拡大すると根絶はむずかしい。そうした地域では，発生地の上流域から徹底した防除を根気よく実施し，順次密度を低下していく必要がある。

＜防除の実際＞

▷別表〈防除適期と薬剤〉参照。

＜その他の注意＞

▷石灰窒素は，取水後3～4日以上湛水状態におき，土中の越冬貝を水中に遊出させてから施用すること。水持ちの悪い水田では，取水直後に荒代かきを予備的に行ない，3～4日以上湛水して処理すること。施用時の水深は，2日以上湛水状態を保てる程度の浅水とし，処理後はかけ流し，落水など水の移動を行なわない。施用量は10a当たり20～30kgとし，元肥の窒素相当量とする。したがって，リン酸，カリ肥料は別途施用する必

イ ネ ＜スクミリンゴガイ＞

要がある。野菜跡などで窒素残量が多いと窒素過多となるので施用しない。漏水田では殺貝効果が劣るので使用しない。剤型は粒状を用いると作業性や周辺部への飛散防止の点ですぐれる。

▷田植え後の粒剤散布は早期に行ない，できるだけ浅水管理をして，食害防止を図る。

▷用排水路や池などでは農薬の使用は禁止されているので，今のところ捕殺以外に有効な防除手段がない。卵塊はすりつぶして水中へ落とす。産卵まもない卵塊は水中に落とすだけで死亡する。

▷水田内に溝を切り，浅水管理すると溝に貝が集まり，イネの被害が軽減される。また，溝部分だけ薬剤散布または捕殺する方法もある。

▷野菜屑（キャベツ葉，キュウリやスイカの果実など）を串に刺して畦畔沿いの水面に固定しておくと，これらの餌に貝が集まり，イネの食害がやや軽減される。また，捕殺も効率的に行なえる。

▷冬期に休閑田を耕起すると越冬貝を破損し，死亡する個体がある。大部分の貝では地表面近くの土中で越冬しているので浅く，回転を速くしてロータリ耕する。野菜などを裏作しても同様な効果が期待できる。

▷コイやアイガモなど天敵の利用が試みられている。今後，水路など水系での利用が期待される。

＜効果の判定＞

▷別表〈防除適期と薬剤〉の注を参照。

▷食害防止効果は散布2～3日後に活動している貝がいるかどうか畦畔沿いに見回る。殻を閉じて静止している貝が多ければ有効である。

（執筆：矢野貞彦，改訂：福嶋総子）

イ　ネ〈クサシロキヨトウ〉

クサシロキヨトウ

クサシロキヨトウの幼虫（5齢）

昼間はイネ株にひそみ，夜になると上の方に移動して食葉する。

（平井　一男）

（平井　一男） 　　　　　　　　　　　　　　　（平井　一男）

クサシロキヨトウの成虫

雌成虫（左）の翅は白っぽく，雄成虫（右）は黒味をおびる。
腹部1～2節の両側に黒色の毛束が着いている。

イ ネ ＜クサシロキヨトウ＞

クサシロキヨトウ

学　名　*Leucania (Mythimna) loreyi* (Duponchel)
別　名　クサシロヨトウ
英　名　loreyi armyworm

〔診断の部〕

＜被害のようす＞

▷アワヨトウと同じように葉の周辺から食害する。若齢期は葉縁を少しかじり取る程度であるが，大きくなるにつれ食害量も増加する。アワヨトウのように大発生することはまれで，大被害にはならないが，水田際の株に発生する。

＜診断のポイント＞

▷発生初期には葉に不規則な食痕が見られる程度であるが，その後4～5日で，葉縁に食害が目立つ。成虫はアワヨトウよりやや小型で白っぽく，体長は14～17mm，開張は30～36mmである。

＜発生動向その他＞

▷アワヨトウのように長距離移動すると推測されていない。また大発生することはないが，水田や周辺のトウモロコシやソルゴーに発生が多い。水田では低密度に発生し，東北南部以南に生息する。

イ　ネ　＜クサシロキヨトウ＞

〔防除の部〕

＜虫の生態，生活史＞

▷越冬は主に幼虫態で行なわれる。越冬幼虫は関東以南のトウモロコシやソルゴーの茎中や牧草の株元に見られる。関東以南では年に3～5回発生し，第1回の成虫は4月，第2回は6月下旬～7月上旬，第3回は8月中旬～9月上旬，第4回以降は関東以西にあらわれる。

▷各態の発育期間は世代によって異なるが，卵期間は約5日，幼虫期間は20～30日，蛹期間は10～15日である。

＜発生しやすい条件＞

▷東北南部以南のトウモロコシやソルゴーなどイネ科植物に発生し，灌水後や降雨のあとに成虫が集まり産卵数が多くなると思われ，発生が目立つ。水田の周辺のイネ株に発生が目立つ。発生場所は水面上の株元に多い。

＜対策のポイント＞

▷クサシロキヨトウのみを対象とした防除は必要としない。コブノメイガやイネツトムシ，アワヨトウを対象とする防除により対応できる。

＜防除の実際＞

▷コブノメイガやイネツトムシ，アワヨトウを対象とする防除により併殺できる。

（執筆・改訂：平井一男）

イ　ネ 〈コクゾウムシ・ココクゾウムシ〉

コクゾウムシ (貯穀害虫)

コクゾウムシの成虫：体長3.5～4mm。ゾウ鼻状の口吻をもつ。(中北　宏)

成熟幼虫の食害：穀粒表面に白色粉が生じる。(中北　宏)

羽化成虫の脱出による穴。(中北　宏)

穀粒内の幼虫。(中北　宏)

穀粒内の蛹。(中北　宏)

羽化後の脱出。(中北　宏)

ココクゾウムシ (貯穀害虫)

ココクゾウムシの成虫：体長2mm前後で、コクゾウムシより小さく、赤みが強く、羽の4つ斑紋が鮮明である。(中北　宏)

若齢幼虫による食害痕。(中北　宏)

イ ネ 〈コナガシンクイムシ〉

コナガシンクイムシ (貯穀害虫)

成虫と幼虫の食害：まず表面に傷をつけ，ついで内部の澱粉部をえぐり取る。
（中北　宏）

成虫：体長2.5mmの円筒形をしている。（中北　宏）

加害中の成虫：大量発生すると歯ぎしり様の音を発する。（中北　宏）

穀粒内の幼虫：穀粒外で産卵され，孵化後に穀粒内に侵入する。（中北　宏）

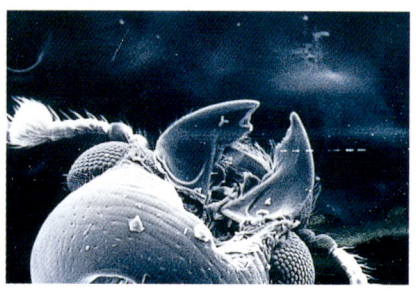

鋭いあごをもち，木材をも加害する。（中北　宏）

穀粒内の蛹　（中北　宏）

イ　ネ　〈バクガ〉

バクガ（貯穀害虫）

成虫：体長4mm。穀粒間を敏捷に動き回る。飛しょうも活発である。（中北　宏・池長裕史）

籾にあけられた成虫の脱出口：幼虫が穀粒内を摂食し、羽化時に脱出する。籾を好んで食害する。（中北　宏・池長裕史）

籾に産みつけられた卵塊。（中北　宏・池長裕史）

穀粒内の蛹。（中北　宏・池長裕史）

穀粒内に侵入直前の幼虫。（中北　宏・池長裕史）

イ　ネ　〈ノシメマダラメイガ〉

ノシメマダラメイガ（貯穀害虫）

幼虫による胚芽部の食害：胚芽部をピンセットで摘み取ったように食害する。赤くみえるのが糞。（中北　宏）

虫によるぬか層の食害：ぬか層を剝離するように食害し、白米化する。（中北　宏）

成虫：体長10mm。開翅長14mm。雌雄ともに前翅先端部分は赤銅色。（中北　宏）

密度が高まると、幼虫が吐き出す糸でクモの巣をかぶせたようになる。（中北　宏）

食害中の幼虫。（中北　宏）

まゆの中の蛹。（中北　宏）

コクゾウムシ（貯穀害虫）

学　名　*Sitophilus zeamais* Motschlsky
英　名　maize weevil

〔診断の部〕

＜被害のようす＞

▷コクゾウムシは，貯蔵米の最重要害虫であるとともにコムギ，トウモロコシなどの貯蔵穀物全般で最も警戒の必要な害虫である。

▷被害は，幼虫の摂食による穀粒内の空洞化と成虫による穀粒表面への摂食痕の二とおりがある。

▷問題が大きいのは，穀粒内での幼虫の成長に伴う空洞化である。症状としては，最初，白色痕が米粒の外側に線状に浮き出し，次いで，白色部が拡大し，粉状物質フラス（食い滓と糞）が吹き出す。

▷羽化成虫の脱出口として穴があけられ，米粒は潰れやすくなる。

▷貯蔵米では，玄米が最も被害を受けやすく，次いで精米であるが，籾は傷がなければほとんど加害されない。

＜診断のポイント＞

▷コクゾウムシの成虫は，ゾウ鼻状の口吻をもつ体長3.5～4.0mm，体色濃黒褐色の甲虫で，両羽には淡い黄褐色の円形小紋が肩部と尾部に一対ずつある（四ツ紋）。

▷口吻で穀物表面を穿孔し，産卵管を挿入し産卵する。

▷孵化幼虫は穀粒内で発育成長し，蛹化を経て成虫になるまで出てこない。

イ　ネ　＜コクゾウムシ＞

▷その過程は外部から見えないが，白粉の吹き出した表面を剥ぐと，脚の退化で歩行しない胴部の肥大した乳白色の幼虫が現われる。

▷幼虫の発育が進むと蛹期間を経て，赤褐色の成虫が穀粒内に誕生し，数日後，穴をあけて外へ脱出してくる。

▷脱出後，成虫の体色は黒化する。

〔防除の部〕

＜虫の生態，生活史＞

▷発育・繁殖に要する最適温度は 28～30℃，湿度は 65％以上である。30℃では卵から成虫まで約 25 日（卵期 4～5 日，幼虫期 12～13 日，蛹期 5～6 日，羽化後穀粒外への脱出 2～6 日）の短期間であるが，20℃では 50 日以上を要する。

▷年発生回数は，東北・北海道で 1～2 回，関東 3～4 回，九州 4～5 回と推定される。

▷越冬のため，晩秋になると倉庫内の 8 割の成虫は倉庫外へ出ていき，周辺の石や木材下の土中に集団でかたまり，寒さと水分の蒸散に耐えることが昔日から報告されている。

▷昨今の密閉度のよい倉庫の建設ならびに周辺環境の変化によっても，外部越冬様式をとる成虫がかなりいることが最近判明した。

▷成虫寿命は，夏期間を過ごすものは 100 日前後，越冬成虫は 200～300 日と異なる。

▷飛行するので，春先に出てきた個体は圃場のムギの穂に産卵したり，バラなどを訪花し蜜を吸うことが知られている。

＜発生しやすい条件＞

▷脱穀過程以降，特に玄米貯蔵開始後に，貯蔵場所内に蓄積している古米，砕米・穀粒の混じったゴミなどに以前から生息するコクゾウムシが発

イ　ネ　＜コクゾウムシ＞

生源となり，伝播し，その後の加害と繁殖が行なわれる。

＜対策のポイント＞

▷倉庫内の発生源となる場所をよく清掃する。
▷越冬場所を探索し，薬剤処理する。
▷夏期間の繁殖期には15℃以下に調整した低温倉庫での保管で，繁殖が抑えられ，品質が保持される。
▷密封貯蔵缶貯蔵により，酸欠による自浄作用で，害虫類は死滅する。
▷珪藻土を主成分とする市販製剤は，米に混入できる唯一の穀物保護剤で，0.1％で効果が期待される。
▷大量に発生した場合は，残留問題のないくん蒸剤が効果的であるが，殺虫剤の抵抗性害虫が報告されており，くん蒸の実施に関しては専門業者に委託する必要がある（別表〈防除適期と薬剤〉参照）。

（執筆：中北　宏，改訂：宮ノ下明大）

イ ネ ＜ココクゾウムシ＞

ココクゾウムシ（貯穀害虫）

学　名　*Sitophilus oryzae* (L.)
英　名　rice weevil

〔診断の部〕

＜被害のようす＞

▷被害様式はコクゾウムシと区別をつけにくいが，強いていえば，体型が小型なので，幼虫の白色痕と成虫の食害痕は加害初期は目につきにくい。

▷ただし，籾殻と穀粒の隙間に潜行しやすいため，籾に対しては，本種は一般にコクゾウムシよりも加害頻度が高いとされる。

＜診断のポイント＞

▷体型がコクゾウムシより小型（体長2mm前後）であること，また行動面で飛翔しない点，越冬を幼虫態で行なうなどの特徴から，わが国では大正年代より，本種をコクゾウムシとは別種として扱っている。

▷成虫の外見はコクゾウムシと酷似しており，判別がきわめて難しいが，羽の四つの斑紋が鮮明で身体に占める面積も大きい。また，成虫の体色はコクゾウムシより赤味を帯びている点が本種の特徴とされる。

▷世界の大半の学者は長い間両種を同一種と考えていたが，1961年に生殖器の違いから，日本の研究者が正しいことが証明された。

▷本種には，コクゾウムシとの間に雑種を作る系統もおり，両種間は遺伝的にきわめて近い兄弟種の関係にある。

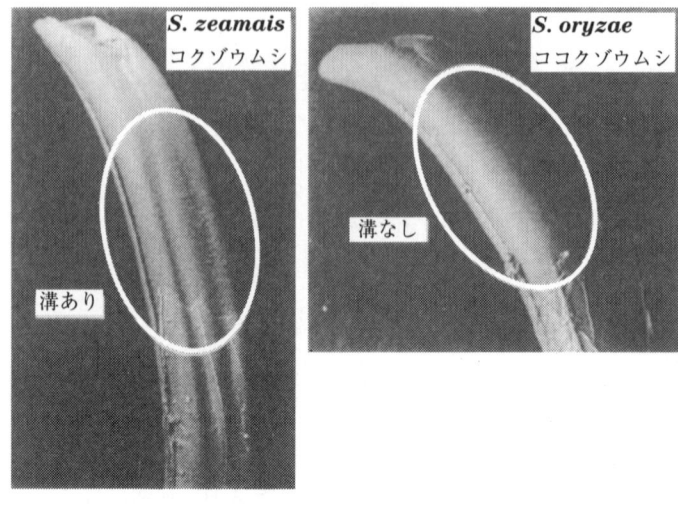

イ　ネ　＜ココクゾウムシ＞

コクゾウムシとココクゾウムシの生殖器（ペニス）の違い

〔防除の部〕

＜虫の生態，生活史＞

▷関西以南ではココクゾウムシは，貯蔵庫でふつうに見られる害虫である。しかし，耐寒性がコクゾウムシに比べ弱いので，関東以北での発見はきわめて少ない。

▷越冬は穀粒内で幼虫形態で行ない，その間発熱を起こし加害を続ける。

▷発育最適温度は33℃前後で，この温度域ではコクゾウムシの3倍以上に繁殖する。

▷発見したときの寄生食物からココクゾウムシの学名にはコメを意味する *oryzae* が，また，コクゾウムシはトウモロコシを表わす *zeamais* が用いられている。しかし，諸外国の系統を含め，一般的に，コクゾウムシはコメで，ココクゾウムシはコムギで生育が早く，増殖率も高い。

イ　ネ　＜ココクゾウムシ＞

<対策のポイント>

▷屋内にのみ生息するので，コメが入荷する前に貯蔵場所内に蓄積している古米，砕米・穀粒の混じったゴミなどをよく清掃・除去する。
▷その他は，コクゾウムシに準ずる。

(執筆：中北　宏，改訂：宮ノ下明大)

イ　ネ　＜コナナガシンクイムシ＞

コナナガシンクイムシ（貯穀害虫）

学　名　*Rhyzopertha dominica* (Fab.)
英　名　lesser grain borer

〔診断の部〕

＜被害のようす＞

▷木材に対しても加害性をもつコナナガシンクイムシは成虫，幼虫ともに鋭い顎をもち，種々の堅い穀物を粉々に砕く。

▷コメに対しては，籾，玄米，精米のいずれもが加害標的になる。

▷成虫による食害により，穀粒の表面に最初傷がつけられ，次いで，内部のデンプン部がえぐり取られ，表層の一部のみの残骸を形成する。

▷卵は穀粒外に産みつけられるので，孵化幼虫は，最初，成虫のかみ砕いたフラス（食い滓と糞）を餌として成長し，その後，独力で胚芽部や傷の付いた部分から浅く侵入する。成長とともに胚乳深部に移動し穀粒内を空洞化して，通常，粒内で蛹から羽化する。

▷幼虫の粒内の摂食でコクゾウムシに似た白い食痕線が現われるが，内部とともに外側部分も食害されるので，穀粒の形は容易に崩れる。

▷大量発生すると発熱作用をもち，呼吸で発する高水分のためにコメの表面はカビで覆われやすい。また，かなりの距離からも聞こえる歯ぎしり様の音を発する。

＜診断のポイント＞

▷成虫は体長2.5mm前後の円筒形で，体色は通常，背面は黒褐色～暗褐色であるが，一部に腹側の全面が黒褐色のものもいる。

イ　ネ　＜コナナガシンクイムシ＞

▷頭部は自在鍵のように動き，背面から見ると前胸部に隠れて見えない。

▷大顎はハサミ様の鋭利な刃をもつ。

▷触覚は10節よりなり，先端部3節は大きく，内側に突起している。

▷孵化直後の幼虫は微橙乳白色で0.3mmの体長をもつ。成熟すると3～4mmで白色円筒形と化する。大顎は3齢幼虫以後褐色となりよく発達する。

〔防除の部〕

＜虫の生態，生活史＞

▷発育適温は33～35℃の高温で，卵から20日前後で羽化する。

▷関東以北では冬期の低温に耐えられないので，関西，四国，九州で問題となる害虫である。

▷繁殖が高まると自力で発熱し，39℃でも繁殖をくり返す。

▷成虫態で越年し，翌年4月ころより活動を始め，この時期では成虫になるまで約2か月を要する。

▷年2～3回発生する（7月に1回目，8～9月に2回目）。しかし，気象条件，発熱状況で発生時期と回数は大きく変わる。また，冬期に発熱により大量繁殖した事例も報告されている。

▷産卵数は200～500個と多く，適温下では繁殖が盛んになり発熱する。

＜発生しやすい条件＞

▷温度の高い夏期間に繁殖し，しかもよく飛行移動するので，この間，他の穀物に容易に伝播・汚染する。

イ　ネ　＜コナナガシンクイムシ＞

＜対策のポイント＞

▷発生源となりやすい貯蔵庫内の屑米を清掃するとともに，木造物に潜行する場合もあるので施設全体をよくチェックし害虫の存在を確認する。
▷活動時期直前に貯蔵場所施設をくん蒸し，発生を予防する。
▷夏期間の飛行が活発なので，貯蔵庫にメッシュの細かい網戸を設ける。
▷その他は，コクゾウムシの項で述べた方法に準ずる。

(執筆：中北　宏，改訂：宮ノ下明大)

イ　ネ　＜バクガ＞

バクガ（貯穀害虫）

学　名　*Sitotroga cerealella* (Olivier)
英　名　angoumois grain moth

〔診断の部〕

＜被害のようす＞

▷コムギ，コメ，トウモロコシなど主要穀物を加害する蛾で，世界的に重要な害虫である。

▷籾の段階から被害を受けるので，種籾では要警戒種である。

▷本種による穀物の被害は，コクゾウムシ類同様幼虫が穀粒内の澱粉質を摂食し空洞化することで起こる。

▷籾の被害では，表面に成虫の脱出口としての穴が現われる。

＜診断のポイント＞

▷成虫はコメ一粒の中から出てくる小型の蛾で，体長4mm，開翅張12.5mm内外である。頭部は黄褐色を呈するが，胴体および前翅は灰褐色で前翅の中央に黒点がある。後翅は灰色または銀白色で横に狭く，その下端は長い毛で縁どられている。

▷卵は扁平楕円形，直径0.6mm，産卵直後は微黄色，その後淡紅色に変わる。赤みを帯びた孵化幼虫が穀粒内に食入し，成熟すると7mm前後の微黄白色の胴太の幼虫となる。蛹は黄褐色で粒内に留まり，羽化する。

▷コクゾウムシ類と同様，潜行性様式で食害するが，本種は卵が穀粒外に卵塊状態で産みつけられ，孵化幼虫が穀粒内に食入する。

イ　ネ　＜バクガ＞

〔防除の部〕

＜虫の生態，生活史＞

▷近年は本種の発生頻度は少ないが，過去において，北海道で年2回，関東4回の記録がある。九州地方では5回を超えると推定される。

▷冬期は幼虫態で穀粒内に繭をつくり越年し，翌春蛹化〜羽化成虫となる。

▷成虫は活発に飛行し，また，穀粒間を敏捷に動き回るが，食害することはなく，雄は交尾後，雌は産卵するとまもなく死亡する。

▷わが国では明治以降輸入コムギとともに侵入し，収穫直前のコムギへの加害で全国的に問題となった。

▷その後，富山，山形で玄米で，宮崎，鹿児島で貯蔵籾で問題となった。

▷現在，九州，沖縄で貯蔵籾に被害が見られるが，その他の地方では，カントリーエレベーターでときどき問題になる程度である。

▷成虫は屋内に留まるものもあるが，一部は圃場の収穫直前のコムギへ飛来，産卵し，その孵化幼虫が粒内に食入したものが収穫とともに貯蔵場所に入り，繁殖を繰り返す。この間，成虫は飛翔・伝播して貯蔵米を汚染する。

＜発生しやすい条件＞

▷玄米でも発生するが，産卵部位として籾殻の隙間を好む。また，孵化幼虫が粒内へ穿孔する足場としても，玄米よりも籾がよいようで，わが国では玄米からの発生は少ない。

▷収穫直前のコムギに産卵するので，この場合は幼虫が貯蔵庫内にコムギとともに運ばれることになる。そこから羽化した個体が同一場所の他の貨物への伝播汚染を行なう可能性が大きい。

イ　ネ　＜バクガ＞

＜対策のポイント＞

▷本種は活発に飛翔するので，野外からの侵入防止には網戸が効果的である。

▷庫内飛翔虫には吊下げ式粘着テープによる捕獲やDDVP蒸散樹脂板を用いるとよい。

▷完璧を期するには低温倉庫あるいは密封貯蔵缶に貯蔵する必要がある。

(執筆：中北　宏，改訂：宮ノ下明大)

イ　ネ　＜ノシメマダラメイガ＞

ノシメマダラメイガ（貯穀害虫）

学　　名　*Plodia interpunctella* (Hübner)
英　　名　Indian meal moth

〔診断の部〕

＜被害のようす＞

▷貯蔵米やダイズ，ナッツ類，乾燥果実に加え，インスタントヌードルなど種々の乾燥加工食品への加害と汚染で問題になる重要害虫である。

▷コメでは玄米が幼虫により大きな被害を受けるが，籾と精米はほとんど加害されない。

▷玄米では胚芽部はピンセットで摘み取ったように食害され，また，ぬか層を上層より剥離するように食害し，一部白米化する。

▷幼虫は食害と同時に糸を吐き，動き回り，赤色の糞を排泄し，それが糸で綴られるのでコメの表面が大きく汚染される。

▷発生密度が高まるとクモの巣をかぶせたようにコメが覆われる。

▷幼虫の形態が目につきやすいので，米屋に持ち込まれるクレーム数は最も多い。

＜診断のポイント＞

▷成虫は雄よりも雌が一回り大きく体長10mm，開翅張14mm内外で，雌雄ともに前翅の先端域（羽を閉じた状態では下の部分）が赤銅色であるので（熨斗目模様に類似），他の蛾から容易に判別できる。

▷卵は乳白色の楕円形，0.35mm内外である。成熟幼虫は10～12mmで頭部は褐色であるが，胴部体色は系統や環境により淡赤色，淡黄色，淡

イ　ネ　＜ノシメマダラメイガ＞

黄緑色と異なる。

〔防除の部〕

＜虫の生態，生活史＞

▷雌は食物に付着性の卵を400個以上産みつける。30℃で，70％RHで，4日前後に孵化し，移動・分散を始める。2週間前後でウジ虫状の成熟幼虫となり，活発に動き回り，隙間に吐糸し繭をつくり蛹化する。蛹期間を7日ほど経過すると羽化し成虫となる。成虫は夜行性で交尾活動や移動を行ない，羽化後約2週間で死亡する。

▷九州地方では通常年5回，関東地域では3～4世代の発生がある。宮崎では最初の成虫の発生は4月下旬，最後は10月下旬とされている。しかし，幼虫は餌，密度，日照などの条件で活動を停止し休眠するので，世代間がオーバーラップし，発生時期は明確にならない。越冬は幼虫態で行なわれる。

＜発生しやすい条件＞

▷非常に雑食性で，多くの家庭内の食物にも生息していることが確認されている。15℃以下では活動しないが，20℃を超えると成虫が産卵のために動き回る。産卵は積み上げられたコメや他の食物の上層部分に行ない，孵化幼虫は順次下降分散する。このさい，幼虫は包装材に対する穿孔力が強いので，容易に他の食物の中へと移動する。

＜対策のポイント＞

▷発生源を早期に見つけるのに，市販のノシメマダラ用フェロモントラップが有効である。

▷その他は，バクガの項で述べた方法に準ずる。

（執筆：中北　宏，改訂：宮ノ下明大）

防除適期と薬剤（農薬表）

イネ：いもち病

イネ　いもち病　防除適期と薬剤（内藤秀樹, 2004）

防除時期	商品名	希釈倍数	使用量	使用時期	使用回数
種子消毒	ヘルシード水和剤	20倍		浸種前	1回
		200倍		浸種前	1回
	スポルタック乳剤	100倍		浸種前	1回
		1000倍		浸種前	1回
	テクリードCフロアブル	20倍		浸種前	1回
		200倍		浸種前	1回
	ベンレートT水和剤20	20倍		浸種前	1回
		200倍		浸種前	1回
育苗箱施薬	フジワン粒剤		50～75g/箱	緑化期～移植直前	3回以内
	Dr.オリゼ箱粒剤		50g/箱	緑化期～移植直前	2回以内
	デラウス粒剤		50g/箱	播種前～移植当日	1回
	ウイン箱粒剤		50g/箱	播種時～移植当日	1回
	デジタルコラトップ箱粒剤		50g/箱	移植3日前～移植当日	1回
本田施用	カスミン粉剤DL		3～4kg/10a	収穫14日前まで	5回以内
	同　液剤	1000倍		収穫14日前まで	5回以内
	ヒノザン粉剤DL		3～4kg/10a	収穫21日前まで	3回以内
	同　乳剤30	1000倍		収穫21日前まで	3回以内
	ラブサイド粉剤DL		3～4kg/10a	収穫21日前まで	4回以内（穂ばらみ以降）
	同　水和剤	1000～1500倍		収穫21日前まで	4回以内（穂ばらみ以降）
	ブラシン粉剤DL		3～4kg/10a	収穫21日前まで	2回以内
	同　水和剤	1000倍		収穫30日前まで	2回以内

イネ：いもち病

本田施用	同　フロアブル	300倍（バンクルスプレーヤ散布）		収穫21日前まで	2回以内
	アミスターエイト	1000～1500倍		収穫14日前まで	3回以内
	コラトップ粒剤		3～4kg/10a	穂いもち・出穂30～5日前	2回以内
	ビーム粉剤DL		3～4kg/10a	収穫7日前まで	3回以内
	オリブライト1キロ粒剤		1kg/10a	収穫60日前まで	2回以内
	アチーブ粉剤DL		3～4kg/10a	収穫14日前まで	3回以内
	同　粒剤7		3～4kg/10a	葉いもち：初発7～10日前　穂いもち：出穂5～30日前	3回以内

注）1　このほかにも多くの剤，混合剤があり，ほかの病害，虫害との同時防除が可能である。
　　2　種子消毒剤には表記のほか，粉衣や塗沫などの消毒法もある。種子消毒剤の多くはいもち病のほかに，ばか苗病，ごま葉枯病などの糸状菌による種子伝染性病害との同時消毒剤で，さらに，細菌性の種子伝染性病害，もみ枯細菌病，苗立枯細菌病，褐条病などの防除剤を混合してそれらを加えて同時防除ができる剤も多い。
　　3　育苗箱施用剤には表記のほか，紋枯病や初・中期害虫との同時防除ができる混合剤もある。
　　4　本田散布は葉いもちの初発期頃と穂いもちを対象とした穂ばらみ期と穂揃期までの3回散布が基本であるが，多発時には傾穂期散布も必要になる。また，箱施薬や本田で粒剤を水面施用した場合には葉いもち防除のための茎葉散布が省略できる場合も多い。
　　5　本田での粒剤の水面施用の場合，発病後では効果が激減する剤もあるので予察情報に注意し，また粒剤はすぐには効かないのでまき遅れないように注意する。

イネ：白葉枯病，ごま葉枯病

イネ　白葉枯病　防除適期と薬剤 (畔上耕児, 2004)

防除時期	商品名	希釈倍数	使用量	使用時期	使用回数
本田期	シラハゲン水和剤S	1000～2000倍		収穫14日前まで	3回以内
	シラハゲン粉剤S		3～4kg/10a	収穫14日前まで	3回以内
	オリゼメート粒剤		3～4kg/10a	移植活着後，出穂3～4週間前	2回以内
	オリゼメート1キロ粒剤		1～1.3kg/10a	出穂3～4週間前まで	2回以内
移植期	オリゼメート粒剤		20～30g/育苗箱（土壌約5l）	移植3日前～移植前日まで	2回以内
	Dr.オリゼ箱粒剤		50g/育苗箱（土壌約5l）	移植3日前～移植前日まで	2回以内
	バイオン粒剤2		50g/育苗箱（土壌約5l）	移植当日	1回
	ブイゲット箱粒剤		50g/育苗箱（土壌約5l）	移植当日	1回

イネ　ごま葉枯病　防除適期と薬剤 (内藤秀樹, 2004)

防除時期	商品名	希釈倍数	使用量	使用時期	使用回数
種子消毒	いもち病の項参照				
穂ばらみ期～穂揃期	ヒノザン粉剤25DL		3～4kg/10a	収穫21日前まで	3回以内
	同　乳剤30	1000倍		収穫21日前まで	3回以内
	ブラシン粉剤DL		3～4kg/10a	収穫21日前まで	2回以内
	同　水和剤	1000倍		収穫30日前まで	2回以内
	ラブサイドベフラン粉剤DL		3～4kg/10a	収穫30日前まで	3回以内

注) 1　種子消毒剤はいもち病，ばか苗病などとの，また，もみ枯細菌病，苗立枯細菌病などとの同時消毒剤である。
　2　本田散布剤は表記のほかに，いもち病や他の病原菌による穂枯れ，細菌性病害，紋枯病などとの同時防除のための混合剤がある。
　3　いもち病との同時防除には穂ばらみ期と穂揃期散布を行なう。

イネ：心枯線虫病

イネ　心枯線虫病　防除適期と薬剤　(内藤秀樹，2004)

防除時期	商品名	希釈倍数	使用量	使用時期	使用回数
種子消毒	パダンSG水溶液	1500～3000倍		浸種前	
	バイジット乳剤	1000倍		播種前	2回以内
	ホーマイ水和剤	乾燥種籾重量の1%種子粉衣		浸種前	1回
	スミチオン乳剤	1000倍		播種前	1回
	ベンレートT水和剤20	20倍，200倍		浸種前	1回
		乾燥種籾重量の0.5～1%，7.5倍粉衣，塗沫		浸種前	1回
	エピセクト水和剤	1000～2000倍		浸種前	4回以内
育苗期	オンコル粒剤5		60g/箱	移植3日前～移植当日	1回
	ガゼット粒剤		70g/箱	移植3日前～移植当日	1回
	ダイアジノン粒剤3		50～200g/箱	移植前日～直前	1回

注) 1　種子消毒には薬液に浸漬し消毒する場合と種子粉衣，塗沫，吹き付けなどの方法がある。
　　2　薬剤を使わない種子消毒法として温湯浸法がある。
　　3　育苗期散布は所定量を苗の上から散粒する。

イネ：紋枯病

イネ　紋枯病　防除適期と薬剤 (内藤秀樹, 2004)

防除時期	商品名	希釈倍数	使用量	使用時期	使用回数
育苗箱	グレータム箱粒剤		50g/箱	移植直前	1回
	リンバー箱粒剤		50g/箱	移植3日前〜当日	1回
幼穂形成期〜穂揃期	バリダシン粉剤DL		3〜4kg/10a	収穫14日前まで	
	バシタック粉剤DL		3〜4kg/10a	収穫14日前まで	3回以内
	アミスターエイト	1000〜1500倍		収穫14日前まで	3回以内
	モンガード粉剤DL		3〜4kg/10a	収穫14日前まで	3回以内
	モンカット粒剤		3〜4kg/10a	収穫45日前まで	3回以内
	モンセレン粉剤DL		3〜4kg/10a	収穫21日前まで	4回以内

注）1　上記のほかにも多くの剤，剤型，混合剤がある。
　　2　多くの剤では紋枯病類似病害の同時防除が可能である。

イネ：ばか苗病，黄化萎縮病

イネ　ばか苗病　防除適期と薬剤（内藤秀樹，2004）

防除時期	商品名	希釈倍数	使用方法	使用時期	使用回数
種子消毒	ヘルシードT水和剤	20倍	10分間種子浸漬	浸種前	1回
		200倍	24時間種子浸漬		
	スポルタック乳剤	100倍	10分間種子浸漬	浸種前	1回
		1000倍	24時間種子浸漬		
	テクリードCフロアブル	20倍	10分間種子浸漬	浸種前	1回
		200倍	24時間種子浸漬		
	ホーマイ水和剤	20〜30倍	10分間種子浸漬	浸種前	1回
		200倍	6〜24時間種子浸漬		
		400倍	24〜48時間種子浸漬		
	トリフミン水和剤	30倍	10分間種子浸漬	浸種前	1回
		300倍	24〜48時間種子浸漬		
	モミガードC水和剤	200倍	24時間種子浸漬	浸種前	1回
	ウイスペクト水和剤5	200〜400倍	24時間種子浸漬	浸種前	1回
	エコホープ	200倍	24〜48時間種子浸漬	浸種前〜催芽前	1回

注）1　エコホープは微生物農薬で，もみ枯細菌病，苗立枯細菌病との同時防除剤である。
　　2　表記のほかにも単剤，混合剤，剤型があり，多くはいもち病，ごま葉枯病と，また苗立枯細菌病，もみ枯細菌病などとの同時防除が可能である。
　　3　消毒法は表記の浸漬法のほかに粉衣法や塗沫法などがある。
　　4　ばか苗病の防除には種子消毒を徹底することが最も重要である。

イネ　黄化萎縮病　防除適期と薬剤（内藤秀樹，2004）

防除時期	商品名	希釈倍数	使用量	使用時期	使用回数
移植2〜3週間後（常発地），冠水直後	リドミル粒剤2		6kg/10a	収穫90日前まで	2回以内

イネ：苗腐病，稲こうじ病，苗立枯病

イネ　苗腐病　防除適期と薬剤 （内藤秀樹，2004）

防除時期	商品名	希釈倍数	使用量	使用時期	使用回数
播種前（湛水直播）	タチガレン粉剤		乾籾重量の3%	播種前	
	タチガレエース粉剤		乾籾重量の3%	播種前	1回

注）湛水直播では乾燥籾重の3%のタチガレン粉剤，タチガレエース粉剤をカルパー粉剤にまぜて湿粉衣し，根の生長促進によって苗立ちを安定させることができる。

イネ　稲こうじ病　防除適期と薬剤 （内藤秀樹，2004）

防除時期	商品名	希釈倍数	使用量	使用時期	使用回数
出穂10～20日前	カスミンボルドー	2000倍		出穂10日前まで	1回
	撒粉ボルドー粉剤DL		3～4kg/10a	出穂10日前まで	
	ラブサイドベフラン粉剤DL		3～4kg/10a	収穫30日前まで	3回以内
	ブラシン粉剤DL		4kg/10a	収穫21日前まで	2回以内
	同　フロアブル	1000倍		収穫21日前まで	2回以内
	アミスターエイト	1000倍		収穫14日前まで	3回以内
	モンガリット粒剤		3～4kg/10a	収穫45日前まで	2回以内

注）稲こうじ病にはボルドー液などの銅剤の効果が大きいが，銅剤はイネに薬害をおこしやすいので散布時期に注意する。

イネ　苗立枯病　防除適期と薬剤 （内藤秀樹，2004）

防除時期	対象病原菌	商品名	使用方法	希釈倍数	使用量
育苗期	トリコデルマ，リゾプス，フザリウム	ダコレート水和剤	播種時灌注	400～600倍	
		ロブラール水和剤	播種時灌注	500倍	
	ピシウム，フザリウム，むれ苗	タチガレエース粉剤	播種前土壌混和		6～8g/箱
		タチガレエース液剤	播種時灌注	500～1000倍	
	リゾクトニア，白絹病菌	バリダシン液剤5	播種時～発病初期灌注	1000倍	

注）タチガレエースとダコレートの近接施用（3日以内）は薬害を生ずる恐れがあるのでさける。

イネ：褐色葉枯病菌による穂枯れ，すじ葉枯病菌による穂枯れ，小黒菌核病菌による穂枯れ

イネ　褐色葉枯病菌による穂枯れ　防除適期と薬剤 （内藤秀樹，2004）

防除時期	商品名	希釈倍数	使用量	使用時期	使用回数
穂ばらみ期〜穂揃期	ヒノザン乳剤30	1000倍		収穫21日前まで	3回以内

イネ　すじ葉枯病菌による穂枯れ　防除適期と薬剤 （内藤秀樹，2004）

防除時期	商品名	希釈倍数	使用量	使用時期	使用回数
葉いもち初発時10日前後	オリブライト1キロ粒剤		1kg/10a	収穫60日前まで	1回
出穂10〜20日前	モンガリット粒剤		4kg/10a	収穫45日前まで	1回
穂ばらみ期〜穂揃期	アミスターエイト	1000倍		収穫14日前まで	3回以内
	ブラシン粉剤DL		3〜4kg/10a	収穫45日前まで	5回以内
	同　水和剤	1000倍		収穫30日前まで	2回以内
	ラブサイドベフラン粉剤DL		3〜4kg/10a	収穫30日前まで	3回以内

イネ　小黒菌核病菌による穂枯れ　防除適期と薬剤 （内藤秀樹，2004）

防除時期	商品名	希釈倍数	使用量	使用時期	使用回数
穂ばらみ期〜穂揃期	ヒノザン乳剤30	1000倍		収穫21日前まで	3回以内
	フジワン粒剤		4〜5kg/10a	出穂10〜30日前まで	3回以内
	キタジンP粒剤		3〜4kg/10a	収穫21日前まで	3回以内

イネ：葉しょう褐変病，もみ枯細菌病（本田期）

イネ　葉しょう褐変病　防除適期と薬剤　（畔上耕児，2004）

防除時期	商品名	希釈倍数	使用量	使用時期	使用回数
穂ばらみ期～出穂期	アグリマイシン-100	500倍		穂揃期まで	3回以内
	スターナ水和剤	1000倍		穂ばらみ初期～乳熟期（収穫21日前まで）	3回以内（本田期2回以内）
	ホクコーカスミン液剤	200倍		出穂初期まで（収穫60日前まで）	5回以内（200倍希釈散布3回以内）

イネ　もみ枯細菌病（本田期）　防除適期と薬剤　（畔上耕児，2004）

防除時期	商品名	希釈倍数	使用量	使用時期	使用回数
穂ばらみ初期～乳熟期	スターナ水和剤	1000倍		収穫21日前まで	3回以内（本田期2回以内）
	スターナ粉剤DL		4kg/10a	収穫21日前まで	3回以内（本田期2回以内）
	モミゲンキ水和剤	500倍		穂ばらみ初期～乳熟期	
出穂前	コラトップ粒剤5		4kg/10a	出穂30～5日前まで	2回以内
	オリゼメート1キロ粒剤		1～1.3kg/10a	出穂3～4週間前まで	2回以内
	オリゼメート粒剤		3～4kg/10a	移植活着後，出穂3～4週間前	2回以内

イネ：もみ枯細菌病（種子処理・箱施用）

イネ　もみ枯細菌病（種子処理・箱施用）　防除適期と薬剤 （畔上耕児, 2004）

防除時期	商品名	希釈倍数	使用量	使用時期	使用回数
播種前〜移植時	テクリードCフロアブル	200倍, 20倍		浸種前	1回
		7.5倍	希釈液30ml/乾燥種もみ1kg	浸種前	1回
		4倍	希釈液20ml/乾燥種もみ1kg	浸種前	1回
		原液	原液5ml/乾燥種もみ1kg	浸種前	1回
	スターナ水和剤	200倍, 20倍		浸種後	3回以内（本田期2回以内）
		400〜800倍, 20倍		浸種前	3回以内（本田期2回以内）
		7.5倍	希釈液30ml/乾燥種もみ1kg	浸種前	3回以内（本田期2回以内）
			乾燥種子重量の0.3〜0.5%	浸種前	3回以内（本田期2回以内）
	ホクコーカスミン液剤	4〜8倍	50ml希釈液/箱	覆土前	5回以内（200倍希釈散布3回以内）
	カスミン粒剤, アグロカスミン粒剤		30g/育苗箱（土壌約5l）	播種前	5回以内
			15〜20g/育苗箱（土壌約5l）または15〜20g/覆土1l（育苗箱覆土約1l）	覆土前	5回以内
	モミゲンキ水和剤	200〜500倍		浸種前〜催芽時	
			乾燥種子重量の0.5〜1%	浸種前〜播種前	

イネ：もみ枯細菌病（種子処理・箱施用），すじ葉枯病

	50～100倍	50～100m*l* 希釈液／箱	覆土前	
		10g/土壌1*l*	播種時	
ブイゲット箱粒剤		50g/育苗箱（土壌約5*l*）	移植当日	1回
エコホープ	200倍		浸種前～催芽時	1回
オリゼメート粒剤		20～30g/育苗箱（土壌約5*l*）	移植3日前～移植前日まで	2回以内
Dr. オリゼ箱粒剤		50g/育苗箱（土壌約5*l*）	移植3日前～移植当日まで	2回以内

イネ　すじ葉枯病　防除適期と薬剤（門脇義行，2004）

防除時期	商品名	希釈倍数	使用量	使用時期	使用回数
穂ばらみ期～穂揃期	ラブサイドベフラン粉剤DL		3～4kg/10a	収穫30日前まで	3回以内
	ラブサイドベフラン粉剤25DL		3～4kg/10a	収穫30日前まで	3回以内
	ブラシン粉剤DL		3～4kg/10a	収穫21日前まで	2回以内
	ノンブラス粉剤DL		3～4kg/10a	収穫21日前まで	2回以内
	アミスターエイト	1000倍	100～200*l*/10a	収穫14日前まで	4回（本田3回）以内
	ブラシン水和剤	1000倍	100～200*l*/10a	収穫30日前まで	2回以内
出穂2～3週間前	オリブライト1キロ粒剤		1kg/10a	葉いもち初発10日前～10日後（ただし，収穫45日前まで）	1回
	モンガリット粒剤		4kg/10a	収穫45日前まで	2回以内

注）1　防除剤はいずれも本病菌による穂枯れを対象とし，いもち病をはじめ他の病害との同時防除剤である。また，殺虫剤との混合剤もあるので，これらをふまえて選定，散布する。
　　2　穂枯れ発生後は防除効果が劣るので，散布時期が遅れないようにする。また，収穫前日数の長い薬剤も多いので，使用基準を遵守する。
　　3　オリブライト1キロ粒剤は葉に微小褐点を生ずることがあるが，収量・品質には影響しない。

イネ：褐条病

イネ　褐条病　防除適期と薬剤（編集部，2004）

防除時期	商品名	希釈倍数・使用量	使用方法	使用時期	使用回数
浸種前〜播種期	カスミン乳剤	1000倍	24時間浸漬	浸種時〜播種前	5回以内（ただし，200倍希釈散布は3回以内）
	ヨネポン	20〜30倍	10分間浸漬	浸種前	1回
		100倍	24時間浸漬	浸種前	1回
		7.5倍（乾燥種籾1kg当たり希釈液30〜60ml）	吹付け処理	浸種前	1回
	ベンレートT水和剤20	乾燥種籾重量の0.5〜1％	種子粉衣（湿粉衣）	浸種前	1回
		20倍	10分間粉衣	浸種前	1回
	スターナ水和剤	20倍	10分間浸漬	浸種前浸種後	3回以内（本田期2回以内）
		200倍	24時間浸漬	浸種前	3回以内（本田期2回以内）
		乾燥種子重量の0.5％	種子粉衣（湿粉衣）	浸種前	3回以内（本田期2回以内）
		7.5倍（乾燥種籾1kg当たり希釈液30ml）	吹付け処理または塗沫処理	浸種前	3回以内（本田期2回以内）
	ヘルシードT水和剤	20倍	10分間浸漬	浸種前	1回
		200倍	24時間浸漬	浸種前	1回
		乾燥種籾重量の0.5％	種子粉衣（湿粉衣）	浸種前	1回

イネ：褐条病

	7.5倍（乾燥種籾1kg当たり希釈液30ml）	吹付け処理	浸種前	1回
ヘルシードTフロアブル	20倍	10分間浸漬	浸種前	1回
	200倍	24時間浸漬	浸種前	1回
	原液（乾燥種籾1kg当たり4ml）	湿籾に塗沫処理	浸種前	1回
	4～7.5倍（乾燥種籾1kg当たり原液4mlを希釈して使用）	乾燥籾に塗沫処理	浸種前	1回
	7.5倍（乾燥種籾1kg当たり原液4mlを希釈して使用）	吹付け処理または塗沫処理	浸種前	1回
スポルタックスターナSE	20倍	10分間浸漬	浸種前	1回
	200倍	24時間浸漬	浸種前	1回
	7.5倍（乾燥種籾1kg当たり希釈液30ml）	吹付け処理または塗沫処理	浸種前	1回
テクリードCフロアブル	20倍	10分間浸漬	浸種前	1回
	200倍	24時間浸漬	浸種前	1回
	原液（乾燥種籾1kg当たり5ml）	塗沫処理	浸種前	1回
	4倍（乾燥種籾1kg当たり希釈液20ml）	吹付け処理または塗沫処理	浸種前	1回
	7.5倍（乾燥種籾1kg当たり希釈液30ml）	吹付け処理または塗沫処理	浸種前	1回
トリフミンスターナSE	20倍	10分間浸漬	浸種前	1回
	200倍	24時間浸漬	浸種前	1回

イネ：褐条病

浸種前～播種期	トリフミンスターナSE	7.5倍（乾燥種籾1kg当たり希釈液30ml）	吹付け処理または塗沫処理	浸種前	1回
	ヘルシードスターナフロアブル	20倍	10分間浸漬	浸種前	1回
		200倍	24時間浸漬	浸種前	1回
		原液（乾燥種籾1kg当たり4ml）	湿籾に塗沫処理	浸種前	1回
		4～7.5倍（乾燥種籾1kg当たり原液4mlを希釈して使用）	乾燥籾に塗沫処理	浸種前	1回
		7.5倍（乾燥種籾1kg当たり希釈液30ml）	吹付け処理または塗沫処理	浸種前	1回
	ヘルシードスターナ水和剤	20倍	10分間浸漬	浸種前	1回
		200倍	24時間浸漬	浸種前	1回
		乾燥種籾重量の0.5%	種子粉衣（湿粉衣）	浸種前	1回
		7.5倍（乾燥種籾1kg当たり希釈液30ml）	吹付け処理または塗沫処理	浸種前	1回
	ウイスペクトスターナ水和剤	乾燥種籾重量の0.5%	種子粉衣（湿粉衣）	浸種前	1回
		7.5倍（乾燥種籾1kg当たり希釈液30ml）	吹付け処理または塗沫処理	浸種前	1回
	モミガードC水和剤	200倍	24時間浸漬	浸種前	1回
		乾燥種籾重量の0.5%	種子粉衣（湿粉衣）	浸種前	1回
		7.5倍（乾燥種籾1kg当たり希釈液30ml）	吹付け処理または塗沫処理	浸種前	1回
	モミガードC・DF	200倍	24時間浸漬	浸種前	1回

イネ：褐条病

箱育苗	カスミン液剤	7.5倍（乾燥種籾1kg当たり希釈液30ml）	吹付け処理または塗沫処理	浸種前	1回
		4〜8倍	育苗箱（30×60×3cm, 使用土壌約5l）1箱当たり希釈液50mlを播種した種籾の上から均一に散布する	覆土前	5回以内（ただし, 200倍希釈は3回以内）
	カスミン粒剤	育苗箱（30×60×3cm, 使用土壌約5l）1箱当たり30g	育苗培土に均一に混和する	播種前	5回以内
		育苗箱（30×60×3cm, 使用土壌約5l）1箱当たり15〜20g	育苗箱に播種した種籾の上から均一に散粒する	覆土前	5回以内
		覆土1l当たり15〜20g	覆土に均一に混和する	覆土前	5回以内
本田	ブラシンフロアブル	1000倍	散布	収穫21日前まで	2回以内

注) 1 吹付け処理は, 種子消毒機を使用する。
　 2 新潟県では本病原細菌のカスガマイシン剤やオキソリニック酸剤に対する耐性菌の出現を受け, 催芽機にカスガマイシン液剤を加用する防除法を取りやめるとともに, その他の細菌性病害であるもみ枯細菌病や苗立枯細菌病の防除を考慮し, 図に示す種子消毒と箱処理または催芽時処理による細菌性病害の体系防除を推奨している。

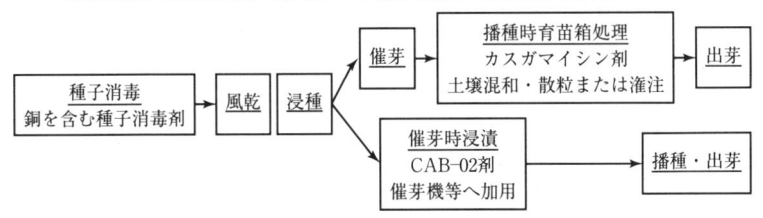

新潟県における育苗期細菌性病害の体系防除

イネ：擬似紋枯症（赤色菌核病・褐色菌核病），擬似紋枯症（灰色菌核病），擬似紋枯症（褐色紋枯病）

イネ　擬似紋枯症（赤色菌核病・褐色菌核病）　防除適期と薬剤（早坂　剛，2004）

防除時期	商品名	希釈倍数	使用量	使用時期	使用回数
穂ばらみ期～穂揃期	バリダシン粉剤DL		3～4kg/10a	収穫14日前まで	
	バシタック粉剤DL		3～4kg/10a	収穫14日前まで	3回以内
	モンカット粉剤DL		4kg/10a	収穫14日前まで	3回以内
	モンガード粉剤DL		4kg/10a	収穫14日前まで	3回以内
出穂14～21日前	モンガリット粒剤		3～4kg/10a	収穫45日前まで	2回以内
出穂30日前～出穂期	リンバー粒剤		3～4kg/10a	収穫30日前まで	2回以内

イネ　擬似紋枯症（灰色菌核病）　防除適期と薬剤（早坂　剛，2004）

防除時期	商品名	希釈倍数	使用量	使用時期	使用回数
穂ばらみ期～穂揃期	モンガード粉剤DL		4kg/10a	収穫14日前まで	3回以内
出穂14～21日前	モンガリット粒剤		3～4kg/10a	収穫45日前まで	2回以内

イネ　擬似紋枯症（褐色紋枯病）　防除適期と薬剤（早坂　剛，2004）

防除時期	商品名	希釈倍数	使用量	使用時期	使用回数
穂ばらみ期～穂揃期	バリダシン粉剤DL		3～4kg/10a	収穫14日前まで	
	バシタック粉剤DL		3～4kg/10a	収穫14日前まで	3回以内
	モンカット粉剤DL		4kg/10a	収穫14日前まで	3回以内
	モンガード粉剤DL		4kg/10a	収穫14日前まで	3回以内
出穂14～21日前	モンガリット粒剤		3～4kg/10a	収穫45日前まで	2回以内

イネ：苗立枯細菌病

イネ　苗立枯細菌病　防除適期と薬剤 (内藤秀樹, 2004)

防除時期	商品名	希釈倍数	使用方法(使用量)	使用時期	使用回数
種子消毒	テクリードCフロアブル	20倍	10分間種子浸漬	浸種前	1回
		200倍	24時間種子浸漬	浸種前	1回
		7.5倍液30ml/1kg(乾燥種籾)	吹付け,塗沫	浸種前	1回
		4倍液20ml/1kg(乾燥種籾)	吹付け,塗沫	浸種前	1回
		原液5ml/1kg(乾燥種籾)	塗沫	浸種前	1回
	スターナ水和剤	20倍	10分間種子浸漬	浸種前,後	1回
		200倍	24時間種子浸漬	浸種前	1回
		7.5倍液30ml/1kg(乾燥種籾)	吹付け,塗沫	浸種前	1回
		乾燥種子重量の0.5%	粉衣	浸種前	1回
	モミガードC水和剤	7.5倍液30ml/1kg(乾燥種籾)	吹付け,塗沫	浸種前	1回
	ヨネポン	20〜30倍	10分間種子浸漬	浸種前	1回
		7.5倍液30〜60ml/1kg(乾燥種籾)	吹付け	浸種前	1回
	モミゲンキ水和剤	200〜500倍	24時間種子浸漬	浸種前〜催芽時	2回以内
		乾燥種子重量の1%	粉衣	浸種前〜播種前	2回以内
	エコホープ	200倍		催芽時	1回
育苗期	カスミン液剤	4〜8倍	希釈液50ml/1箱を播種した種籾の上から均一に散布	覆土前	5回以内

イネ：苗立枯細菌病，内穎褐変病

育苗期	同　粒剤		30g/1箱を均一に混和	播種前	5回以内
			15～20g/1箱を播種した種籾の上から均一に散布	覆土前	5回以内
			15～20g/覆土1lを均一に混和	覆土前	5回以内
	モミゲンキ水和剤		土壌1l当たり10g覆土混和	播種時	2回以内

注）1　モミゲンキ水和剤，エコホープは生物農薬である。
　　2　表記薬剤の他に混合剤がある。
　　3　表記の多くのものはいもち病，ごま葉枯病，ばか苗病，苗立枯病，もみ枯細菌病，褐条病のすべてあるいはいずれかとの同時防除が可能である。

イネ　内穎褐変病　防除適期と薬剤 （内藤秀樹，2004）

防除時期	商品名	希釈倍数	使用量	使用時期	使用回数
穂ばらみ期～乳熟期	スターナ粉剤DL		4kg/10a	収穫21日前まで	2回以内
	同　水和剤	1000倍		収穫21日前まで	2回以内
	ブラシン粉剤DL		4kg/10a	収穫21日前まで	2回以内
	同　フロアブル	1000倍		収穫21日前まで	2回以内
	カスラブサイド粉剤3DL		3～4kg/10a	収穫21日前まで	5回以内

注）表記のほか，いもち病，紋枯病，穂枯れ，もみ枯細菌病やニカメイチュウ，ウンカなどの害虫類との同時防除用の混合剤がある。

イネ：変色米（エピコッカム菌）

イネ　変色米（エピコッカム菌）　防除適期と薬剤 (本多範行，2004)

防除時期	商品名	希釈倍数	使用量	使用時期	使用回数
穂ばらみ期～穂揃期	ラブサイドベフラン粉剤DL		3～4kg/10a	収穫30日前まで	3回以内
穂ばらみ期～穂揃黄熟期以降	トップジンMゾル	500倍		収穫14日前まで	3回以内
	トップジンMゾル	4～8倍	0.8l/10a 無人ヘリコプターによる	収穫14日前まで	3回以内
穂ばらみ期～穂揃期	ブラシン粉剤DL		3～4kg/10a	収穫21日前まで	2回以内
	ブラシン水和剤	1000倍		収穫30日前まで	2回以内
	ブラシンフロアブル	1000倍		収穫21日前まで	2回以内
	ノンブラスフロアブル	1000倍		収穫21日前まで	2回以内
	アミスターエイト	1000倍	100～200l/10a	収穫14日前まで	3回以内

注）1　防除時期は穎内への飛び込み，感染時期である開花期，あるいは玄米への侵入時期である黄熟期以降（出穂25～30日目頃）である。
　　2　開花期の防除は開花期と穂揃期の2回散布する。この時期の防除はいもち病にも有効である。
　　3　黄熟期以降の防除は初発前の予防散布を行なう。常発地では出穂後約30日以降に初発が認められるので，その時期を5～7日間隔で2回散布する。この時期の薬剤散布は収穫期が近いので使用基準に注意する。

イネ：変色米（カーブラリア菌）

イネ　変色米（カーブラリア菌）　防除適期と薬剤 （本多範行，2004）

防除時期	商品名	希釈倍数	使用量	使用時期	使用回数
穂ばらみ期〜穂揃期	ラブサイドベフラン粉剤DL		3〜4kg/10a	収穫30日前まで	3回以内
	ブラシン粉剤DL		3〜4kg/10a	収穫21日前まで	2回以内
	ブラシン水和剤	1000倍		収穫30日前まで	2回以内
	ブラシンフロアブル	1000倍		収穫21日前まで	2回以内
	ノンブラス粉剤DL		3〜4kg/10a	収穫21日前まで	2回以内
	ノンブラスフロアブル	1000倍		収穫21日前まで	2回以内
	アミスターエイト	1000倍	100〜200l/10a	収穫14日前まで	3回以内
浸種前	ベンレートT水和剤20	20倍	10分間種子浸漬		1回
	ベンレートT水和剤20	200倍	24〜48時間種子浸漬		1回
	ベンレートT水和剤20	乾燥種籾重量の0.5%	種子粉衣（湿粉衣）		1回

イネ：変色米（アルタナリア菌）

イネ　変色米（アルタナリア菌）　防除適期と薬剤 （本多範行, 2004）

防除時期	商品名	希釈倍数	使用量	使用時期	使用回数
穂ばらみ期〜穂揃期	ラブサイドベフラン粉剤DL		3〜4kg/10a	収穫30日前まで	3回以内
	ブラシン水和剤	1000倍		収穫30日前まで	2回以内
	ブラシンフロアブル	1000倍		収穫21日前まで	2回以内
	ノンブラスフロアブル	1000倍		収穫21日前まで	2回以内
	アミスターエイト	1000倍	100〜200l/10a	収穫14日前まで	3回以内
浸種前	ベンレートT水和剤20	20倍	10分間種子浸漬		1回
	ベンレートT水和剤20	200倍	24〜48時間種子浸漬		1回
	ベンレートT水和剤20	乾燥種籾重量の0.5%	種子粉衣（湿粉衣）		1回

注）1　保菌種子が褐色米の発生に影響するかどうかはっきりしていないが，褐色米の発芽率は正常なものに比べ低くなる。種子消毒によって，これらの病原菌を防除することができる。

　　2　防除時期は病原菌の頴内への飛び込み，感染時期である出穂直前である。この時期の防除はいもち病にも有効である。強風によって籾が褐変し，病原菌が傷から侵入する場合は，発生直後に防除しても効果が期待できる。

イネ：ニカメイガ

イネ　ニカメイガ　防除適期と薬剤 (平井一男, 2004)

防除時期	商品名	希釈倍数・使用方法	使用量	使用時期	使用回数
4～6月	パダン粒剤4	播種前に育苗箱 (30×60×3cm, 使用土壌約5*l*) 床土に均一に混和するか, 移植当日に育苗箱の苗の上から均一に散粒する	箱当たり80～100g	播種前または移植当日	1回
	プリンス粒剤	育苗箱の床土に均一混和	箱当たり50g	播種前または移植当日	1回
	ダントツ箱粒剤	育苗箱の上から均一混和	箱当たり50g	移植3日前～移植当日	1回
	グランドオンコル粒剤	育苗箱の上から均一混和	箱当たり50g	移植3日前～移植当日	1回
	くみあいエムシロン042	側条施肥田植機で施用	30～40kg/10a	移植時	1回
	くみあいエムシロン050	側条施肥田植機で施用	30～40kg/10a	移植時	1回
	パダンSG水溶剤	ペースト肥料に溶かし側条施肥田植機で施用	200g/10a	移植時	6回以内
5～8月	EPN粉剤1.5	散布	3kg/10a	収穫60日前まで	3回以内
	バイジット粉剤2	散布	3～4kg/10a	収穫21日前まで	2回以内
	バイジット粉剤2DL	散布	3～4kg/10a	収穫21日前まで	2回以内
	ダイアジノン粉剤3	散布	3～4kg/10a	収穫21日前まで	2回以内
	ダイアジノン粉剤3DL	散布	3～4kg/10a	収穫21日前まで	2回以内
	パダン粉剤	散布	3～4kg/10a	収穫21日前まで	6回以内

イネ：ニカメイガ

パダン粉剤DL	散布	3～4kg/10a	収穫21日前まで	6回以内
カルホス粉剤	散布	3～4kg/10a	収穫14日前まで	3回以内
スミチオン粉剤3DL	散布	3～4kg/10a	収穫14日前まで	3回以内（出穂前は1回）
スミチオン粉剤2DL	散布	3～4kg/10a	収穫14日前まで	3回以内（出穂前は1回）
バッサ粉剤DL	散布	3～4kg/10a	収穫14日前まで	4回以内
エルサン粉剤3DL	散布	3～4kg/10a	収穫7日前まで	3回以内
エルサン粉剤2DL	散布	3～4kg/10a	収穫7日前まで	3回以内
ランガード粉剤DL	散布	3～4kg/10a	収穫14日前まで	3回以内
レルダン粉剤2DL	散布	3～4kg/10a	収穫45日前まで	2回以内
ルーバン粉剤DL	散布	3～4kg/10a	収穫14日前まで	4回以内
トレボン粉剤DL	散布	3～4kg/10a	収穫7日前まで	3回以内
オフナック粉剤DL	散布	3～4kg/10a	収穫45日前まで（ただし，出穂前まで）	1回
ロムダン粉剤DL	散布	3～4kg/10a	収穫14日前まで	2回以内
マトリック粉剤DL	散布	3～4kg/10a	収穫14日前まで	2回以内
ランナー粉剤DL	散布	3～4kg/10a	収穫14日前まで	3回以内

イネ：ニカメイガ

5〜8月	スタークル粉剤DL	散布	3kg/10a	収穫7日前まで	3回以内
	アルバリン粉剤DL	散布	3kg/10a	収穫7日前まで	3回以内
	パダン粒剤4	手または散粒機で田面に均一に散粒する	3〜4kg/10a	収穫30日前まで	6回以内
	ダイアジノン微粒剤F	散布	3〜4kg/10a	収穫21日前までの幼虫食入期	2回以内
	ランガード粒剤	湛水散布	3〜4kg/10a	収穫21日前まで	3回以内
	バサジット粒剤	散布	3〜4kg/10a	収穫45日前まで	2回以内
	アルフェート粒剤	湛水散布	3〜4kg/10a	収穫21日前まで	2回以内
	ルーバン粒剤	散布	3〜4kg/10a	収穫14日前まで	4回以内
	ルーバンM粒剤	散布	3〜4kg/10a	収穫45日前まで	3回以内
	パダン1キロ粒剤	散布	1kg/10a	収穫30日前まで	6回以内
	スタークル粒剤	散布	3kg/10a	収穫7日前まで	3回以内
	アルバリン粒剤	散布	3kg/10a	収穫7日前まで	3回以内
	ダイアジノン水和剤34	1000倍	100〜150l/10a	収穫21日前まで	2回以内
	レルダン乳剤25	1000倍	100〜150l/10a	収穫60日前まで	2回以内
	オフナック乳剤	1000倍	100〜150l/10a	収穫60日前まで	1回
	ルーバン水和剤	1000〜1500倍	100〜150l/10a	収穫14日前まで	4回以内
	ロムダン水和剤	1000倍	100〜150l/10a	収穫21日前まで	2回以内

イネ：ニカメイガ

	パダンSG水溶剤	1500倍	100～150*l*/10a	収穫21日前まで	6回以内
	ロムダンゾル	1000倍	100～150*l*/10a	収穫21日前まで	2回以内
	ミミックジョーカーフロアブル	1000倍	60～150*l*/10a	収穫21日前まで	2回以内
	ランナーフロアブル	2000倍	100～150*l*/10a	収穫14日前まで	3回以内
7～8月	スミチオン乳剤	300倍	25*l*/10a	収穫21日前まで	3回以内
	エルサン乳剤	300倍	25*l*/10a	収穫7日前まで	3回以内
	エルサン乳剤	30倍空中散布	3～4*l*/10a	収穫7日前まで	3回以内
	ディプテレックス乳剤	20倍空中散布	3～4*l*/10a	収穫14日前まで	4回以内
	ディプテレックス水溶剤80	30倍空中散布	3～4*l*/10a	収穫14日前まで	4回以内
	スミチオン乳剤	8倍無人ヘリ	800m*l*/10a	収穫21日前まで	3回以内
	スミチオン乳剤	8倍空中散布	800m*l*/10a	収穫21日前まで	3回以内
	スミチオン乳剤	30倍空中散布	3～4*l*/10a	収穫21日前まで	3回以内
	ダイアジノン水和剤34	30倍空中散布	3～4*l*/10a	収穫21日前まで	2回以内
	ダイアジノン水和剤40	30倍空中散布	3～4*l*/10a	収穫21日前まで	2回以内
	オフナック乳剤	8倍空中散布	0.8*l*/10a	収穫60日前まで	1回
	オフナック乳剤	30倍空中散布	3*l*/10a	収穫60日前まで	1回
	オフナックフロアブル	8倍空中散布	0.8*l*/10a	収穫45日前まで（ただし出穂始めまで）	1回
	オフナックフロアブル	30倍空中散布	3*l*/10a	収穫45日前まで（ただし出穂始めまで）	1回
	ロムダンエアー	16倍無人ヘリ	800m*l*/10a	収穫21日前まで	2回以内

イネ：ニカメイガ（1世代，一部2世代）

イネ　ニカメイガ（1世代，一部2世代）　防除適期と薬剤 （平井一男，2004）

防除時期	商品名	希釈倍数・使用方法	使用量	使用時期	使用回数
8月	エルサン粉剤3	散布	3kg/10a	収穫7日前まで	3回以内
5～6月	エルサン粉剤2	散布	3kg/10a	収穫7日前まで	3回以内
	パプチオン粉剤2	散布	3kg/10a	収穫7日前まで	3回以内
8月	パプチオン粉剤2	散布	4kg/10a	収穫7日前まで	3回以内
5～6月	パプチオン粉剤3	散布	2kg/10a	収穫7日前まで	3回以内
	ディプテレックス粉剤	散布	3kg/10a	収穫14日前まで	4回以内
8月	ディプテレックス粉剤	散布	4～5kg/10a	収穫14日前まで	4回以内
5～6月	スミチオン粉剤2	散布	3kg/10a	収穫14日前まで	3回以内（出穂前は1回）
8月	スミチオン粉剤2	散布	4kg/10a	収穫14日前まで	3回以内（出穂前は1回）
5～6月	スミチオン粉剤3	散布	2～3kg/10a	収穫14日前まで	3回以内（出穂前は1回）
8月	スミチオン粉剤3	散布	3～4kg/10a	収穫14日前まで	3回以内（出穂前は1回）
5～6月	ラービン粉剤3DL	散布	3～4kg/10a	収穫30日前まで	3回以内
8月	ラービン粉剤3DL	散布	4kg/10a	収穫30日前まで	3回以内
1～8月	オフナック粉剤	散布	3～4kg/10a	収穫45日前まで（ただし，出穂前まで）	1回

イネ：ニカメイガ（1世代，一部2世代）

時期	薬剤	使用方法	使用量	使用時期	使用回数
5～6月	ダイアジノン粒剤3	育苗箱の苗の上から均一散粒	育苗箱当たり150～200g	移植前日～直前まで	2回以内
	ダイアジノン粒剤3	散布	3kg/10a	収穫21日前までの幼虫食入期	2回以内
8月	ダイアジノン粒剤3	湛水散布	3～4kg/10a	収穫21日前までの幼虫食入期	2回以内
5～6月	ダイアジノン粒剤5	散布	3kg/10a	収穫21日前までの幼虫食入期	2回以内
8月	ダイアジノン粒剤5	散布	3～4kg/10a	収穫21日前までの幼虫食入期	2回以内
5～6月	スミチオン微粒剤F	散布	3kg/10a	収穫14日前まで	4回以内（本田期は3回以内）
8月	スミチオン微粒剤F	散布	4kg/10a	収穫14日前まで	4回以内（本田期は3回以内）
5～6月	トレボン粒剤	散布	3kg/10a	収穫21日前まで	3回以内
	バイジット粒剤	湛水散布	2～3kg/10a	収穫45日前まで	2回以内
8月	バイジット粒剤	湛水散布	3～4kg/10a	収穫45日前まで	2回以内
5～6月	スミチオン乳剤	1000～2000倍	100～150*l*/10a	収穫21日前まで	3回以内
8月	スミチオン乳剤	800～1000倍	100～150*l*/10a	収穫21日前まで	3回以内
5～6月	EPN乳剤	1500～2000倍	100～150*l*/10a	収穫60日前まで	3回以内
	パプチオン乳剤	1000～1500倍	100～150*l*/10a	収穫7日前まで	3回以内
8月	パプチオン乳剤	800～1000倍	100～150*l*/10a	収穫7日前まで	3回以内

イネ：ニカメイガ（1世代，一部2世代）

時期	薬剤	希釈倍数	散布量	使用時期	使用回数
5〜6月	エルサン乳剤	1000〜1500倍	100〜150l/10a	収穫7日前まで	3回以内
8月	エルサン乳剤	800〜1000倍	100〜150l/10a	収穫7日前まで	3回以内
5〜6月	ディプテレックス乳剤	700倍	100〜150l/10a	収穫14日前まで	4回以内
8月	ディプテレックス乳剤	500倍	100〜150l/10a	収穫14日前まで	4回以内
5〜6月	ディプテレックス水溶剤80	1000倍	100〜150l/10a	収穫14日前まで	4回以内
	バイジット乳剤	1500倍	100〜150l/10a	収穫30日前まで	2回以内（本田期は1回）
8月	バイジット乳剤	1000倍	100〜150l/10a	収穫30日前まで	2回以内（本田期は1回）
5〜6月	ダイアジノン乳剤40	1000〜1500倍	100〜150l/10a	収穫21日前まで	2回以内
8月	ダイアジノン乳剤40	1000倍	100〜150l/10a	収穫21日前まで	2回以内
5〜6月	パダン水溶剤	1000〜2000倍	100〜150l/10a	収穫21日前まで	6回以内
8月	パダン水溶剤	1000〜1500倍	100〜150l/10a	収穫21日前まで	6回以内
5〜6月	パダン水溶剤	ペースト肥料に溶かし側条施肥田植機で施用	300g/10a	移植時	6回以内
	なげこみトレボン	水溶性容器10個（500ml/10a）	水田に水溶性容器のまま投げ入れる	移植後20日以降（ただし5葉期以後）収穫21日前まで	3回以内

イネ：ニカメイガ（1世代，一部2世代），サンカメイガ

トレボンサーフ	500m*l*/10a	原液を田面水に滴下または入水時水口に滴下		移植後20日以降（ただし5葉期以後）収穫21日前まで	3回以内
スミチオン水和剤40	40倍空中散布		3*l*/10a	収穫21日前まで	3回以内

注）1　単剤を中心に整理した。単剤のほか殺菌殺虫剤など混合剤は多数ある。
　　2　薬剤使用では他作物への薬害に注意すること。バイジットはアブラナ科野菜やサトイモの葉，ナシの若葉に，スミチオンはアブラナ科野菜に，パダンはナス科野菜やタバコの葉に薬害を出す。
　　3　ダイアジノンは魚毒性があるので養魚地帯では使わないこと。パダンは蚕に毒性が強いので桑園の近くでは使わないこと。
　　4　バイジット剤やスミチオン剤などのように，稲体に浸透性のあるものは，薬剤散布3〜5日後に茎内の生き残り虫数を調べれば，その数で効果の判定ができる。

イネ　サンカメイガ　防除適期と薬剤 （平井一男，2004）

防除時期	商品名	希釈倍数・使用方法	使用量	使用時期	使用回数
5〜9月	EPN粉剤1.5	散布	3kg/10a	収穫60日前まで	3回以内
	スミチオン粉剤2	散布	3〜4kg/10a	収穫14日前まで	3回以内（出穂前は1回）
	ダイアジノン粉剤3	散布	3〜4kg/10a	収穫21日前まで	2回以内
5月	EPN乳剤	1000倍	100〜150*l*/10a	収穫60日前まで	3回以内
7〜9月	エルサン粉剤2	散布	4.5kg/10a	収穫7日前まで	3回以内
	エルサン乳剤	800〜1000倍	100〜150*l*/10a	収穫7日前まで	3回以内
	パプチオン乳剤	800〜1000倍	100〜150*l*/10a	収穫7日前まで	3回以内
	ディプテレックス乳剤	500倍	100〜150*l*/10a	収穫14日前まで	4回以内

イネ：サンカメイガ，トビイロウンカ

7～9月	スミチオン乳剤	800～1000倍	100～150*l*/10a	収穫21日前まで	3回以内
	パダン粒剤4	手または散粒機で田面に均一に散粒する	4kg/10a	収穫30日前まで	6回以内

イネ　トビイロウンカ　防除適期と薬剤（平井一男，2004）

商品名	希釈倍数	使用方法	使用量	使用時期	使用回数
ディプテレックス水溶剤80	1500倍	散布	100～150*l*/10a	収穫14日前まで	4回以内
ディプテレックス水溶剤80	30倍	空中散布	3～4*l*/10a	収穫14日前まで	4回以内
フジワン粒剤		1回目：第2回成虫飛来期，2回目：第2世代老齢幼虫～第3世代若齢幼虫期	本田1回目3～5kg/10aと本田2回目4～5kg/10aの体系処理		3回以内

注）1　「ウンカ類」および「ウンカ類（ヒメトビウンカを除く）」「ウンカ類幼虫」の薬剤表も適用できる。
　　2　ツマグロヨコバイのマラソン剤，カーバメート剤に対する抵抗性発達が注目されてきたが，トビイロウンカも昭和45～50年以降これらの殺虫剤に対して抵抗性が進行していることがわかった。
　　3　メイガなどを対象にリン剤を散布しても，トビイロウンカの同時防除の効果はあまり期待できない。
　　4　有機リン剤とカーバメート剤の混合剤や，これ以外の新しい殺虫剤が開発されてきた。

イネ：ウンカ類

イネ　ウンカ類　防除適期と薬剤 (平井一男, 2004)

防除時期	商品名	希釈倍数・使用方法	使用量	使用時期	使用回数
4〜6月	アドマイヤー水和剤	100倍	育苗箱当たり希釈液0.5lを苗の上から灌注する	移植2日前〜移植当日	1回
	アドマイヤー箱粒剤	育苗箱の上から均一に散布する	箱当たり50〜80g	移植2日前〜移植当日	3回以内（本田では2回以内）
	プリンス粒剤	育苗箱の床土に均一混和	箱当たり50g	播種前	1回
	プリンス粒剤	育苗箱の床土に均一混和	箱当たり50g	播種前〜移植当日	1回
	チェス粒剤	育苗箱の上から均一に散布する	箱当たり50g	移植3日前〜移植当日	1回
	アクタラ箱粒剤	育苗箱の苗の上から均一に散布する	箱当たり50g	移植3日前〜移植当日	1回
	ダントツ箱粒剤	育苗箱の上から均一に散布する	箱当たり50g	移植3日前〜移植当日	1回
7〜9月	EPN粉剤1.5	散布	3kg/10a	収穫60日前まで	3回以内
	EPN乳剤	2000倍	100〜150l/10a	収穫60日前まで	3回以内
	マラソン粉剤1.5	散布	3kg/10a	収穫7日前まで	5回以内
	マラソン粉剤3	散布	3kg/10a	収穫7日前まで	5回以内
	マラソン乳剤	2000倍	100〜150l/10a	収穫7日前まで	5回以内
	マラソン乳剤50	2000倍	100〜150l/10a	収穫7日前まで	5回以内

イネ：ウンカ類

7〜9月	ジメトエート乳剤	800〜1500倍	100〜150l/10a	収穫30日前まで	4回以内
	ディプテレックス乳剤	1000倍	100〜150l/10a	収穫14日前まで	4回以内
	バイジット粉剤2	散布	3〜4kg/10a	収穫21日前まで	2回以内
	バイジット粉剤2DL	散布	3〜4kg/10a	収穫21日前まで	2回以内
	バイジット乳剤	散布 1000〜1500倍		収穫30日前まで	2回以内（本田期は1回）
	バイジット粒剤	湛水散布	2〜3kg/10a	収穫45日前まで	2回以内
	バイジット粒剤	散布	2〜3kg/10a	収穫45日前まで	2回以内
	スミチオン粉剤2	散布	3〜4kg/10a	収穫14日前まで	3回以内（ただし出穂前は1回）
	スミチオン粉剤2DL	散布	3〜4kg/10a	収穫14日前まで	3回以内（ただし出穂前は1回）
	スミチオン粉剤3	散布	3〜4kg/10a	収穫14日前まで	3回以内（ただし出穂前は1回）
	スミチオン粉剤3DL	散布	3〜4kg/10a	収穫14日前まで	3回以内（ただし出穂前は1回）
	スミチオン粉剤3DL	散布	3〜4kg/10a	収穫21日前まで	2回以内
	ダイアジノン粉剤3	散布	3〜4kg/10a	収穫21日前まで	2回以内

イネ：ウンカ類

ダイアジノン水和剤34	散布 1000～2000倍		収穫21日前まで	2回以内
ダイアジノン乳剤40	散布 1000～2000倍		収穫21日前まで	2回以内
ダイアジノン粒剤3	湛水散布	3～4kg/10a	収穫21日前まで	2回以内
ダイアジノン粒剤3DL	湛水散布	3～4kg/10a	収穫21日前まで	2回以内
ダイアジノン粒剤5	散布	3～4kg/10a	収穫21日前まで	2回以内
デナポン粉剤2	散布	3～4kg/10a	収穫14日前まで	5回以内
セビン粉剤2	散布	3～4kg/10a	収穫14日前まで	5回以内
デナポン水和剤50	散布 1000～2000倍		収穫45日前まで	5回以内
サンサイド水和剤	散布 1000倍		収穫14日前まで	5回以内
サンサイド粒剤	散布	3～4kg/10a	収穫14日前まで	5回以内
ミプシン粒剤	散布	3～4kg/10a	収穫45日前まで	3回以内
バッサ粉剤	散布	3～4kg/10a	収穫7日前まで	5回以内
バッサ粉剤30DL	散布	3～4kg/10a	収穫7日前まで	5回以内
バッサ乳剤	散布 1000～2000倍		収穫7日前まで	5回以内
バッサ乳剤50	散布 1000～2000倍		収穫7日前まで	5回以内
バッサ粒剤	散布	3～4kg/10a	収穫14日前まで	5回以内

イネ：ウンカ類

7～9月	バッサ粒剤	手まきまたは散粒機により田面に均一に散布する	3～4kg/10a	収穫14日前まで	5回以内
	ダイアジノン微粒剤F	散布	3～4kg/10a	収穫21日前まで	2回以内
	バッサ粉剤DL	散布	3～4kg/10a	収穫7日前まで	5回以内
	バッサ粉剤2DL	散布	3～4kg/10a	収穫7日前まで	5回以内
	エルサン粉剤3DL	散布	3～4kg/10a	収穫7日前まで	3回以内
	マクバール粉剤3DL	散布	3～4kg/10a	収穫21日前まで	3回以内
	トレボン水和剤	散布 2000倍		収穫21日前まで	3回以内
	トレボン粉剤DL	散布	3～4kg/10a	収穫7日前まで	3回以内
	トレボン乳剤	散布 1000～2000倍		収穫21日前まで	3回以内
	トレボン粒剤	散布	2～3kg/10a	収穫21日前まで	3回以内
	トレボンEW	散布 1000倍		収穫21日前まで	3回以内
	なげこみトレボン	水田に水溶性容器のまま投げ入れる	水溶性容器10個（500ml/10a）	移植後20日以降（ただし5葉期以後）収穫21日前まで	3回以内
	トレボンサーフ	原液を田面水滴下または入水時水口に滴下	500ml/10a	移植後20日以降（ただし5葉期以後）収穫21日前まで	3回以内
	アドマイヤー水和剤	散布 2000倍		収穫30日前まで	2回以内

イネ：ウンカ類

アドマイヤー1粒剤	散布	3kg/10a	収穫80日前まで	2回以内
アドマイヤー粉剤DL	散布	3〜4kg/10a	収穫21日前まで	2回以内
MR.ジョーカー粉剤DL	散布	3〜4kg/10a	収穫7日前まで	2回以内
MR.ジョーカー粒剤	散布	3kg/10a	収穫21日前まで	2回以内
トレボン乳剤	300〜600倍	25l/10a	収穫21日前まで	3回以内
トレボンEW	300倍	25l/10a	収穫21日前まで	3回以内
MR.ジョーカーEW	500倍	25l/10a	収穫14日前まで	2回以内
トレボンMC	600倍	25l/10a	収穫21日前まで	3回以内
MR.ジョーカーEW	2000倍	60〜150l/10a	収穫14日前まで	2回以内
ベストガード水溶剤	2000〜4000倍	60〜150l/10a	収穫14日前まで	4回以内
ベストガード粒剤	散布	3〜4kg/10a	収穫14日前まで	4回以内
ベストガード粉剤DL	散布	3〜4kg/10a	収穫14日前まで	4回以内
トレボンMC	1000〜2000倍	100〜150l/10a	収穫21日前まで	3回以内
チェス水和剤	2000倍	100〜150l/10a	収穫14日前まで	2回以内
チェス粉剤DL	散布	4kg/10a	収穫14日前まで	3回以内（本田では2回以内）
ダントツ水溶剤	4000倍	60〜150l/10a	収穫14日前まで	3回以内
ダントツ1キロ粒剤	散布	1kg/10a	収穫14日前まで	3回以内

イネ：ウンカ類

7～9月	ダントツ粉剤DL	散布	3～4kg/10a	収穫14日前まで	3回以内
	スタークル粒剤	散布	3kg/10a	収穫7日前まで	3回以内
	スタークル顆粒水溶剤	3000倍	60～150l/10a	収穫7日前まで	3回以内
	アルバリン粒剤	散布	3kg/10a	収穫7日前まで	3回以内
	アルバリン顆粒水溶剤	3000倍	60～150l/10a	収穫7日前まで	3回以内
	アルバリン粉剤DL	散布	3kg/10a	収穫7日前まで	3回以内
	スタークル粉剤DL	散布	3kg/10a	収穫7日前まで	3回以内
	スミスマイル009	側条施用	30kg/10a	移植時	1回
	スミスマイルSR	側条施用	60kg/10a	移植時	1回
	マラソン乳剤	30倍空中散布	3～4l/10a	収穫7日前まで	5回以内
	マラソン乳剤50	30倍空中散布	3～4l/10a	収穫7日前まで	5回以内
	ディプテレックス乳剤	20倍空中散布	3～4l/10a	収穫14日前まで	4回以内
	ダイアジノン水和剤34	30倍空中散布	3～4l/10a	収穫21日前まで	2回以内
	ダイアジノン乳剤40	30倍空中散布	3～4l/10a	収穫21日前まで	2回以内
	ダイアジノン乳剤40	8倍空中散布	0.8l/10a	収穫21日前まで	2回以内
	サンサイド水和剤	30倍空中散布	3～4l/10a	収穫14日前まで	5回以内
	バッサ乳剤	30倍空中散布	3l/10a	収穫7日前まで	5回以内
	バッサ乳剤	8倍空中散布	800ml/10a	収穫7日前まで	5回以内
	バッサ乳剤	8倍無人ヘリ空散	800ml/10a	収穫7日前まで	5回以内

イネ：ウンカ類，ウンカ類（ヒメトビウンカを除く）

バッサ乳剤50	8倍無人ヘリ空散	800ml/10a	収穫7日前まで	5回以内
バッサ乳剤50	8倍空中散布	800ml/10a	収穫7日前まで	5回以内
バッサ乳剤50	30倍空中散布	3l/10a	収穫7日前まで	5回以内
トレボンエアー	30倍空中散布	3l/10a	収穫14日前まで	3回以内
トレボンエアー	8倍無人ヘリ空散	0.8l/10a	収穫21日前まで	3回以内
トレボンエアー	8倍空中散布	0.8l/10a	収穫14日前まで	3回以内
MR.ジョーカーEW	16倍無人ヘリ空散	0.8l/10a	収穫14日前まで	2回以内
MR.ジョーカーDF	16倍空中散布	0.8l/10a	収穫14日前まで	2回以内
MR.ジョーカーDF	60倍空中散布	3l/10a	収穫14日前まで	2回以内
トレボンスカイMC	16倍空中散布	0.8l/10a	収穫21日前まで	3回以内
トレボンスカイMC	60倍空中散布	3l/10a	収穫21日前まで	3回以内

注）防除時期が4～6月の育苗箱施用剤などは播種前に育苗箱（30×60×3cm，使用土壌約5l）床土に均一に混和するか，移植当日に育苗箱の苗の上から均一に散布する。

イネ　ウンカ類（ヒメトビウンカを除く）　防除適期と薬剤 （平井一男，2004）

防除時期	商品名	希釈倍数・使用方法	使用量	使用時期	使用回数
6～9月	ミクロデナポン水和剤85	1700～3400倍	100～150l/10a	収穫45日前まで	5回以内
	ミクロデナポン水和剤85	30倍空中散布	3～4l/10a	収穫45日前まで	5回以内

イネ：ウンカ類幼虫

イネ ウンカ類幼虫 防除適期と薬剤 (平井一男, 2004)

防除時期	商品名	希釈倍数・使用方法	使用量	使用時期	使用回数
6～9月	アプロード水和剤	300倍	25l/10a	収穫7日前まで	4回以内
	アプロード水和剤	1000～2000倍	100～150l/10a	収穫7日前まで	4回以内
	アプロード粒剤	湛水散布	3～4kg/10a	収穫21日前まで	4回以内
	アプロード粉剤DL	散布	3～4kg/10a	収穫7日前まで	4回以内
	アプロード粉剤10DL	散布	4kg/10a	収穫7日前まで	4回以内
	アプロード	水田に小包装（パック）のまま投げ入れる	小包装（パック）20個/10a	収穫21日前まで	1回
	アプロードフロアブル	300倍	25l/10a	収穫7日前まで	4回以内
	アプロードフロアブル	1000倍	60～150l/10a	収穫7日前まで	4回以内
	アプロードゾル	16倍空中散布	0.8l/10a	収穫7日前まで	1回
	アプロードゾル	16倍空中散布	0.8l/10a	水田耕起前	2回以内
	アプロードゾル	40～60倍空中散布	3l/10a	収穫7日前まで	1回
	アプロードゾル	60倍空中散布	3l/10a	水田耕起前	2回以内
	アプロードゾル	16倍無人ヘリ散布	0.8l/10a	収穫7日前まで	1回

イネ：セジロウンカ

イネ　セジロウンカ　防除適期と薬剤 (平井一男, 2004)

防除時期	商品名	希釈倍数・使用方法	使用量	使用時期	使用回数
4～7月	デルタネット粒剤	育苗箱の苗の上から均一に散布する	箱当たり50～60g	移植3日前～移植当日	1回
	オンコル粒剤5	育苗箱の苗の上から均一に散布する	箱当たり50～80g	移植3日前～移植当日	1回
	カヤフォス粒剤5	育苗箱の苗の上から均一に散布する	箱当たり60～80g	移植3日前～移植直前	1回
	グランドオンコル粒剤	育苗箱の上から均一に散布する	箱当たり50～80g	移植3日前～移植当日	1回
6～9月	パプチオン粉剤2	散布，セジロウンカ	3～4kg/10a	収穫7日前まで	3回以内
	エルサン粉剤2	散布，セジロウンカ	3～4kg/10a	収穫7日前まで	3回以内
	アルフェート粒剤	湛水散布，セジロウンカ	3～4kg/10a	収穫21日前まで	2回以内

注）防除法はトビイロウンカに準ずるが，殺虫剤に対する抵抗性はあまり発達していないので，各種カーバメート剤も利用できる。ただしトビイロウンカとの同時防除効果をねらう場合は要注意。

イネ：ヒメトビウンカ

イネ　ヒメトビウンカ　防除適期と薬剤 (平井一男, 2004)

防除時期	商品名	希釈倍数・使用方法	使用量	使用時期	使用回数
4〜7月	ダイアジノン粒剤3	育苗箱の苗の上から均一に散布する	箱当たり150〜200g	移植前日〜直前	2回以内
	サンサイド粒剤3	育苗箱の上から均一に散布する	箱当たり70g	移植当日	5回以内
	デルタネット粒剤	育苗箱の上から均一に散布する	箱当たり50〜60g	移植3日前〜移植当日	1回
	アルバリン箱粒剤	育苗箱の苗の上から均一に散布する	箱当たり50g	移植3日前〜移植当日	1回
	スタークル箱粒剤	育苗箱の苗の上から均一に散布する	箱当たり50g	移植3日前〜移植当日	1回
	オンコル粒剤5	育苗箱の上から均一に散布する	箱当たり50〜80g	移植3日前〜移植当日	1回
	カヤフォス粒剤5	育苗箱の苗の上から均一に散布する	箱当たり60〜80g	移植3日前〜移植当日	1回
	アドバンテージ粒剤	育苗箱の苗の上から均一に散布する	箱当たり50〜70g	移植3日前〜移植当日	1回
	ガゼット粒剤	育苗箱の苗の上から均一に散布する	箱当たり50〜70g	移植3日前〜移植当日	1回
	グランドオンコル粒剤	育苗箱の上から均一に散布する	箱当たり50g	移植3日前〜移植当日	1回
	TD粒剤	育苗箱の苗の上から均一に散布する	箱当たり100g	移植3日前〜直前	2回以内
	ダイシストンTD粒剤	育苗箱の苗の上から均一に散布する	箱当たり100g	移植3日前〜直前	2回以内

イネ：ヒメトビウンカ

マラソン粉剤2	散布	3kg/10a	収穫7日前まで	5回以内
パプチオン粉剤2	散布	3〜4kg/10a	収穫7日前まで	3回以内
エルサン粉剤2	散布	3〜4kg/10a	収穫7日前まで	3回以内
エルサン粉剤3	散布	2kg/10a	収穫7日前まで	3回以内
パプチオン粉剤3	散布	2kg/10a	収穫7日前まで	3回以内
パプチオン乳剤	1500〜2000倍	100〜150l/10a	収穫7日前まで	3回以内
エルサン乳剤	1500〜2000倍	100〜150l/10a	収穫7日前まで	3回以内
スミチオン乳剤	1000倍	100〜150l/10a	収穫21日前まで	3回以内
アルフェート粒剤	湛水散布	3〜4kg/10a	収穫21日前まで	2回以内
エルサン乳剤	30倍空中散布	3〜4l/10a	収穫7日前まで	3回以内
スミチオン乳剤	30倍空中散布	3〜4l/10a	収穫21日前まで	3回以内
トレボンスカイMC	16倍無人ヘリ散布	0.8l/10a	収穫21日前まで	3回以内

イネ：ツマグロヨコバイ

イネ　ツマグロヨコバイ　防除適期と薬剤 （平井一男，2004）

防除時期	商品名	希釈倍数・使用方法	使用量	使用時期	使用回数
4～6月	ダイアジノン粒剤3	育苗箱の苗の上から均一に散布する	箱当たり150～200g	移植前日～直前まで	2回以内
	バダン粒剤4	播種前に育苗箱（30×60×3cm，使用土壌約5l）床土に均一に混和するか，移植当日に育苗箱中の苗の上から均一に散粒する	箱当たり50～100g	播種当日または移植当日	6回以内
	アドマイヤー水和剤	100倍	育苗箱当たり希釈液0.5lを苗の上から灌注する	移植2日前～移植当日	1回
	アドマイヤー箱粒剤	育苗箱の上から均一に散布する	箱当たり50～80g	移植2日前～移植当日	3回以内（本田では2回以内）
	デルタネット粒剤	育苗箱の上から均一に散布する	箱当たり50～60g	移植3日前～移植当日	1回
	アクタラ箱粒剤	育苗箱の苗の上から均一に散布する	箱当たり50g	移植3日前～移植当日	1回
	スタークル箱粒剤	育苗箱の苗の上から均一に散布する	箱当たり50g	移植3日前～移植当日	1回
	アルバリン箱粒剤	育苗箱の苗の上から均一に散布する	箱当たり50g	移植3日前～移植当日	1回

イネ：ツマグロヨコバイ

	ダントツ箱粒剤	育苗箱の上から均一に散布する	箱当たり50g	移植3日前〜移植当日	1回
	オンコル粒剤5	育苗箱の上から均一に散布する	箱当たり50〜80g	移植3日前〜移植当日	1回
	グランドオンコル粒剤	育苗箱の上から均一に散布する	箱当たり50g	移植3日前〜移植当日	1回
	カヤフォス粒剤5	育苗箱の苗の上から均一に散粒する	箱当たり60〜80g	移植3日前〜移植当日	1回
	アドバンテージ粒剤	育苗箱の苗の上から均一に散粒する	箱当たり50〜70g	移植3日前〜移植当日	1回
	ガゼット粒剤	育苗箱の苗の上から均一に散粒する	箱当たり50〜70g	移植3日前〜移植当日	1回
	アドマイヤー水和剤	湛水直播水稲，過酸化カルシウム剤と同時湿粉衣	150〜200g/10a	播種前	1回
	TD粒剤	育苗箱の苗の上から均一に散布する	育苗箱当たり100g	移植3日前〜直前	2回以内
	ダイシストン粒剤	育苗箱の苗の上から均一に散布する	育苗箱当たり100g	移植3日前〜直前	2回以内
7〜9月	EPN粉剤1.5	散布	3kg/10a	収穫60日前まで	3回以内
	EPN乳剤	2000倍	100〜150l/10a	収穫60日前まで	3回以内
	マラソン粉剤1.5	散布	3kg/10a	収穫7日前まで	5回以内
	マラソン粉剤2	散布	3kg/10a	収穫7日前まで	5回以内
	マラソン粉剤3	散布	3kg/10a	収穫7日前まで	5回以内
	マラソン乳剤	2000倍	100〜150l/10a	収穫7日前まで	5回以内

イネ：ツマグロヨコバイ

7～9月	マラソン乳剤50	2000倍	100～150l/10a	収穫7日前まで	5回以内
	ジメトエート乳剤	800～1500倍	100～150l/10a	収穫30日前まで	4回以内
	ジメトエート粒剤	散布	6kg/10a	収穫30日前まで	4回以内
	パプチオン乳剤	1500～2000倍	100～150l/10a	収穫7日前まで	3回以内
	エルサン乳剤	1500～2000倍	100～150l/10a	収穫7日前まで	3回以内
	バイジット粉剤2	散布	3～4kg/10a	収穫21日前まで	2回以内
	バイジット乳剤	1000～1500倍	100～150l/10a	収穫30日前まで	2回以内（本田期は1回）
	バイジット粒剤	散布	2～3kg/10a	収穫45日前まで	2回以内
	バイジット粒剤	湛水散布	2～3kg/10a	収穫45日前まで	2回以内
	スミチオン粉剤2	散布	3～4kg/10a	収穫14日前まで	3回以内（ただし出穂前は1回）
	スミチオン粉剤3	散布	3～4kg/10a	収穫14日前まで	3回以内（ただし出穂前は1回）
	スミチオン乳剤	1000倍	100～150l/10a	収穫21日前まで	3回以内
	ダイアジノン粉剤3	散布	3～4kg/10a	収穫21日前まで	2回以内
	ダイアジノン粉剤3DL	散布	3～4kg/10a	収穫21日前まで	2回以内

イネ：ツマグロヨコバイ

ダイアジノン水和剤34	1000～2000倍	100～150*l*/10a	収穫21日前まで	2回以内
ダイアジノン乳剤40	1000～2000倍	100～150*l*/10a	収穫21日前まで	2回以内
ダイアジノン粒剤3	湛水散布	3～4kg/10a	収穫21日前まで	2回以内
ダイアジノン粒剤5	散布	3～4kg/10a	収穫21日前まで	2回以内
セビン粉剤2	散布	3～4kg/10a	収穫14日前まで	5回以内
デナポン粉剤2	散布	3～4kg/10a	収穫14日前まで	5回以内
デナポン水和剤50	1000～2000倍	100～150*l*/10a	収穫45日前まで	5回以内
ミクロデナポン水和剤85	1700～3400倍	100～150*l*/10a	収穫45日前まで	5回以内
サンサイド水和剤	1000倍	100～150*l*/10a	収穫14日前まで	5回以内
サンサイド粒剤	散布	3～4kg/10a	収穫14日前まで	5回以内
ミプシン粒剤	散布	3～4kg/10a	収穫45日前まで	3回以内
バッサ粉剤	散布	3～4kg/10a	収穫7日前まで	5回以内
バッサ乳剤	1000～2000倍	100～150*l*/10a	収穫7日前まで	5回以内
バッサ乳剤50	1000～2000倍	100～150*l*/10a	収穫7日前まで	5回以内
バッサ粒剤	手まきまたは散粒機により田面に均一に散布する	3～4kg/10a	収穫14日前まで	5回以内
バッサ粒剤	散布	3～4kg/10a	収穫14日前まで	5回以内

イネ：ツマグロヨコバイ

7～9月	ダイアジノン微粒剤F	散布		3～4kg/10a	収穫21日前まで	2回以内
	アルフェート粒剤	湛水散布		4kg/10a	収穫21日前まで	2回以内
	バッサ粉剤DL	散布		3～4kg/10a	収穫7日前まで	5回以内
	バッサ粉剤2DL	散布		3～4kg/10a	収穫7日前まで	5回以内
	バッサ粉剤2DL	散布		3～4kg/10a	収穫21日前まで	2回以内
	エルサン粉剤3DL	散布		3～4kg/10a	収穫7日前まで	3回以内
	パプチオン粉剤2	散布		3～4kg/10a	収穫7日前まで	3回以内
	パプチオン粉剤3	散布		2kg/10a	収穫7日前まで	3回以内
	バッサ粉剤30DL	散布		3～4kg/10a	収穫7日前まで	5回以内
	マクバール粉剤3DL	散布		3～4kg/10a	収穫21日前まで	3回以内
	トレボン水和剤		2000倍	100～150l/10a	収穫21日前まで	3回以内
	トレボン粉剤DL	散布		3～4kg/10a	収穫7日前まで	3回以内
	トレボン乳剤		1000～2000倍	100～150l/10a	収穫21日前まで	3回以内
	トレボン乳剤		300倍	25l/10a	収穫21日前まで	3回以内
	トレボン粒剤	散布		2～3kg/10a	収穫21日前まで	3回以内
	トレボンEW		300倍	25l/10a	収穫21日前まで	3回以内
	トレボンEW		1000倍	100～150l/10a	収穫21日前まで	3回以内

イネ：ツマグロヨコバイ

なげこみトレボン	水田に水溶性容器のまま投げ入れる	水溶性容器10個(500ml/10a)	移植後20日以降（ただし5葉期以後）収穫21日前まで	3回以内
トレボンサーフ	原液を田面水滴下または入水時水口に滴下	500ml/10a	移植後20日以降（ただし5葉期以後）収穫21日前まで	3回以内
アドマイヤー水和剤	2000倍	25l/10a	収穫30日前まで	2回以内
アドマイヤー1粒剤	散布	3kg/10a	収穫80日前まで	2回以内
アドマイヤー粉剤DL	散布	3〜4kg/10a	収穫21日前まで	2回以内
MR.ジョーカー粉剤DL	散布	3〜4kg/10a	収穫7日前まで	2回以内
MR.ジョーカー粒剤	散布	3kg/10a	収穫21日前まで	2回以内
MR.ジョーカーEW	500倍	25l/10a	収穫14日前まで	2回以内
MR.ジョーカーEW	2000倍	60〜150l/10a	収穫14日前まで	2回以内
ベストガード水溶剤	2000〜4000倍	60〜150l/10a	収穫14日前まで	4回以内
ベストガード粒剤	散布	3〜4kg/10a	収穫14日前まで	4回以内
ベストガード粉剤DL	散布	3〜4kg/10a	収穫14日前まで	4回以内
トレボンMC	600倍	25l/10a	収穫21日前まで	3回以内
トレボンMC	1000〜2000倍	100〜150l/10a	収穫21日前まで	3回以内
チェス水和剤	2000倍	100〜150l/10a	収穫14日前まで	2回以内

イネ：ツマグロヨコバイ

7～9月	チェス粉剤DL	散布		4kg/10a	収穫14日前まで	3回以内（本田では2回以内）
	ダントツ水溶剤		4000倍	60～150l/10a	収穫14日前まで	3回以内
	ダントツ1キロ粒剤	散布		1kg/10a	収穫14日前まで	3回以内
	ダントツ粉剤DL	散布		3～4kg/10a	収穫14日前まで	3回以内
	アルバリン粒剤	散布		3kg/10a	収穫7日前まで	3回以内
	スタークル粒剤	散布		3kg/10a	収穫7日前まで	3回以内
	スタークル顆粒水溶剤		3000倍	60～150l/10a	収穫7日前まで	3回以内
	アルバリン顆粒水溶剤		3000倍	60～150l/10a	収穫7日前まで	3回以内
	アルバリン粉剤DL	散布		3kg/10a	収穫7日前まで	3回以内
	スタークル粉剤DL	散布		3kg/10a	収穫7日前まで	3回以内
	エムシロン042	側条施用		30～40kg/10a	移植時	1回
	エムシロン050	側条施用		30～40kg/10a	移植時	1回
	スミスマイル009	側条施用		30kg/10a	移植時	1回
	スミスマイルSR	側条施用		60kg/10a	移植時	1回
	マラソン乳剤	30倍空中散布		3～4l/10a	収穫7日前まで	5回以内
	マラソン乳剤50	30倍空中散布		3～4l/10a	収穫7日前まで	5回以内
	エルサン乳剤	30倍空中散布		3～4l/10a	収穫7日前まで	3回以内
	ダイアジノン水和剤34	30倍空中散布		3～4l/10a	収穫21日前まで	2回以内

イネ：ツマグロヨコバイ

ダイアジノン乳剤40	30倍空中散布	3〜4ℓ/10a	収穫21日前まで	2回以内
ダイアジノン乳剤40	8倍空中散布	0.8ℓ/10a	収穫21日前まで	2回以内
ミクロデナポン水和剤85	30倍空中散布	3〜4ℓ/10a	収穫45日前まで	5回以内
サンサイド水和剤	30倍空中散布	3〜4ℓ/10a	収穫14日前まで	5回以内
バッサ乳剤	8倍無人ヘリ空散	800mℓ/10a	収穫7日前まで	5回以内
バッサ乳剤	8倍空中散布	800mℓ/10a	収穫7日前まで	5回以内
バッサ乳剤	30倍空中散布	3ℓ/10a	収穫7日前まで	5回以内
バッサ乳剤50	8倍無人ヘリ空散	800mℓ/10a	収穫7日前まで	5回以内
バッサ乳剤50	8倍空中散布	800mℓ/10a	収穫7日前まで	5回以内
トレボンエアー	8倍空中散布	0.8ℓ/10a	収穫14日前まで	3回以内
トレボンエアー	30倍空中散布	3ℓ/10a	収穫14日前まで	3回以内
トレボンエアー	8倍無人ヘリ空散	0.8ℓ/10a	収穫21日前まで	3回以内
MR.ジョーカーEW	16倍無人ヘリ空散	0.8ℓ/10a	収穫14日前まで	2回以内
トレボンスカイMC	16倍空中散布	0.8ℓ/10a	収穫21日前まで	3回以内
トレボンスカイMC	60倍空中散布	3ℓ/10a	収穫21日前まで	3回以内
MR.ジョーカーDF	60倍空中散布	3ℓ/10a	収穫14日前まで	2回以内
MR.ジョーカーDF	60倍空中散布	0.8ℓ/10a	収穫14日前まで	2回以内

注）防除時期が4〜6月の育苗箱施用剤は、播種前に育苗箱（30×60×3cm，使用土壌約5ℓ）床土に均一に混和するか，移植当日に育苗箱の苗の上から均一に散粒する。

イネ：イネツトムシ（イチモンジセセリ）

イネ　イネツトムシ（イチモンジセセリ）　防除適期と薬剤 （平井一男，2004）

防除時期	商品名	希釈倍数・使用方法	使用量	使用時期	使用回数
4～6月	プリンス粒剤	育苗箱の床土に均一混和する	箱当たり50g	播種前	1回
	プリンス粒剤	育苗箱の上から均一散布する	箱当たり50g	播種時（覆土前）～移植当日	1回
	グランドオンコル粒剤	育苗箱の上から均一散布する	箱当たり50g	移植3日前～移植当日	1回
	ウインアドマイヤースピノ箱粒剤	育苗箱の上から均一散布する	箱当たり50g	移植2日前～移植当日	1回
	カヤフォス粒剤5	育苗箱の苗の上から均一散布する	箱当たり60～80g	移植3日前～移植直前	1回
7～8月	EPN粉剤1.5	散布	3kg/10a	収穫60日前まで	3回以内
	EPN乳剤	2000倍	100～150*l*/10a	収穫60日前まで	3回以内
	ディプテレックス粉剤	散布	4kg/10a	収穫14日前まで	4回以内
	ディプテレックス乳剤	1000倍	100～150*l*/10a	収穫14日前まで	4回以内
	バイジット粉剤2	散布	4kg/10a	収穫21日前まで	2回以内
	スミチオン乳剤	1000倍	100～150*l*/10a	収穫21日前まで	3回以内
	ダイアジノン粉剤3	散布	3～4kg/10a	収穫21日前まで	2回以内
	パダン粉剤	散布	3～4kg/10a	収穫21日前まで	6回以内
	パダン水溶剤	1000倍	100～150*l*/10a	収穫21日前まで	6回以内
	パダン粒剤4	手または散粒機で田面に均一に散粒する	3～4kg/10a	収穫30日前まで	6回以内

イネ：イネツトムシ（イチモンジセセリ）

オフナック粉剤	散布	3〜4kg/10a	収穫45日前まで（ただし出穂前まで）	1回
アルフェート粒剤	湛水散布	3〜4kg/10a	収穫21日前まで	2回以内
レルダン粉剤2DL	散布	3〜4kg/10a	収穫45日前まで	2回以内
パダン粉剤DL	散布	3〜4kg/10a	収穫21日前まで	6回以内
ディプテレックス粉剤DL	散布	4kg/10a	収穫14日前まで	4回以内
ルーバン水和剤	1000倍	100〜150*l*/10a	収穫14日前まで	4回以内
ルーバン粉剤DL	散布	3〜4kg/10a	収穫14日前まで	4回以内
ランガード粉剤DL	散布	3〜4kg/10a	収穫14日前まで	3回以内
ルーバン粒剤	散布	4kg/10a	収穫14日前まで	4回以内
トレボン粉剤DL	散布	4kg/10a	収穫7日前まで	3回以内
ラービン粉剤3DL	散布	4kg/10a	収穫30日前まで	3回以内
ロムダン粉剤DL	散布	3〜4kg/10a	収穫14日前まで	2回以内
ロムダン水和剤	1000倍	100〜150*l*/10a	収穫21日前まで	2回以内
パダンSG水溶剤	1500倍	100〜150*l*/10a	収穫21日前まで	6回以内
MR.ジョーカー粉剤DL	散布	4kg/10a	収穫7日前まで	2回以内
ミミックジョーカー粉剤DL	散布	4kg/10a	収穫14日前まで	2回以内
ロムダンゾル	1000倍	100〜150*l*/10a	収穫21日前まで	2回以内

イネ：イネツトムシ（イチモンジセセリ），フタオビコヤガ

7～8月	マトリック粉剤DL	散布	4kg/10a	収穫14日前まで	2回以内
	ランナー粉剤DL	散布	4kg/10a	収穫14日前まで	3回以内
	ディプテレックス乳剤	20倍空中散布	3～4l/10a	収穫14日前まで	4回以内
	スミチオン乳剤	30倍空中散布	3～4l/10a	収穫21日前まで	3回以内

注）防除時期が4～6月の育苗箱施用剤は，播種前に育苗箱（30×60×3cm，使用土壌約5l）床土に均一に混和するか，移植当日に育苗箱の苗の上から均一に散粒する。

イネ　フタオビコヤガ　防除適期と薬剤（平井一男，2004）

防除時期	商品名	希釈倍数・使用方法	使用量	使用時期	使用回数
4～6月	プリンス粒剤	育苗箱の上から均一に散布	箱当たり50g	移植3日前～移植当日	1回
	ギャング粒剤	育苗箱の苗の上から均一に散布	箱当たり50g	移植3日前～移植当日	1回
7～8月	エルサン粉剤2	散布	4kg/10a	収穫7日前まで	3回以内
	パプチオン粉剤2	散布	4kg/10a	収穫7日前まで	3回以内
	エルサン乳剤	1000倍	100～150l/10a	収穫7日前まで	3回以内
	パプチオン乳剤	1000倍	100～150l/10a	収穫7日前まで	3回以内
	ディプテレックス乳剤	2000倍	100～150l/10a	収穫14日前まで	4回以内
	バイジット粉剤2	散布	4kg/10a	収穫21日前まで	2回以内
	スミチオン粉剤2	散布	3～4kg/10a	収穫14日前まで	3回以内（ただし，出穂前は1回）
	スミチオン乳剤	2000～4000倍	100～150l/10a	収穫21日前まで	3回以内

イネ：フタオビコヤガ

薬剤	希釈	使用量	使用時期	使用回数
ダイアジノン乳剤40	1000〜1500倍	100〜150l/10a	収穫21日前まで	2回以内
ダイアジノン粒剤3	湛水散布	3〜4kg/10a	収穫21日前まで	2回以内
ダイアジノン粒剤5	散布	3〜4kg/10a	収穫21日前まで	2回以内
パダン粉剤	散布	3〜4kg/10a	収穫21日前まで	6回以内
ダイアジノン微粒剤F	散布	3〜4kg/10a	収穫21日前まで	2回以内
エルサン粉剤3DL	散布	3〜4kg/10a	収穫7日前まで	3回以内
パダン粉剤DL	散布	3〜4kg/10a	収穫21日前まで	6回以内
ディプテレックス粉剤DL	散布	3〜4kg/10a	収穫14日前まで	4回以内
ルーバン粉剤DL	散布	3〜4kg/10a	収穫14日前まで	4回以内
ランガード粉剤DL	散布	3〜4kg/10a	収穫14日前まで	3回以内
トレボン粉剤DL	散布	3kg/10a	収穫7日前まで	3回以内
ロムダン粉剤DL	散布	3〜4kg/10a	収穫14日前まで	2回以内
MR.ジョーカー粉剤DL	散布	3kg/10a	収穫7日前まで	2回以内
MR.ジョーカーEW	2000倍	60〜150l/10a	収穫14日前まで	2回以内
マトリック粉剤DL	散布	4kg/10a	収穫14日前まで	2回以内
ランナー粉剤DL	散布	4kg/10a	収穫14日前まで	3回以内
エルサン乳剤	30倍空中散布	3〜4l/10a	収穫7日前まで	3回以内

イネ：フタオビコヤガ，イネドロオイムシ（イネクビホソハムシ）

7～8月	ディプテレックス乳剤	20倍空中散布	100～150l/10a	収穫14日前まで	4回以内
	スミチオン乳剤	30倍空中散布	3～4l/10a	収穫21日前まで	3回以内

注）1 防除時期が4～6月の育苗箱施用剤は，播種前に育苗箱（30×60×3cm，使用土壌約5l）床土に均一に混和するか，移植当日に育苗箱の苗の上から均一に散粒する。
2 同時防除としてはスミチオン剤を使用すればウンカ類やカメムシ類と，エルサン（PAP）剤やバイジット粉剤を使用すれば，このほかツマグロヨコバイとの同時防除が可能である。
3 パダン，ルーバンは蚕に対する毒性が強いので注意する。粉剤を散布する場合は飛散範囲が広くなるので特に注意する。

イネ　イネドロオイムシ（イネクビホソハムシ）　防除適期と薬剤

（平井一男，2004）

防除時期	商品名	希釈倍数・使用方法	使用量	使用時期	使用回数
4～6月	パダン粒剤4	播種前に育苗箱（30×60×3cm，使用土壌約5l）床土に均一に混和するか，移植当日に育苗箱中の苗の上から均一に散粒する	箱当たり50～100g	播種前または移植当日	6回以内
	サンサイド粒剤3	育苗箱の苗の上から均一に散布する	箱当たり50～70g	移植当日	5回以内
	ルーバン粒剤	育苗箱の上から均一に散布する	箱当たり60～80g	移植当日	4回以内
	アドマイヤー水和剤	育苗箱当たり希釈液0.5lを苗の上から灌注する。100倍	箱当たり0.5l	移植2日前～移植当日	1回
	アドマイヤー箱粒剤	育苗箱の苗の上から均一に散布する	箱当たり50g	移植2日前～移植当日	3回以内（本田では2回以内）
	デルタネット粒剤	育苗箱の上から均一に散布する	箱当たり40～60g	移植3日前～移植当日	1回

イネ：イネドロオイムシ（イネクビホソハムシ）

プリンス粒剤	育苗箱の上から均一に散布する	箱当たり50g	播種前	1回
プリンス粒剤	育苗箱の上から均一に散布する	箱当たり50g	播種時（覆土前）〜移植当日	1回
アドマイヤー顆粒水和剤	500倍	育苗箱当たり希釈液0.5 l を苗の上から灌注する	移植2日前〜移植当日	1回
バリヤード箱粒剤	育苗箱の上から均一に散布する	箱当たり50g	移植2日前〜移植当日	1回
アクタラ箱粒剤	育苗箱の苗の上から均一に散布する	箱当たり50g	移植3日前〜移植当日	1回
スタークル箱粒剤	育苗箱の苗の上から均一に散布する	箱当たり50g	移植3日前〜移植当日	1回
アルバリン箱粒剤	育苗箱の苗の上から均一に散布する	箱当たり50g	移植3日前〜移植当日	1回
ダントツ箱粒剤	育苗箱の上から均一に散布する	箱当たり50g	移植3日前〜移植当日	1回
カヤフォス粒剤5	育苗箱の上から均一に散布する	箱当たり50〜80g	移植3日前〜移植直前	1回
アドバンテージ粒剤	育苗箱の苗の上から均一に散布する	箱当たり40〜70g	移植3日前〜移植当日	1回
ガゼット粒剤	育苗箱の苗の上から均一に散布する	箱当たり40〜70g	移植3日前〜移植当日	1回
エンバーMC	50倍	育苗箱当たり希釈液300ml を散布する	移植前日〜移植当日	1回
ガゼットエース粒剤	育苗箱の苗の上から均一に散布する	箱当たり50g	移植当日	1回

イネ：イネドロオイムシ（イネクビホソハムシ）

4～6月	ガゼットMCフロアブル	育苗箱の苗の上から均一に散布する 50～100倍	箱当たり500ml	移植3日前～移植当日	1回
	オンコル粒剤5	育苗箱（30×60×3cm，使用土壌約5l）の上から均一に散布する	箱当たり30～60g	移植3日前～移植当日	1回
	グランドオンコル粒剤	育苗箱の上から均一に散布する	箱当たり50g	移植3日前～移植当日	1回
5～7月	EPN乳剤	2000倍	100～150l/10a	収穫60日前まで	3回以内
	マラソン粉剤3	散布	3～4kg/10a	収穫7日前まで	5回以内
	マラソン粉剤2	散布	3kg/10a	収穫7日前まで	3回以内
	エルサン粉剤2	散布	3kg/10a	収穫7日前まで	3回以内
	エルサン乳剤	1000～2000倍	100～150l/10a	収穫7日前まで	3回以内
	パプチオン乳剤	1000～2000倍	100～150l/10a	収穫7日前まで	3回以内
	ディプテレックス乳剤	1000倍	100～150l/10a	収穫14日前まで	4回以内
	スミチオン乳剤	1000倍	100～150l/10a	収穫21日前まで	3回以内
	ダイアジノン粉剤3	散布	3～4kg/10a	収穫21日前まで	2回以内
	デナポン粉剤2	散布	3～4kg/10a	収穫14日前まで	5回以内
	セビン粉剤2	散布	3～4kg/10a	収穫14日前まで	5回以内
	デナポン水和剤50	1000倍	100～150l/10a	収穫45日前まで	5回以内
	デナポン粒剤5	湛水散布	3～4kg/10a	収穫14日前まで	5回以内

イネ：イネドロオイムシ（イネクビホソハムシ）

サンサイド粒剤	散布	3kg/10a	収穫14日前まで	5回以内
バッサ粉剤	散布	3〜4kg/10a	収穫7日前まで	5回以内
パダン粉剤	散布	3〜4kg/10a	収穫21日前まで	6回以内
オフナック粉剤	散布	3〜4kg/10a	収穫45日前まで（ただし出穂前まで）	1回
カルホス粉剤	散布	3kg/10a	収穫14日前まで	3回以内
レルダン乳剤25	1000〜2000倍	100〜150*l*/10a	収穫60日前まで	2回以内
レルダン乳剤25	1000〜1500倍	100〜150*l*/10a	収穫60日前まで	2回以内
サンサイド粒剤3	湛水散布	3〜4kg/10a	収穫14日前まで	5回以内
スミチオン粉剤3DL	散布	3〜4kg/10a	収穫14日前まで	3回以内（ただし出穂前は1回）
エルサン粉剤3DL	散布	3〜4kg/10a	収穫7日前まで	3回以内
レルダン粉剤2DL	散布	3〜4kg/10a	収穫45日前まで	2回以内
パダン粉剤DL	散布	3〜4kg/10a	収穫21日前まで	6回以内
ルーバン水和剤50	1000〜1500倍	100〜150*l*/10a	収穫14日前まで	4回以内
ルーバン粉剤DL	散布	3〜4kg/10a	収穫14日前まで	4回以内
シクロサールU粒剤2	散布	1.5〜2kg/10a	収穫60日前まで	4回以内
トレボン粉剤DL	散布	3〜4kg/10a	収穫7日前まで	3回以内

イネ：イネドロオイムシ（イネクビホソハムシ）

5～7月	トレボン乳剤	1000～2000倍	100～150*l*/10a	収穫21日前まで	3回以内
	トレボン乳剤	300倍	25*l*/10a	収穫21日前まで	3回以内
	トレボン粒剤	散布	2～3kg/10a	収穫21日前まで	3回以内
	トレボン粉剤DL	散布	3～4kg/10a	収穫21日前まで	3回以内
	エルサン粉剤2DL	散布	3～4kg/10a	収穫7日前まで	3回以内
	トレボンEW	1000倍	100～150*l*/10a	収穫21日前まで	3回以内
	なげこみトレボン	水田に水溶性容器のまま投げ入れる	水溶性容器4～6個（200～300m*l*/10a）	移植後20日以降（ただし5葉期以後）収穫21日前まで	3回以内
	トレボンサーフ	原液を田面水滴下または入水時水口に滴下	200～300m*l*/10a	移植後20日以降（ただし5葉期以後）収穫21日前まで	3回以内
	アドマイヤー粉剤DL	散布	3kg/10a	収穫21日前まで	2回以内
	シクロパック粒剤	水田に小包装（パック）のまま投げ入れる	小包装（パック）10個（600g）/10a	収穫60日前まで	4回以内
	MR.ジョーカー粉剤DL	散布	3～4kg/10a	収穫7日前まで	2回以内
	MR.ジョーカー粒剤	散布	3kg/10a	収穫21日前まで	2回以内
	ベストガード粉剤DL	散布	3kg/10a	収穫14日前まで	4回以内
	トレボンMC	2000倍	100～150*l*/10a	収穫21日前まで	3回以内

イネ：イネドロオイムシ（イネクビホソハムシ）

ダントツ水溶剤	4000倍	60〜150*l*/10a	収穫14日前まで	3回以内
ダントツ粉剤DL	散布	3kg/10a	収穫14日前まで	3回以内
アルバリン粒剤	散布	3kg/10a	収穫7日前まで	3回以内
スタークル粒剤	散布	3kg/10a	収穫7日前まで	3回以内
アルバリン粉剤DL	散布	3kg/10a	収穫7日前まで	3回以内
スタークル粉剤DL	散布	3kg/10a	収穫7日前まで	3回以内
エルサン乳剤	30倍空中散布	3〜4*l*/10a	収穫7日前まで	3回以内
ディプテレックス乳剤	20倍空中散布	3〜4*l*/10a	収穫14日前まで	4回以内
パダン水溶剤	側条施用，ペースト肥料に溶かし側条施肥田植機で施用する	200〜300g/10a	移植時	1回
パダンSG水溶剤	側条施用，ペースト肥料に溶かし側条施肥田植機で施用する	100〜200g/10a	移植時	6回以内
エムシロン050	側条施肥田植機で施用する	30〜40kg/10a	移植時	1回
エムシロンIBH5号	側条施肥田植機で施用する	30〜40kg/10a	移植時	1回
エムシロンIBH3号	側条施肥田植機で施用する	30〜40kg/10a	移植時	1回
エムシロン042	側条施肥田植機で施用する	30〜40kg/10a	移植時	1回
エムシロン440	側条施肥田植機で施用する	20〜25kg/10a	移植時	1回
LPコート入り複合ccカルブ264	側条施肥田植機で施用する	40kg/10a	移植時	1回

イネ：イネドロオイムシ（イネクビホソハムシ），イネカラバエ

5～7月	オンコル入り側条用肥料1号	側条施肥田植機で施用する	40kg/10a	移植時	1回
	オンコル入り側条用肥料2号	側条施肥田植機で施用する	30～40kg/10a	移植時	1回
	オンコル入り側条用肥料3号	側条施肥田植機で施用する	40～50kg/10a	移植時	1回

イネ　イネカラバエ　防除適期と薬剤 （平井一男，2004）

防除時期	商品名	希釈倍数・使用方法	使用量	使用時期	使用回数
7～8月	EPN粉剤1.5	散布	3kg/10a	収穫60日前まで	3回以内
	EPN乳剤	1000倍	100～150l/10a	収穫60日前まで	3回以内
	ジメトエート乳剤	800～1500倍	100～150l/10a	収穫30日前まで	4回以内
	ダイシストン粒剤	散布	3～6kg/10a	収穫50日前まで	2回以内
	バイジット粉剤2	散布	3～4kg/10a	収穫21日前まで	2回以内
	バイジット乳剤	1000倍	100～150l/10a	収穫30日前まで	2回以内（本田期は1回）
	スミチオン粉剤2	散布	3～4kg/10a	収穫14日前まで	3回以内（ただし出穂前は1回）
	ダイアジノン粉剤3	産卵最盛期散布	3～4kg/10a	収穫21日前まで	2回以内
	ダイアジノン乳剤40	1000倍	100～150l/10a	収穫21日前まで	2回以内

イネ：イナゴ類

イネ　イナゴ類　防除適期と薬剤（平井一男，2004）

防除時期	商品名	希釈倍数・使用方法	使用量	使用時期	使用回数
4～6月	プリンス粒剤	育苗箱の床土に均一混和	箱当たり50g	播種前	1回
	プリンス粒剤	育苗箱の床土に均一混和	箱当たり50g	播種前～移植当日	1回
7～9月	スミチオン粉剤2	散布	3～4kg/10a	収穫14日前まで	3回以内（ただし出穂前は1回）
	カルホス粉剤	散布	3～4kg/10a	収穫14日前まで	3回以内（ただし出穂前は1回）
	レルダン粉剤2DL	幼虫に散布	3～4kg/10a	収穫45日前まで	2回以内
	オフナック粉剤	散布	3～4kg/10a	収穫45日前まで（ただし出穂前まで）	1回
	オフナック粉剤DL	散布	3～4kg/10a	収穫45日前まで（ただし出穂前まで）	1回
	MR.ジョーカー粉剤DL	散布	3～4kg/10a	収穫21日前まで	2回以内
	MR.ジョーカー粒剤	散布	3kg/10a	収穫7日前まで	2回以内
	MR.ジョーカーEW	2000倍	60～150l/10a	収穫14日前まで	2回以内
	オフナック乳剤	1000倍	100～150l/10a	収穫60日前まで	1回
4～6月	シクロサールU粒剤2	散布	1.5～2kg/10a	収穫60日前まで	4回以内

イネ：イナゴ類

4〜6月	シクロパック粒剤	水田に小包装（パック）のまま投げ入れる	小包装（パック）10個（600g）/10a	収穫60日前まで	4回以内
7〜9月	ダントツ粉剤DL	散布	4kg/10a	収穫14日前まで	3回以内
	スタークル粉剤DL	散布	3kg/10a	収穫7日前まで	3回以内
	アルバリン粉剤DL	散布	3kg/10a	収穫7日前まで	3回以内
	トレボン粉剤DL	散布	3〜4kg/10a	収穫7日前まで	3回以内
	トレボン乳剤	1000〜2000倍	100〜150l/10a	収穫21日前まで	3回以内
	トレボン粒剤	散布	2〜3kg/10a	収穫21日前まで	3回以内
	トレボンEW	1000倍	100〜150l/10a	収穫21日前まで	3回以内
	トレボンMC	1000倍	100〜150l/10a	収穫21日前まで	3回以内
6〜9月	トレボンサーフ	原液を田面水に滴下または入水時水口に滴下	300〜500ml/10a	移植後20日以降（ただし5葉期以後）収穫21日前まで	3回以内
	なげこみトレボン	原液を田面水に滴下または入水時水口に滴下	水溶性容器6〜10個（300〜500ml）/10a	移植後20日以降（ただし5葉期以後）収穫21日前まで	3回以内
8〜9月	MR.ジョーカーEW	500倍	25l/10a	収穫14日前まで	2回以内
	オフナックフロアブル	8倍無人ヘリ散布	0.8l/10a	収穫45日前まで（ただし出穂始めまで）	1回

イネ：イナゴ類，イネハモグリバエ

	オフナックフロアブル	30倍空中散布	3l/10a	収穫45日前まで（ただし出穂始めまで）	1回
	オフナック乳剤	30倍空中散布	3l/10a	収穫60日前まで	1回
	オフナック乳剤	8倍空中散布	0.8l/10a	収穫60日前まで	1回
	トレボンエアー	8倍空中散布	0.8l/10a	収穫14日前まで	3回以内
	トレボンエアー	30倍空中散布	3l/10a	収穫14日前まで	3回以内
6～9月	トレボンMC	16倍空中散布	0.8l/10a	収穫14日前まで	3回以内
8～9月	MR.ジョーカーDF	16倍空中散布	0.8l/10a	収穫21日前まで	3回以内
	MR.ジョーカーDF	16倍空中散布	0.8l/10a	収穫14日前まで	2回以内
	MR.ジョーカーDF	60倍空中散布	3l/10a	収穫14日前まで	2回以内
6～9月	トレボンスカイMC	16倍空中散布	0.8l/10a	収穫21日前まで	3回以内

イネ　イネハモグリバエ　防除適期と薬剤 (江村　薫, 2004)

防除時期	商品名	希釈倍数	使用量	使用時期	使用回数
箱施用	パダン粒剤4		50～100g/育苗箱（使用土壌約5l）	播種前または移植当日	6回以内
	カヤフォス粒剤		50～80g/育苗箱（使用土壌約5l）	移植3日前～移植直前	1回
	オンコル粒剤5		30～60g/育苗箱（使用土壌約5l）	移植3日前～移植当日まで	1回
本田初期～中期	パダンSG水溶剤	1500～3000倍		収穫21日前まで	6回以内
	パダン粉剤		3～4kg/10a	収穫21日前まで	6回以内

イネ：イネハモグリバエ

本田初期〜中期	ジメトエート乳剤	800〜1500倍		収穫30日前まで	4回以内
	ジメトエート粒剤*		2〜3kg/10a	収穫30日前まで	4回以内
	ダイアジノン乳剤	1000〜2000倍		収穫21日前まで	2回以内
	ダイアジノン粉剤3		3〜4kg/10a	収穫21日前まで	2回以内
	ダイアジノン微粒剤F		3〜4kg/10a	収穫21日前まで	2回以内
	ダイアジノン粒剤3		3kg/10a	収穫21日前まで	2回以内
	ダイアジノン粒剤5		3kg/10a	収穫21日前まで	2回以内
	EPN乳剤	2000倍		収穫60日前まで	1回
	EPN粉剤1.5		3kg/10a	収穫60日前まで	1回
	スミチオン乳剤	1000〜2000倍		収穫21日前まで	3回以内
	スミチオン粉剤2*		3〜4kg/10a	収穫14日前まで	3回以内（出穂前1回）
	バイジット乳剤	1000倍		収穫30日前まで	2回以内（本田期1回）
	バイジット粒剤		2〜3kg/10a	収穫45日前まで	2回以内
	エルサン乳剤	2000倍		収穫1週間前まで	3回以内
	パプチオン乳剤	2000倍		収穫1週間前まで	3回以内
	エルサン粉剤2		3kg/10a	収穫1週間前まで	3回以内

注）＊メーカーにより使用量や対象害虫が異なるので注意する。

イネ：イネヒメハモグリバエ

イネ　イネヒメハモグリバエ　防除適期と薬剤 (平井一男, 2004)

防除時期	商品名	希釈倍数・使用方法	使用量	使用時期	使用回数
4～6月	オンコル粒剤5	育苗箱の上から均一に散布する	箱当たり30～60g	移植3日前～移植当日	1回
	ダイアジノン粒剤3	育苗箱の苗の上から均一に散布する	箱当たり150～200g	移植前日～直前まで	2回以内
	アドマイヤー箱粒剤	育苗箱の上から均一に散布する	箱当たり50g	移植2日前～移植当日	3回以内（本田では2回以内）
	プリンス粒剤	育苗箱の床土に均一混和	箱当たり50g	播種前（覆土前）～移植当日	1回
	カヤフォス粒剤5	育苗箱の苗の上から均一に散布する	箱当たり50～80g	移植3日前～移植直前	1回
	アドバンテージ粒剤	育苗箱の上から均一に散布する	箱当たり50～70g	移植3日前～移植当日	1回
	ガゼット粒剤	育苗箱の上から均一に散布する	箱当たり40～70g	移植3日前～移植当日	1回
5～6月	ジメトエート乳剤	800～1500倍	100～150l/10a	収穫30日前まで	4回以内
	パプチオン粉剤2	散布	3kg/10a	収穫7日前まで	3回以内
	エルサン粉剤2	散布	3kg/10a	収穫7日前まで	3回以内
	エルサン乳剤	1500～2000倍	100～150l/10a	収穫7日前まで	3回以内
	パプチオン乳剤	1500～2000倍	100～150l/10a	収穫7日前まで	4回以内
	ディプテレックス乳剤	700～1000倍	100～150l/10a	収穫14日前まで	4回以内

イネ：イネヒメハモグリバエ

5～6月	バイジット乳剤		1000倍	100～150l/10a	収穫30日前まで	2回以内（本田期は1回）
	スミチオン粉剤2	散布		3～4kg/10a	収穫14日前まで	3回以内（ただし出穂前は1回）
	スミチオン乳剤		2500倍	100～150l/10a	収穫21日前まで	3回以内
	ダイアジノン粉剤3	散布		3～4kg/10a	収穫21日前まで	2回以内
	トレボン粉剤DL	散布		3kg/10a	収穫7日前まで	3回以内
	トレボン粒剤	散布		2～3kg/10a	収穫7日前まで	3回以内
	ダイアジノン粒剤3	湛水散布		3kg/10a	収穫21日前まで	2回以内
	ダイアジノン粒剤5	湛水散布		3kg/10a	収穫21日前まで	3回以内
	ダイアジノン微粒剤F	散布		3～4kg/10a	収穫21日前まで	2回以内
	アルフェート粒剤	湛水散布		4kg/10a	収穫21日前まで	2回以内
	パダン粉剤	散布		3～4kg/10a	収穫21日前まで	6回以内
	パダン水溶剤		500倍	100～150l/10a	苗代期	6回以内
	エルサン乳剤	30倍空中散布		3～4l/10a	収穫7日前まで	3回以内
	ディプテレックス乳剤	20倍空中散布		3～4l/10a	収穫14日前まで	4回以内
	スミチオン乳剤	30倍空中散布		3～4l/10a	収穫21日前まで	3回以内

イネ：イネクロカメムシ，カメムシ類

イネ　イネクロカメムシ　防除適期と薬剤 (平井一男，2004)

防除時期	商品名	希釈倍数・使用方法	使用量	使用時期	使用回数
6～7月	EPN粉剤1.5	散布	3kg/10a	収穫60日前まで	3回以内
	EPN乳剤	1000倍	100～150l/10a	収穫60日前まで	1回
	マラソン粉剤1.5	散布	3kg/10a	収穫7日前まで	5回以内
	マラソン粉剤3	散布	3kg/10a	収穫7日前まで	5回以内
	エルサン粉剤2	散布	3～4kg/10a	収穫7日前まで	3回以内
	ディプテレックス乳剤	500～1000倍	100～150l/10a	収穫14日前まで	4回以内
	ディプテレックス乳剤	20倍空中散布	3～4l/10a	収穫14日前まで	4回以内
	ディプテレックス水溶剤80	30倍空中散布	3～4l/10a	収穫14日前まで	4回以内

イネ　カメムシ類　防除適期と薬剤 (平井一男，2004)

防除時期	商品名	希釈倍数・使用方法	使用量	使用時期	使用回数
7～9月	バイジット粉剤2	散布	3～4kg/10a	出穂から収穫21日前まで	2回以内
	バイジット粉剤2DL	散布	3～4kg/10a	出穂から収穫21日前まで	2回以内
	バイジット乳剤	1000倍	100～150l/10a	出穂から収穫21日前まで	2回以内（本田は1回）
	スミチオン粉剤2	散布	3～4kg/10a	出穂から収穫14日前まで	3回以内（出穂前は1回）
	スミチオン粉剤2DL	散布	3～4kg/10a	出穂から収穫14日前まで	3回以内（出穂前は1回）

イネ：カメムシ類

7〜9月	スミチオン粉剤3	散布	3〜4kg/10a	出穂から収穫14日前まで	3回以内（出穂前は1回）
	スミチオン粉剤3DL	散布	3〜4kg/10a	出穂から収穫14日前まで	3回以内（出穂前は1回）
	エルサン粉剤3DL	散布	3〜4kg/10a	出穂から収穫7日前まで	3回以内
	トレボン粉剤3DL	散布	3〜4kg/10a	出穂から収穫7日前まで	3回以内
	トレボンL粉剤DL	散布	3kg/10a	出穂から収穫7日前まで	3回以内
	エルサン粉剤2DL	散布	3〜4kg/10a	出穂から収穫7日前まで	3回以内
	アドマイヤー粉剤DL	散布	4kg/10a	出穂から収穫21日前まで	2回以内
	MR.ジョーカー粉剤DL	散布	3〜4kg/10a	出穂から収穫7日前まで	2回以内
	ベストガード粉剤DL	散布	4kg/10a	出穂から収穫14日前まで	4回以内
	ダントツ粉剤DL	散布	3〜4kg/10a	出穂から収穫14日前まで	3回以内
	ダントツH粉剤DL	散布	3〜4kg/10a	出穂から収穫14日前まで	3回以内
	スタークル粉剤DL	散布	3kg/10a	出穂から収穫7日前まで	3回以内
	アルバリン粉剤DL	散布	3kg/10a	出穂から収穫7日前まで	3回以内
	スミチオン水和剤40	1000倍	100〜150l/10a	出穂から収穫21日前まで	3回以内
	スミチオン乳剤	1000倍	100〜150l/10a	出穂から収穫21日前まで	3回以内

イネ：カメムシ類

スミチオン微粒剤F	散布	4kg/10a	出穂から収穫14日前まで	4回以内（本田では3回以内）
ベストガード粒剤	散布	4kg/10a	出穂から収穫14日前まで	4回以内
チェス粉剤DL	散布	4kg/10a	出穂から収穫14日前まで	3回以内（本田では2回以内）
ダントツ粒剤	散布	3〜4kg/10a	出穂から収穫14日前まで	3回以内
スタークル粒剤	散布	3kg/10a	出穂から収穫7日前まで	3回以内
アルバリン粒剤	散布	3kg/10a	出穂から収穫7日前まで	3回以内
スタークル1キロH粒剤	散布	1kg/10a	出穂から収穫7日前まで	3回以内
トレボン水和剤	2000倍	100〜150l/10a	出穂から収穫21日前まで	3回以内
トレボン乳剤	2000倍	100〜150l/10a	出穂から収穫21日前まで	3回以内
トレボン乳剤	600倍	25l/10a	出穂から収穫21日前まで	3回以内
トレボンEW	1000倍	100〜150l/10a	出穂から収穫21日前まで	3回以内
トレボンMC	2000倍	100〜150l/10a	出穂から収穫21日前まで	3回以内
MR.ジョーカーEW	2000倍	60〜150l/10a	出穂から収穫14日前まで	2回以内
スミチオン乳剤	300倍	25l/10a	出穂から収穫21日前まで	3回以内
MR.ジョーカーEW	500倍	25l/10a	出穂から収穫14日前まで	2回以内
トレボンMC	600倍	25l/10a	出穂から収穫21日前まで	3回以内

イネ：カメムシ類

7～9月	チェス水和剤	2000倍	100～150l/10a	出穂から収穫14日前まで	2回以内
	ダントツ水溶剤	4000倍	60～150l/10a	出穂から収穫14日前まで	3回以内
	ダントツフロアブル	5000倍	60～150l/10a	出穂から収穫14日前まで	3回以内
	スタークル液剤10	1000倍	60～150l/10a	出穂から収穫7日前まで	3回以内
	スミチオン乳剤	8倍無人ヘリ散布	800ml/10a	出穂から収穫21日前まで	3回以内
	スミチオン乳剤	8倍空中散布	800ml/10a	出穂から収穫21日前まで	3回以内
	スミチオン乳剤	30倍空中散布	3～4l/10a	出穂から収穫21日前まで	3回以内
	スミチオンMC	12～15倍空中散布	3l/10a	出穂から収穫21日前まで	3回以内
	スミチオンMC	3.2～4倍無人ヘリ散布	800ml/10a	出穂から収穫21日前まで	3回以内
	MR.ジョーカーEW	16倍無人ヘリ散布	0.8l/10a	出穂から収穫14日前まで	2回以内
	トレボンスカイMC	60倍空中散布	3l/10a	出穂から収穫21日前まで	3回以内
	トレボンスカイMC	16倍無人ヘリ散布	0.8l/10a	出穂から収穫21日前まで	3回以内
	トレボンスカイMC	16倍空中散布	0.8l/10a	出穂から収穫21日前まで	3回以内
	MR.ジョーカーDF	16倍空中散布	0.8l/10a	出穂から収穫14日前まで	2回以内
	MR.ジョーカーDF	60倍空中散布	3l/10a	出穂から収穫14日前まで	2回以内
	ダントツフロアブル	24倍無人ヘリ散布	800ml/10a	出穂から収穫14日前まで	3回以内
	ダントツフロアブル	90倍空中散布	3l/10a	出穂から収穫14日前まで	3回以内

イネ：カメムシ類，イネアザミウマ

商品名	希釈倍数	使用量	使用時期	使用回数
スタークルメイト液剤10	30倍空中散布	3l/10a	出穂から収穫7日前まで	3回以内
スタークルメイト液剤10	8倍無人ヘリ散布	0.8l/10a	出穂から収穫7日前まで	3回以内
スタークルメイト液剤10	8倍空中散布	0.8l/10a	出穂から収穫7日前まで	3回以内
トレボンエアー	30倍空中散布	3l/10a	出穂から収穫14日前まで	3回以内
トレボンエアー	8倍無人ヘリ散布	0.8l/10a	出穂から収穫21日前まで	3回以内
トレボンエアー	8倍空中散布	0.8l/10a	出穂から収穫14日前まで	3回以内

イネ　イネアザミウマ　防除適期と薬剤（林　英明，2004）

防除時期	商品名	希釈倍数	使用量	使用時期	使用回数
田植え前育苗箱施薬	アドマイヤー箱粒剤		50〜80g/箱	移植2日前〜当日	3回以内
	プリンス粒剤		50g/箱	移植3日前〜当日	1回
本田生育初期	マラバッサ粉剤DL		3〜4kg/10a	収穫7日前まで	5回以内
	オフナックバッサ粉剤DL		3〜4kg/10a	収穫45日前まで（出穂前まで）	1回
出穂開花7日前〜出穂期	ランガード粉剤DL		3〜4kg/10a	収穫14日前まで	3回以内
	パダン粉剤DL		3〜4kg/10a	収穫21日前まで	6回以内
	パダンベスト粉剤DL		3〜4kg/10a	収穫21日前まで	4回以内
	パダンアプロード粉剤DL		3〜4kg/10a	収穫21日前まで	4回以内
	パダンバッサ粉剤DL		3〜4kg/10a	収穫21日前まで	5回以内
	カルホストレボン粉剤DL		3〜4kg/10a	収穫14日前まで	3回以内
	トレボン粉剤DL		3〜4kg/10a	収穫7日前まで	3回以内
	パダントレボン粉剤DL		3〜4kg/10a	収穫21日前まで	3回以内

イネ：イネアザミウマ

出穂開花7日前〜出穂期	エビセクトトレボン粉剤DL		3〜4kg/10a	収穫14日前まで	3回以内
	ヒノラブオフトレボン粉剤35DL		3〜4kg/10a	出穂期（収穫45日前まで）	1回
	スミチオントレボン粉剤DL		3〜4kg/10a	収穫14日前まで	3回以内
	MR.ジョーカー粉剤DL		3〜4kg/10a	収穫7日前まで	2回以内
	スミマラバッサ粉剤DL		3〜4kg/10a	収穫14日前まで	3回以内
	マラバッサ乳剤	1000倍		収穫7日前まで	5回以内
	バイバッサ粉剤DL		3〜4kg/10a	収穫21日前まで	2回以内
	スミチオン粉剤DL		3〜4kg/10a	収穫14日前まで	3回以内
出穂開花21日前〜出穂期	パダン粒剤4		3〜4kg/10a	収穫30日前まで	6回以内
	パダンミプシン粒剤		4kg/10a	収穫45日前まで	6回以内
	ルーバン粒剤		4kg/10a	収穫14日前まで	4回以内
	ルーバンM粒剤		4kg/10a	収穫45日前まで	3回以内

注) 1 本田初期の防除：アドマイヤー箱粒剤，プリンス粒剤を育苗箱施薬する。他の害虫種の発生状況を勘案して，ニカメイチュウやコブノメイガなどの鱗翅目害虫の発生が多い地域ではプリンス粒剤を選択する。
 2 本田田植え後の生育初期：本種の加害による葉先部の枯れ上がりが激しい場合はマラバッサ粉剤DL，オフナックバッサ粉剤DLを散布する。
 3 出穂開花前：本種の籾内侵入個体による黒点米の発生を予防するには，出穂開花前の本種密度をできるだけ低密度に維持する必要がある。出穂開花7日前から出穂期に他の病害虫との同時防除をかね，ランガード粉剤DL，パダン粉剤DL，パダンベスト粉剤DL，パダンアブロード粉剤DL，パダンバッサ粉剤DL，カルホストレボン粉剤DL，トレボン粉剤DL，パダントレボン粉剤DL，エビセクトトレボン粉剤DL，ヒノラブオフトレボン粉剤35DL，スミチオントレボン粉剤DL，MR.ジョーカー粉剤DL，スミマラバッサ粉剤DL，マラバッサ乳剤，バイバッサ粉剤DLおよびスミチオン粉剤DLの中から有効薬剤を選択し散布する。
 4 出穂開花21日前から出穂期にパダン粒剤4，パダンミプシン粒剤，ルーバン粒剤およびルーバンM粒剤を本田散布すると長期密度抑制効果が期待できる。

イネ：コブノメイガ

イネ　コブノメイガ　防除適期と薬剤 （平井一男，2004）

防除時期	商品名	希釈倍数・使用方法	使用量	使用時期	使用回数
4～7月	スピノエース箱粒剤	育苗箱の苗の上から均一に散布	箱当たり50g	移植3日前～移植当日	1回
	エムシロン050	側条施肥田植機で施用	40kg/10a	移植時	1回
	バダン粒剤4	播種前に育苗箱床土に均一に混和するか，または移植当日に育苗箱中の苗の上から均一に散粒する	箱当たり50～100g	播種前または移植当日	6回以内
	プリンス粒剤	育苗箱の床土に均一混和	箱当たり50g	播種前または移植当日	1回
7～9月	ディプテレックス粉剤	散布	4kg/10a	収穫14日前まで	4回以内
	ディプテレックス粉剤2	散布	4kg/10a	収穫14日前まで	3回以内（出穂前は1回）
	スミチオン粉剤2	散布	4kg/10a	収穫14日前まで	3回以内（出穂前は1回）
	スミチオン粉剤3	散布	3～4kg/10a	収穫14日前まで	3回以内（出穂前は1回）
	スミチオン粉剤3DL	散布	3～4kg/10a	収穫14日前まで	3回以内（出穂前は1回）
	ダイアジノン粉剤3	散布	3～4kg/10a	収穫21日前まで	2回以内
	パダン粉剤	散布	4kg/10a	収穫21日前まで	6回以内
	パダン粉剤DL	散布	3～4kg/10a	収穫21日前まで	6回以内

イネ：コブノメイガ

7～9月	パダン水溶剤		1000倍	100～150ℓ/10a	収穫21日前まで	6回以内
	パダン粒剤4	手または散粒機で田面に均一に散粒する		3～4kg/10a	収穫30日前まで	6回以内
	オフナック粉剤	散布		3～4kg/10a	収穫45日前まで（ただし，出穂前まで）	1回
	カルホス粉剤	散布		3～4kg/10a	収穫14日前まで	3回以内
	レルダン乳剤25		1000倍	100～150ℓ/10a	収穫60日前まで	2回以内
	レルダン粉剤2DL	散布		3～4kg/10a	収穫45日前まで	2回以内
	ルーバン水和剤		1000～1500倍	100～150ℓ/10a	収穫14日前まで	4回以内
	ルーバン粉剤DL	散布		3～4kg/10a	収穫14日前まで	4回以内
	ルーバン粒剤	散布		3～4kg/10a	収穫14日前まで	4回以内
	トレボン粉剤DL	散布		3～4kg/10a	収穫7日前まで	3回以内
	トレボン乳剤		1000倍	100～150ℓ/10a	収穫21日前まで	3回以内
	ラービン粉剤3DL	散布		4kg/10a	収穫30日前まで	3回以内
	トレボンEW		1000倍	100～150ℓ/10a	収穫21日前まで	3回以内
	ロムダン粉剤DL	散布		3～4kg/10a	収穫14日前まで	2回以内
	ロムダン水和剤		1000倍	100～150ℓ/10a	収穫21日前まで	2回以内
	パダンSG水溶剤		1500倍	100～150ℓ/10a	収穫21日前まで	6回以内

イネ：コブノメイガ

MR.ジョーカー粉剤DL	散布	3～4kg/10a	収穫7日前まで	2回以内
MR.ジョーカーEW	2000倍	60～150l/10a	収穫14日前まで	2回以内
パダン1キロ粒剤	散布	1kg/10a	収穫30日前まで	6回以内
トレボンMC	1000倍	100～150l/10a	収穫21日前まで	3回以内
ロムダンゾル	1000倍	100～150l/10a	収穫21日前まで	2回以内
マトリックフロアブル	1000倍	100～200l/10a	収穫7日前まで	2回以内
マトリック粉剤DL	散布	4kg/10a	収穫14日前まで	2回以内
ランナー粉剤DL	散布	3～4kg/10a	収穫14日前まで	3回以内
パダン水溶剤	ペースト肥料に溶かし側条施肥田植機で施用する	300g/10a	移植時	6回以内
パダンSG水溶剤	ペースト肥料に溶かし側条施肥田植機で施用する	200g/10a	移植時	6回以内
MR.ジョーカーEW	16倍無人ヘリ散布	0.8l/10a	収穫14日前まで	2回以内
ロムダンエアー	16倍無人ヘリ散布	800l/10a	収穫21日前まで	2回以内
レルダン乳剤25	30倍空中散布	3l/10a	収穫60日前まで	2回以内
マトリックフロアブル	16倍無人ヘリ散布	800l/10a	収穫7日前まで	2回以内
ランナーフロアブル	16倍無人ヘリ散布	800l/10a	収穫14日前まで	3回以内
トレボンエアー	8倍無人ヘリ散布	0.8l/10a	収穫21日前まで	3回以内
トレボンエアー	30倍空中散布	3l/10a	収穫14日前まで	3回以内

イネ：アワヨトウ，キリウジガガンボ

イネ　アワヨトウ　防除適期と薬剤（平井一男，2004）

防除時期	商品名	希釈倍数・使用方法	使用量	使用時期	使用回数
5～8月	EPN粉剤1.5	散布	3kg/10a	収穫60日前まで	1回
	EPN乳剤	1000倍	100～150l/10a	収穫60日前まで	1回
	ディプテレックス粉剤	散布	4kg/10a	収穫14日前まで	4回以内
	ディプテレックス乳剤	1000倍	100～150l/10a	収穫14日前まで	4回以内
	ディプテレックス乳剤	20倍空中散布	3～4l/10a	収穫14日前まで	4回以内

イネ　キリウジガガンボ　防除適期と薬剤（江村　薫，2004）

防除時期	商品名	希釈倍数	使用量	使用時期	使用回数
苗代期	ダイアジノン微粒剤F		3～4kg/10a	苗代期	2回以内
	ダイアジノン粒剤3		3～6kg/10a	苗代期	2回以内
	ダイアジノン粒剤5		3～4kg/10a	苗代期	2回以内
	バイジット乳剤	1000倍（苗床1m²当たり300～500ml散布）		播種前（幼虫を対象）	2回以内（本田期1回）

イネ：イネゾウムシ

イネ　イネゾウムシ　防除適期と薬剤 （平井一男，2004）

防除時期	商品名	使用方法	使用量	使用時期	使用回数
5～6月	バイジット粉剤2	散布	3～4kg/10a	収穫21日前まで	2回以内
	ダイアジノン粒剤5	畦畔部地表面に散布	10～15g/m^2	田植後の成虫本田侵入期	2回以内
	シクロサールU粒剤	散布	1.5～2kg/10a	収穫60日前まで	4回以内
	トレボン粒剤	散布	2～3kg/10a	収穫21日前まで	3回以内
	シクロサール粒剤	水田に小包装（パック）のまま投げ入れる	小包装(パック)10個(600g)/10a	収穫60日前まで	4回以内
	エルサン粉剤2	散布	3～4kg/10a	収穫7日前まで	3回以内
	パダン粒剤4	イネゾウムシ幼虫播種前に育苗箱床土に均一に混和するか，または移植当日に育苗箱中の苗の上から均一に散粒する	箱当たり80～100g	収穫21日前まで	6回以内
	アドバンテージ粒剤	育苗箱の苗の上から均一に散布する	箱当たり50～70g	移植3日前～移植当日	1回
	ガゼット粒剤	育苗箱の苗の上から均一に散布する	箱当たり40～70g	移植3日前～移植当日	1回
	カヤフォス粒剤5	イネゾウムシ幼虫育苗箱の苗の上から均一に散布する	箱当たり60～80g	移植3日前～移植当日	1回

イネ：イネミズゾウムシ，キビクビレアブラムシ

イネ　イネミズゾウムシ　防除適期と薬剤 （都築　仁，2004）

防除時期	商品名	希釈倍数	使用量	使用時期	使用回数
育苗箱施用（播種時または移植直前）	プリンスを含む粒剤		50g/箱	播種時～移植当日	1回
育苗箱施用（移植直前）	アドマイヤーを含む箱粒剤		50～80g/箱	移植2日前～当日	1回
本田初期	なげこみトレボン		4～6個/10a	移植21日後～収穫21日前	3回以内
	シクロパック粒剤		10個/10a	収穫60日前まで	4回以内
	トレボン粒剤		2～3kg/10a	収穫21日前まで	3回以内

注）1　プリンスを含む粒剤では播種時（覆土前）または移植3日前～移植当日に50g/箱施用する。
　　2　アドマイヤーを含む箱粒剤では移植2日前～移植当日に50～80g/箱施用する。
　　3　育苗箱に薬剤施用できなかった場合や移植後成虫の食害が目立つ場合には，なげこみトレボン，トレボン粒剤，シクロパック粒剤などを所定量施用する。
　　4　とくに，なげこみ剤を使用する場合は湛水状態に保ち，水の移動のないように注意すること。

イネ　キビクビレアブラムシ　防除適期と薬剤 （平井一男，2004）

防除時期	商品名	希釈倍数	使用量	使用時期	使用回数
4～6月	エルサン粉剤2	散布	3～4kg/10a	収穫7日前まで	3回以内
	エルサン乳剤	1000倍	100～150l/10a	収穫7日前まで	3回以内
	スミチオン粉剤2	散布	3～4kg/10a	収穫14日前まで	3回以内（ただし出穂前は1回）
	スミチオン乳剤	1000倍	100～150l/10a	収穫21日前まで	3回以内

イネ：マイマイガ，イネシンガレセンチュウ

【参考】イネ　マイマイガ　防除適期と薬剤（平井一男，2004）

防除時期	作物	商品名	使用方法	使用量	使用時期	使用回数
6～8月	一般樹木	スミパイン乳剤	1000～1500倍	200l/10a	若齢・中齢幼虫期	6回以内
	一般樹木	ディプテレックス乳剤	1000倍	200l/10a	若齢・中齢幼虫期	6回以内
	なら	ディプテレックス粉剤	散布	3～4kg/10a	幼虫期	6回以内
	一般樹木	スミパイン乳剤	8倍空中散布	800ml/10a	幼虫期	6回以内
	一般樹木	スミパイン乳剤	50～100倍空中散布	3～6l/10a	若齢・中齢幼虫期	6回以内
	樹木類	トレボン乳剤	4000倍	200l/10a	幼虫発生期	6回以内

イネ　イネシンガレセンチュウ　防除適期と薬剤（西澤　務，2004）

防除時期	商品名	希釈倍数	使用量	使用時期	使用回数
種子消毒（薬液浸漬）	スミチオン乳剤	1000倍		播種前，24時間浸漬	
	バイジット乳剤	1000倍		播種前，24時間浸漬	
	パダン水溶剤	1000～2000倍		播種前，24時間浸漬	
	エビセクト水和剤	1000～2000倍		播種前，24時間浸漬	
	ベンレート水和剤	30倍		播種前，10分間浸漬	
	ベンレートT水和剤	200倍		播種前，24～48時間浸漬	
種子消毒（種子粉衣）	バイジット粉剤		種子重量の5～10%	播種前処理	
	ベンレート水和剤		種子重量の0.5～1.0%	播種前処理	

イネ：イネシンガレセンチュウ

種子消毒（種子粉衣）	ベンレートT水和剤		種子重量の0.5〜1.0%	播種前処理	
	ホーマイ水和剤		種子重量の1.0%	播種前処理	
播種時または育苗期（床面施用）	スミチオン乳剤	1000倍	500ml/育苗箱*	育苗期に灌注処理	
	ダイアジノン粒剤3		6kg/10a	播種時〜発芽期に水苗代床面施用	
	ダイアジノン粒剤5		4kg/10a	播種時〜発芽期に水苗代床面施用	
	ガゼット粒剤		70g/育苗箱*	移植当日までに苗の上から均一に散布	
	ダイアジノン粒剤3		150〜200g/育苗箱*	移植当日までに苗の上から均一に散布	
	グランドオンコル粒剤		50g/育苗箱*	移植当日までに苗の上から均一に散布	
出穂期（噴霧）	スミチオン乳剤	1000倍	150l/10a	穂に集中的に散布（収穫21日前まで）	
	バイジット乳剤	1000倍	150l/10a	穂に集中的に散布（収穫30日前まで）	

注）1　*育苗箱の規格は30×60×3cm

　　2　スミチオン，ダイアジノンなどの有機リン剤を苗床面に施用する場合は，薬害防止のため，DCPA剤との前後10日以内の近接散布はさける。

　　3　ホーマイ水和剤，ベンレート水和剤，ベンレートT水和剤の種子処理は，ばか苗病防除にも有効である。

イネ：スクミリンゴガイ，コクゾウムシ

イネ　スクミリンゴガイ　防除適期と薬剤　（福嶋総子，2004）

防除時期	商品名	希釈倍数	使用量	使用時期	使用回数
田植え前（荒起こし後）	軍配印石灰窒素50，カルメート55など		20〜30kg/10a	植代前	1回
本田初期（田植え後1週間以内）	キタジンP粒剤		3〜5kg/10a	本田初期	2回以内
	パダン粒剤4		4kg/10a	収穫30日前まで	6回以内
	ルーバン粒剤		4kg/10a	収穫14日前まで	4回以内

注）1　効果の判定は石灰窒素では散布2〜3日後，キタジンP粒剤では1週間後の水温の高い日中に生存貝を調べる。貝を観察して触角や呼吸管を出して動いていれば生存している。石灰窒素では90%，キタジンP粒剤では60%程度の防除効果が期待できる。
　　2　パダン粒剤4で育苗箱処理を行なうと，本田初期のツマグロヨコバイ，イネミズゾウムシ，ニカメイチュウなどが同時防除できる。
　　3　本田散布では，ルーバン粒剤で本田初期のニカメイチュウ，コブノメイガなど，キタジンP粒剤で葉いもちを同時防除できる。

イネ　コクゾウムシ　防除適期と薬剤　（宮ノ下明大，2004）

防除時期	商品名	希釈倍数	使用量	使用時期	使用回数
発生時	リン化アルミニウムくん蒸剤ティベック		0.1〜5袋/10m^3	発生時	
	リン化アルミニウムくん蒸剤フミトキシン		0.5〜3錠/m^3	発生時	
	リン化アルミニウムくん蒸剤エピヒューム小球		2〜15錠/m^3	発生時	

執筆者一覧

＊所属は執筆当時

＜イネの病気＞

畔上　耕児（〈独〉中央農業総合研究センター）
茨木　忠雄（元福島県農業試験場）
大畑　寛一（元農水省農業研究センター）
小野小三郎（元農林省農事試験場）
門脇　義行（元島根県農業試験場）
斉藤　道彦（〈独〉食品総合研究所）
鶴田　　理（農水省食品総合研究所）
内藤　秀樹（秋田県立大学生物資源科学部）
奈須田和彦（元福井県農林水産部）
早坂　　剛（山形県農業総合研究センター農業生産技術試験場庄内支場）
原澤　良栄（新潟県農業総合研究所専技室）
藤井新太郎（岡山県農事試験場）
本多　範行（福井農試病害虫防除所）
本田要八郎（〈独〉中央農業総合研究センター）
宮島　邦之（北海道北見農業試験場）
八尾　充睦（石川県農業総合研究センター）
山口　富夫（元農水省東北農業試験場）

＜イネの害虫＞

江村　　薫（埼玉県農林総合研究センター）
岸本　良一（三重大学農学部）
小嶋　昭雄（新潟県農業試験場）
田村市太郎（元農林省北陸農業試験場）
都築　　仁（元愛知県農業総合試験場）
中北　　宏（農水省食品総合研究所）
西澤　　務（元日本植物防疫協会研究所）
林　　英明（広島県立農業技術センター）
平井　一男（〈独〉農業生物資源研究所）
福嶋　総子（和歌山県農業試験場）
宮ノ下明大（〈独〉食品総合研究所）
矢野　貞彦（和歌山県農業大学校）

写真提供者一覧

＊所属は提供当時

＜イネの病気＞

畔上　耕児（農水省農業環境技術研究所）
鐙谷　大節（元農林省北海道農業試験場）
磯島　正春（写真家）
伊藤　喜隆（元長野県果樹試験場）
梅原　吉広（富山県農業技術センター）
加藤　肇（神戸大学）
門田　育生（農水省北陸農業試験場）
河合　利雄（元滋賀県農業試験場）
木谷　清美（元農水省四国農業試験場）
栗田　年代（日本植物防疫協会）
高坂　淖爾（元日本植物防疫協会）
児玉不二雄（北海道中央農業試験場）
斎藤　康夫（元農水省農業環境技術研究所）
沢崎　彬（元北海道中央農業試験場）
新海　昭（農水省九州農業試験場）
杉本　達美（元福井県農業試験場）
高橋　広治（農水省農業研究センター）
田上　義也（元農水省九州農業試験場）
竹谷　宏二（石川県農林水産部）
田村　實（元石川県農業短期大学校）
筒井喜代治（元農水省東海近畿農業試験場）
那須　英夫（岡山県農業試験場）
平野喜代人（元福島県農業試験場）
古田　力（元農水省九州農業試験場）
皆川健次郎（写真家）
矢尾板恒雄（新潟県農林水産部）
安尾　俊（元日本植物防疫協会）
山仲　巌（元滋賀県農業試験場）

吉村　彰治（元農水省植物ウイルス研究所）

＜イネの害虫＞

東　勝千代（和歌山県農業試験場）
池長　裕史（農水省食品総合研究所）
上田　勇五（元新潟県農業試験場）
江村　一雄（北興化学工業）
川沢　哲夫（日本特殊農薬製造株式会社）
川瀬　英爾（元石川県農業試験場）
河田　党（日本植物調節剤研究会）
岸野　賢一（元農水省農業環境技術研究所）
農水省九州農試病害第一研究室
小池　賢治（新潟県経済連）
小山　光男（農水省四国農業試験場）
湖山　利篤（元農林省農事試験場）
新海　昭（農水省九州農業試験場）
末永　一（元農林省九州農業試験場）
高井　幹夫（高知県農業技術研究所）
竹内　宏二（石川県羽咋農林総合事務所）
筒井喜代治（元農林省東海近畿農業試験場）
友永　富（元福井県農業試験場）
永井　清文（元宮崎県農業総合試験場）
服部伊楚子（元農水省農業環境技術研究所）
深町　三朗（鹿児島県農業試験場）
皆川健次郎（写真家）
南川　仁博（植物防疫協会）
望月　正己（元富山県農業試験場）
山仲　巌（住友化学工業）

原色　作物病害虫百科　第2版
1　イ　ネ

2005年6月30日　第1刷発行
2006年4月25日　第2刷発行

農　文　協　編

発行者　社団法人　農山漁村文化協会

〒107-8668　東京都港区赤坂7-6-1
電　話　03-3585-1141（営業）03-3585-1145（編集）
FAX　03-3589-1387　振替　00120-3-144478
URL　http://www.ruralnet.or.jp/

ISBN4-540-05098-2　　　　　　印刷／新協・藤原印刷
© 2005　　　　　　　　　　　製本／石津製本
Printed in Japan　　　　　　　定価はカバーに表示
乱丁・落丁本はお取替えいたします。

農文協の大百科シリーズ

稲作大百科 第2版（全5巻）各12,000円，揃価60,000円

稲作の基本技術から栽培事例まで

① 総説/形態/品種/土壌管理
② 栽培の基礎/品種・食味/気象災害
③ 栽培の実際/施肥技術
④ 各種栽培法/直播栽培/生育診断
⑤ 農家・地域の栽培事例

野菜園芸大百科 第2版（全23巻）

7,500〜13,000円　揃価218,000円

15年ぶりの大改訂　最新・最高の技術を結集

1 キュウリ　2 トマト　3 イチゴ　4 メロン　5 スイカ・カボチャ　6 ナス　7 ピーマン・生食用トウモロコシ・オクラ　8 エンドウ・インゲン・ソラマメ・エダマメ・その他マメ　9 アスパラガス　10 ダイコン・カブ　11 ニンジン・ゴボウ・ショウガ　12 サツマイモ・ジャガイモ　13 サトイモ・ナガイモ・レンコン・ウド・フキ・ミョウガ　14 レタス・ミツバ・シソ・パセリ　15 ホウレンソウ・シュンギク・セルリー　16 キャベツ・ハナヤサイ・ブロッコリー　17 ハクサイ・ツケナ類・チンゲンサイ・タアサイ　18 ネギ・ニラ・ワケギ・リーキ・やぐら性ネギ　19 タマネギ・ニンニク・ラッキョウ・アサツキ・シャロット　20 特産野菜70種　21 品質・鮮度保持　22 養液栽培・養液土耕　23 施設・資材，産地形成事例

果樹園芸大百科（全18巻）

5,000〜15,000円　揃価150,000円

寒地から熱帯までの全果樹を網羅

1 カンキツ　2 リンゴ　3 ブドウ　4 ナシ　5 モモ　6 カキ　7 クリ　8 ウメ　9 西洋ナシ　10 オウトウ　11 ビワ　12 キウイ　13 イチジク　14 スモモ　15 常緑特産果樹　16 落葉特産果樹　17 熱帯特産果樹　18 共通技術

花卉園芸大百科（全16巻）

8,000〜15,000円　揃価185,000円

栽培の最先端技術から経営戦略まで

1 生長・開花とその調節　2 土・施肥・水管理　3 環境要素とその制御　4 経営戦略/品質　5 緑化と緑化植物　6 ガーデニング/ハーブ/園芸　7 育種/苗生産/バイテク活用　8 キク　9 カーネーション（ダイアンサス）　10 バラ　11 1，2年草　12 宿根草　13 シクラメン/球根類　14 花木　15 ラン　16 観葉植物/サボテン/多肉植物